现代火炮技术丛书

高能效宽脉冲强冲击
试验与测试技术

钞红晓 刘奇涛 黄宏胜 著

科 学 出 版 社
北 京

内 容 简 介

本书系统总结了高能效宽脉冲强冲击试验与测试方法,主要内容包括:宽脉冲强冲击波形发生理论、高能效宽脉冲强冲击试验规范与标准、典型宽脉冲强冲击试验设备、基于空气炮的高能效宽脉冲强冲击试验设备、宽脉冲强冲击环境试验参数测试及校准方法、宽脉冲强冲击试验设备的典型工程应用等,涵盖了宽脉冲强冲击试验与测试的各个方面。

本书可以为炮射火箭弹、导弹关键部件和器件的可靠性考核、各类飞行数据记录仪(黑匣子)安全性能考核试验及测试提供理论基础和技术指导,可供兵器科学与技术、航空航天、机械工程等领域的科研、工程技术人员及相关高校研究生参考。

图书在版编目(CIP)数据

高能效宽脉冲强冲击试验与测试技术 / 钞红晓,刘奇涛,黄宏胜著. —北京:科学出版社,2024.1
(现代火炮技术丛书)
ISBN 978-7-03-076403-4

Ⅰ.①高… Ⅱ.①钞… ②刘… ③黄… Ⅲ.①导弹—冲击试验 Ⅳ.①TJ760.6

中国国家版本馆 CIP 数据核字(2023)第 181672 号

责任编辑:许 健 / 责任校对:谭宏宇
责任印制:黄晓鸣 / 封面设计:殷 靓

科学出版社 出版
北京东黄城根北街 16 号
邮政编码:100717
http://www.sciencep.com

南京展望文化发展有限公司排版
苏州市越洋印刷有限公司印刷
科学出版社发行 各地新华书店经销

*

2024 年 1 月第 一 版 开本:787×1092 1/16
2024 年 1 月第一次印刷 印张:16
字数:373 000

定价:140.00 元
(如有印装质量问题,我社负责调换)

丛 书 序

火炮武器在近现代历次世界大战中发挥着决定性的作用,被誉为"战争之神"。现代火炮武器装备已经由单一的发射装置发展成为集火力、信息、侦察、控制、动力、防护等多种技术于一体的武器系统,广泛装备于陆、海、空等各军兵种。当前,世界格局的演化、局部冲突和现代化的局部战争证实和表明:作为火力战的主体装备,在未来信息化、智能化的战场中,火炮武器装备必将续写战争的神话。

当前,正进入第四次工业革命时代,代表性技术包括人工智能技术、大数据技术、高速通信技术、物联网技术、自动和无人技术、大规模算力技术、新能源技术等,伴随这些前沿技术的涌现和落地,火炮武器装备也正进入快速的更新换代阶段,向着自动化、信息化、智能化的方向发展。在此背景下,出版一套反映国际先进水平、体现国内最新研究成果的丛书,既切合国家发展战略,又有益于我国现代火炮武器装备的基础研究和学术水平的提升。

"现代火炮技术丛书"主要涉及火炮武器系统、弹炮结合系统、自动装填系统、数字化和并行系统、随动与控制系统、弹道学、发射动力学、射击精度、载荷缓冲与振动抑制、感知与测试、信息化和智能化、人机工程、系统可靠性与维修性等相关的系统及基础研究。内容包括领域内专家和学者取得的理论和技术成果,也包括来自一线设计和工程人员的实践成果。

"现代火炮技术丛书"由科学出版社出版,该丛书理论和工程结合的特色非常鲜明,贯穿了基础研究、工程技术和型号研制等方面,凝结了国内外该领域研究人员的智慧和成果,具有较强的系统性、交叉性、实用性和前沿性,可作为工程实践的指导用书,也可作为相关研究人员的参考用书,还可作为高校的教学用书。希望能够促进该领域的人才培养、技术创新和发展,特别是为现代火炮武器装备的研究提供借鉴和参考。

钱林方

前　　言

随着精确打击技术的迅猛发展,各武器研发单位不断推出各类导弹和炮射智能弹药。制导器件、结构、部件等大量集成在其中并随着弹药同时发射,在发射或者侵彻目标过程中会承受不同量级的高 g 值宽脉冲的强冲击,容易造成器件损坏、结构损伤断裂、部件功能丧失等可靠性问题,严重影响武器性能的发挥;在各类科研试验中,弹载/机载存储测量仪作为测试仪器被广泛应用于发射过载测试、飞行参数记录等,其工作环境也是高 g 值宽脉冲强冲击环境,存储测量仪在这种环境下的可靠性决定着试验数据获取的精度和试验的成败;各种型号战斗机的事故记录仪(黑匣子)抗坠毁能力、飞机发动机吸电试验、飞机基体材料强冲击性能考核等需要构建的环境也是宽脉冲强冲击环境。上述环境的共同特点就是冲击幅值达到数千甚至数万 g ,脉冲宽度达到 $1\sim10$ ms。国内目前模拟强冲击环境的试验装置存在以下问题:冲击幅值最大可达到 200 000 g ,但脉冲宽度较窄,一般不超过 0.1 ms;在脉冲宽度达到数十甚至数百毫秒时,可产生的冲击幅值一般不超过 1 000 g ;产生的波形与标准正弦波或者方波相比,能效比和可重复性都较低。如何研制高能效比的高 g 值宽脉冲强冲击试验设备对智能弹药、弹载测量仪器、黑匣子等整体产品或者关键部件进行高逼真度的强冲击试验考核,验证其在强冲击环境下的可靠性,是产品研制和环境试验研究人员一直关注和研究的热点。高能效宽脉冲强冲击试验与测试技术可以解决大负载高 g 值宽脉冲强冲击波形的精确发生和测量,确保强冲击试验考核的准确性和充分性,进而提高智能弹药、弹载测量仪器、黑匣子的可靠性。为了使高能效宽脉冲强冲击试验与测试技术得到更好地传承与发展,将理论研究成果、工程应用及测试成果进行总结,编写一本此领域的理论与技术专著十分必要。

本书是根据作者长期从事宽脉冲强冲击试验与测试研究,在有关宽脉冲强冲击科研项目研究及工程应用的基础上加以提炼和总结撰写成的,比较全面地介绍了高能效宽脉冲强冲击试验与测试相关理论和技术。希望本书能为读者学习宽脉冲强冲击试验与测试体系,以及工程技术人员解决宽脉冲强冲击试验设备研制、试验与测试中的问题,提供有价值的参考。

全书共 8 章。第 1 章概述,介绍了高能效宽脉冲强冲击试验与测试技术研究背景及意义、发展现状及存在问题。第 2 章宽脉冲强冲击试验中波形发生相关理论,介绍了宽脉冲强冲击试验碰撞或侵彻过程的动量守恒理论和能量分配理论,以及冲击载荷作用下试件内应力和加速度分布规律。第 3 章高能效宽脉冲强冲击试验规范与标准综述,介绍了冲击试验的基本参数、定义以及宽脉冲强冲击试验的波形评价方法,并对国内外相关的宽脉冲强冲击试验规范进行了对比。第4章典型宽脉冲强冲击试验设备,从系统组成、工作原理、试验步骤等方面介绍了几种典型的宽脉冲强冲击试验设备,比较了典型强冲击试验设备的波形效能比。第5章基于空气炮的高能效宽脉冲强冲击试验设备,从系统组成、工作原理、内弹道分析计算、发射与控制系统设计、波形发生方式、波形发生介质及试件的力学性能仿真、试验方法及步骤等方面详细介绍了基于空气炮的高能效宽脉冲强冲击试验设备。第6章宽脉冲强冲击环境试验参数测试及校准方法,介绍了宽脉冲强冲击环境试验参数测试方法、数据处理方法及校准方法。第7章宽脉冲强冲击试验典型工程应用,介绍了宽脉冲强冲击试验设备在弹载/机载数据记录仪、智能弹药强冲击试验考核中的应用,以及在航空发动机及飞机基体材料性能考核中的应用。第8章高能效宽脉冲强冲击试验与测试技术发展展望,介绍了高能效宽脉冲强冲击试验、测试技术的发展趋势及其在兵器、航空领域的应用前景。

钞红晓提出本书结构框架,并主笔和统校全书文稿,第1章由钞红晓、雷强编写,第2章由黄宏胜、焦明纲编写,第3章由钞红晓、杨维希编写,第4章由黄宏胜、雷强、杜文斌编写,第5章由刘奇涛、曹馨、刘军编写,第6章由刘奇涛、曹志元编写,第7、8章由钞红晓、雷强、杜文斌编写。

感谢西北机电工程研究所领导及科学出版社给予的支持与帮助!

在本书编写过程中,部分内容参考了相关文献资料,在此对文献作者表示感谢!对所有支持、帮助过本书出版的同志一并表示感谢!

由于时间和作者水平所限,书中难免有不当和错漏之处,恳请专家和读者批评指正,不胜感谢!

作　者

2023 年 5 月于咸阳

目　　录

高
能
效
宽
脉
冲
强
冲
击
试
验
与
测
试
技
术

第1章 概　　述

1.1　高能效宽脉冲强冲击试验与测试技术的研究背景及意义

高效能宽脉冲强冲击试验与测试技术是现代力学研究领域的前沿学科,主要定量研究飞机坠毁、炮射导弹或智能弹药发射、反舰或钻地导弹侵彻目标等产生强冲击、宽脉冲的极端过载过程。该技术的作用主要体现在:一是为军用设备仪器的强冲击环境适应性提供验证措施;二是为军事防御工事、航空或装甲防护材料等提供抗强冲击能力考核手段。高效能宽脉冲强冲击试验与测试技术作为校核民用、军用设备对强冲击环境适应性的一种试验手段,可为提高产品的可靠性提供参考。根据冲击环境的不同,国际与国内有关产品冲击试验标准中规定的冲击波形一般有半正弦波、锯齿波与梯形波等。根据测试要求不同,常用的冲击试验设备有跌落冲击试验机、霍普金森压杆实验装置、空气炮试验等。因设备研发技术难度高,军工大国之间在争夺该领域技术制高点上的竞争十分激烈。

高能效宽脉冲强冲击试验与测试技术主要包含强冲击试验设备和强冲击波形参数测试,这两者是一个整体,强冲击试验设备是产生强冲击波形的来源,强冲击波形参数测试是评价和考核强冲击结果的依据。下面对高能效宽脉冲强冲击试验设备与测试技术相关技术进行说明。

国内多家大学、研究所和企业虽已进行了多年研究,但进展缓慢,技术瓶颈包括峰值波形量化失控、峰值脉宽不足和设备载荷达不到等诸多方面。为了对过载波形实现有效的量化控制,需要新的理论指导过载波形量化的设计,并构建起这种特殊设备的基础模型,为工程化设计大型强冲击高能过载环境试验设备奠定理论基础。

强冲击高能过载环境试验设备用来产生和模拟这种极端过载环境,该设备的设计需要特殊的技巧,模型设计着重解决过载波形的设计原理和方法问题。强冲击高能过载环境试验设备应具有产生和搭载被试产品经历这种极端过载环境工况的功能,为研究产品经历特殊过载环境后的过载损伤部位和受损机理提供具有定量参考价值的认知途径,从而尽快找出提高产品抗过载能力的办法。过载损伤可分为硬损伤与软损伤:硬损伤指由外部伤害引起的破损,是一种看得见摸得着的损伤;软损伤是指"内伤",即从外观上看不到的损伤,产品因内伤而导致失效。要求设备能够搭载产品的质量在 5 kg 以上、过载在 3 000~50 000 g 内可调、峰值脉宽持续时间在 3~10 ms 内可调。搭载被试产品的过载舱在经历特殊过载试验后,产品不得出现硬损伤(因产品设计本身而导致的硬损伤除外)。

高能效宽脉冲强冲击试验与测试技术研究对武器装备和国防科技的发展有着十分重要的意义。

（1）从常规武器发展起来的制导兵器有导弹、制导炮弹、制导炸弹、制导地雷，这四种制导兵器中有一种或几种是用于攻击主战坦克、装甲战车、坚固火力点等地面近距离点目标。这几种武器存在着以下特点：不直接命中则不能摧毁目标，要求命中精度高，然而，命中之后必须有摧毁目标的能力，否则也达不到目的；要攻击的地面目标种类多，物理特性各异，对反坦克导弹战斗部的侵彻和穿过能力提出了严峻的挑战。为此，新发展的反坦克导弹必须探索新的技术途径，例如，改善导弹战斗部材料的力学性能，发展超高速动能导弹，改进破甲战斗部结构，以导弹命中目标时硬质弹头的动能击穿并毁伤装甲目标。防御大规模集群坦克的快速进攻，是当前及未来局部或大规模地面战争的重要任务。世界各国反坦克武器体系中，反坦克导弹是最重要的一种，它是攻击坦克等装甲目标、坚固工事及其他近距离地面小型目标的有效武器。导弹战斗部对目标的击穿和毁伤都是典型的强冲击问题。

（2）硬目标侵彻武器的强冲击装置、试验方法、测试和校准系统的研究关系到硬目标侵彻新型武器的研制及新武器性能指标的实现。在硬目标侵彻武器的研制中，对不同硬目标的穿过和侵入特性是不同的，需要进行弹着目标过程的受力特性研究，尤其是目前急需的导弹、巡航导弹都是对付硬目标的侵彻弹。不掌握目标侵彻过程的力学特性，新弹种的力学性能、智能炸点控制系统就无从设计。

（3）在硬目标侵彻武器的研制、定型、交验及生产中，不可能实际地对真实目标，如多层建筑物、大型舰船的多层装甲、主战坦克、坚固防御工事、碉堡及武装直升机等，进行工况下的侵彻，来检验武器是否能在预定层数或预定位置起爆控制，这样的武器测试费用高昂，也是不现实的，因此要研究相应的等效试验、测试方法和测试系统，以检测武器系统的质量和效能，检查炸点控制系统是否符合战术技术要求，新型炸药是否能满足装药结构抗高过载，以及安全性、可靠性的要求。因此，随着打击硬目标作战需要的增长，国内外硬目标侵彻武器的发展非常迅速，并已成为新型武器研究的热点。因此，对弹药侵彻目标特性的试验、测试技术和方法的研究成为强冲击试验和测试领域的一项重要科研工作，对武器装备和国防科技发展有着重要的促进作用。

（4）强冲击与爆炸、高速、瞬变、巨能瞬间释放往往联系在一起，这些大都呈现出极端条件下的物理现象。在极端条件下研究物态的性质及其变化规律是 21 世纪物理学研究的前沿领域之一。极端条件下物质的性态与常态下是极不相同的，可能会出现新的异于常态的性质。通过对这种异常性质的研究，可进一步剖析物质的微观本质，寻求新武器原理。动态高压加载技术及其装置的研究对提升强冲击试验水平至关重要，谁能冲击极限、实现极限，谁就会占据制高点，谁就会更主动。因此，多种类型的动态高压加载技术研究已成为当前的热点问题。

高性能新型武器装备的研究、国防科技的发展离不开对强冲击问题的研究，而强冲击理论及试验技术的深入研究必将有力地促进武器装备和国防科技的发展。

1.2　高能效宽脉冲强冲击试验与测试技术的发展状况

1.2.1　高能效宽脉冲强冲击试验设备发展现状

　　要满足炮射导弹或火箭弹、飞行记录仪等仪器设备的强冲击过载考核需求,先要对现有的强冲击波形发生方法进行分析研究,分析不同波形发生方法产生的冲击过载的脉宽、幅值、波形、一致性,以及被考核试件的体积、质量等性能参数,在满足各项性能参数的同时还要考虑工程代价、试验安全可靠性等外部因素。目前,高能效宽脉冲强冲击试验方法主要有如图 1.2.1 所示的几种,因每种波形发生方法产生的冲击波形、脉宽、频率特性,以及试样尺寸、重量等存在差异,每种方法都有各自的适用范围,如表 1.2.1 所示。根据不同强冲击波形发生原理及特性,高能效宽脉冲强冲击试验方法可分为加速式和减速式两种。

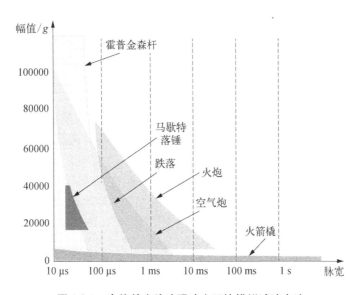

图 1.2.1　高能效宽脉冲强冲击环境模拟试验方法

表 1.2.1　国内外强冲击波形发生装置发展现状

原　　　理	来源	国家/机构	幅　　值	脉　　宽	被考核件质量
基于空气炮的强冲击波形发生装置	国外	尚未查到相关研究			
	国内	西北机电工程研究所	3 400 g	5.8~7.1 ms	10 kg
		中国工程物理研究院	20 000 g	1.6 ms	5 kg
		航空 3327 厂[1]	5 100 g	5 ms	8.5 kg

续 表

原　理	来源	国家/机构	幅值	脉　宽	被考核件质量
基于火炮射击的强冲击波形发生装置	国外	俄罗斯	10 000 g	3 ms	65 kg
	国内	西北工业集团有限公司	12 000 g	3 ms	65 kg
基于跌落的强冲击波形发生装置	国外	美国	32 000 g	几十微秒	未知
	国内	中船重工 702 所[2]	几万 g	几十微秒	不限
基于火箭橇的强冲击波形发生方法	国外	美国	<100 g	几秒	数百千克
	国内	中国兵器工业试验测试研究院	<100 g	几秒	数百千克
		南京理工大学	100 000 g	1.5 ms	<50 kg
基于马歇特锤击的强冲击波形发生装置	国外	美国	几万 g	几十微秒	<1 kg
	国内	南京理工大学,中北大学	30 000 g	几十微秒	<1 kg

1. 即中航工业陕西千山航空电子有限责任公司;2. 即中国船舶重工集团公司第 702 研究所。

1. 加速式高能效宽脉冲强冲击试验方法国内外发展现状

加速式高能效宽脉冲强冲击试验方法主要通过强冲击波形发生装置推动或撞击波形发生试件,使其产生一个加速式的冲击加速度波形,包括基于火箭橇、火炮实弹射击和高压气炮的强冲击试验方法三种。

1) 基于火箭橇的加速式高能效宽脉冲强冲击试验方法

该方法以火箭发动机作为动力,推动橇车沿着地面固定轨道高速滑行,能模拟武器系统的部件高速飞行,以及被试品在轨动态的地面试验设备。脉冲宽度可达几秒,冲击加速度在 100 g 以内,其被试品速度可达 Ma 10 及以上,但是冲击波形的一致性控制较为困难、波形校准不易实现,同时试验成本较高。

作为陆地上可以进行超声速试验的重要装置,目前全世界仅有美、俄、英、法、中 5 个国家拥有火箭橇。美国是最早进行火箭超声速研究的国家,也是目前实力最强的国家,2003 年,美国在霍洛曼空军基地的高速测试滑轨上,使用 4 级火箭和 13 台发动机,将一个 192 lb(约 87 kg,1 lb ≈ 0.45 kg)的测试物加速到 2 885 m/s,约为声速的 8 倍,这条轨道后来经扩建延长至近 16 km,也是当今最长的火箭橇轨道,如图 1.2.2 所示。我国火箭橇起步较晚,于 1993 年 6 月开始建设国内第一条、也是亚洲第一条火箭橇轨道,试验场占地面积 3250 亩(1 亩 ≈ 666.67 m^2),轨道全长 3 132 m,采用 1.435 m 标准轨距,直线精度在 0.2 mm 以内,精度方面超过了美国霍洛曼空军基地的火箭橇。目前,该条火箭橇滑轨已延长至 9 km,与美国还存在较大差距。1998 年,中国兵器工业总公司在陕西华阴基地建成了一条长 1 800 m 的滑轨,橇车最大速度可达 Ma 3。

2) 基于火炮实弹射击的加速式高能效宽脉冲强冲击试验方法

通过在模拟身管中点燃发射药,从而推动模拟弹在身管内运动并产生一个加速式的

图 1.2.2 美国空军 8 倍声速火箭橇轨道

强冲击加速度波形,其通过调整身管长度实现脉冲宽度的控制,调整发射药量和模拟弹质量可以实现冲击幅值的控制,脉冲宽度最长可达几十毫秒,冲击加速度幅值可实现几千 g 到几万 g 不等。但因动火试验成本高、风险大、难以实施等缺点,使得其应用范围受限,主要用于考核火工品的过载性能和抗过载能力。

国内针对 $10\,000\,g$ 以上、持续时间大于 $3\,ms$ 的试验标准和设备大多是从俄罗斯、乌克兰引进或仿制的。例如,南京理工大学引进的模拟炮射试验设备是俄罗斯的,该设备可对产品产生 $10\,000\,g$ 以上的冲击波形,持续时间 $3\,ms$,被考核模块质量达 $65\,kg$,且产品不离开设备,能够实现无损回收。国内某研究单位通过仿制国外强冲击试验设备并进行改进,采用火药发射空气压力回收的方式,实现了加速度幅值 $12\,000\,g$、脉宽 $3\,ms$ 的加速度波形。南京理工大学采用火箭橇搭载弹丸碰撞侵彻混凝土获得径向加速度达到 $100\,000\,g$、脉宽为 $1.5\,ms$ 的加速度波形,无回收装置。但是对于超高 g 值($20\,000 \sim 100\,000\,g$)、宽脉冲($2 \sim 15\,ms$)的强冲击波形发生装置及试验方法的研究水平与国外同类型装备依然存在很大的差距。

美国陆军武器研究发展与工程中心(Armament Research, Development and Engineering Center, ARDEC)为进行精确制导弹的内弹道动力学研究,专门研发制造了一套精确制导弹及部件的新型高加速软回收装置,将精确制导弹发射出去,弹丸内装有弹载数据记录仪,身管正前方为软回收装置,通过压缩气体或水将高速的弹丸在近距离进行制动,尽可能不对弹丸造成损伤,见图 1.2.3。

类似地,英国研制了 Aerobutt 81 mm 高过载试验装置及软回收系统、美国研制了尤马试验场(Yuma Proving Grounds, YGP)155 mm 软回收系统和"草堆"(Hay)120 mm 软回收系统,德国莱茵金属公司研制了 155 mm 软回收系统。俄罗斯研制的模拟炮射激励设备 NTC - 12000 可实现对被考核模块产生 $10\,000\,g$ 以上的过载,持续时间 $3\,ms$,被考核模块质量 $65\,kg$,且产品不离开设备,无损回收,十分接近 152 mm 加榴炮炮弹发射的内弹道受力过程。

3)基于高压气炮的加速式高能效宽脉冲强冲击试验方法

该方法包括空气炮、氢气炮、氦气炮、氮气炮等,其中以氢气、氦气等轻质气体作为工作介质的气体炮又称为轻气炮。真空炮(负压炮)是空气炮的一种,是在真空状态下以大气压作为动力推动弹丸运动的一种气体炮。气体炮可分为一级气体炮、二级气体炮和多级气体炮。其中,一级气体炮是在火炮的基础上改用压缩气体发射弹丸的设备,当采用氢气、

图 1.2.3　155 mm 精确制导弹及部件的新型高加速软回收装置

氮气等轻质气体作为工作介质时,能够获得更高的弹丸初速度,采用轻质气体的一级气体炮也称为一级轻气炮;二级气体炮是在一级气体炮的基础上追求更高初速度的设备,一般由压缩级和发射级组成,通常用火炮的火药燃烧气体作为第一级驱动介质,推动活塞压缩第二级轻质气体加速弹丸,由于二级气体炮利用了轻质气体,也称为二级轻气炮;多级气体炮是在二级气体炮基础上设计的,可以获得更高的弹丸初速度,但是其结构更加复杂。

1946~1980 年,美国墨西哥州研制成功了第一门一级空气炮,在初始压力与火药气体相等的状态下,该炮的弹丸获得的发射加速度比火炮更高;美国海军研究实验室研制了6 种空气炮装置进行模拟发射试验;美国法兰克福兵工厂拥有口径 127 mm、长度 27 m 的空气炮,用于弹药组件冲击试验,可以模拟 35 000 g 的加速度,改进后的 155 mm 线膛氮气炮具有高冲击、作用时间长等特点;美国新墨西哥大学为了研究锥形弹丸塑形波的传播理论,设计并研制了一套口径 31 mm 的气体炮,该气体炮采用氮气加速弹丸;美国哈里·戴蒙德实验室(美国陆军研究实验室)的 50.8 mm 空气炮可以模拟 15 000 g、7 600 r/min 的发射环境,力学作用时间约 1 ms;76.2 mm 空气炮可以模拟 20 000 g、12 000 r/min 的火炮发射环境。

1967 年,中国工程物理研究院建成了中国第一台二级空气炮,其测试弹丸的发射速度为 4.2 km/s;20 世纪 70 年代末,西安机电信息技术研究所成功研制出采用调节杆控制的 37 mm 空气炮,之后利用压力不同的四个气室相互配合,控制活塞运动规律,研制出的155 mm 气体炮可以有效延长后坐加速度的持续时间。1982 年,西北核技术研究所成功研制了最大驱动压力为 30 MPa 的 57 mm 口径的单级压缩空气炮,其可发射的最大弹丸初速度为 1 400 m/s;并于 20 世纪 90 年代研制了口径 130 mm 的单级压缩气炮和 10 mm 非火药驱动二级空气炮,其最大速度可达 7 000 m/s。"十三五"期间,西北机电工程研究所通过国家国防科技工业局技术基础项目"炮射弹载仪器试验设备强冲击校准技术"自主研发了基于空气炮发射强冲击波形发生装置,实现了加速度幅值不小于 3 400 g、脉宽 5.8~7.1 ms的技术指标,如图 1.2.4 所示。2016 年,中国工程物理研究院采用基于空气炮的强冲击波形发生装置实现了最大加速度幅值 20 000 g、脉冲宽度 1.6 ms 的加速度波形。航空 3327

厂采用空气炮强冲击装置已实现标准 TSO-C124b(Flight Data Recorder Systems,飞行数据记录器系统)要求(冲击波形标准为 5 100 g、脉宽 5 ms),被考核模块质量为 8.5 kg。1992 年,南京理工大学自研的带储能弹簧的高 g 值宽脉冲冲击试验装置可实现冲击幅值大于 5 000 g、脉宽大于 2 ms 的冲击波形。

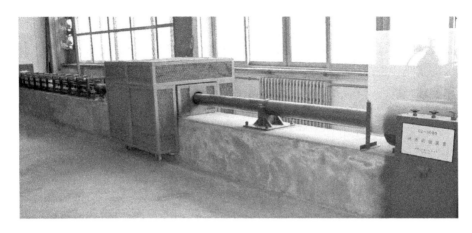

图 1.2.4 空气炮强冲击波形发生装置

目前,国内中北大学、南京理工大学、北方重工集团、西北机电工程研究所、航空 3327 厂、中国飞机强度研究所等均建设有空气炮设备,现阶段空气炮已作为一种模拟过载试验装置得到了广泛应用。

2. 减速式高能效宽脉冲强冲击试验方法的国内外发展现状

减速式高能效宽脉冲强冲击试验方法又可分为碰撞式和侵彻式两种,其均将被试品安装在波形发生试件上,使试件达到一定速度后撞击缓冲材料,产生一个减速式的强冲击波形。碰撞式和侵彻式的区别主要在于缓冲材料的特性,碰撞式主要为刚性材料,侵彻式主要为低强度缓冲材料。减速式波形发生方法关键在于波形发生试件的速度(冲击能量)、形状和缓冲材料的特性,其常借助于霍普金森杆、气体炮、跌落冲击台、马歇特落锤等装置,使得试件获得其强冲击波形发生所需要的能量。

1) 基于马歇特落锤的高能效宽脉冲强冲击试验方法

该方法采用一定重量的重锤作为动力,带动装在锤柄上的具有选定重量的击锤旋转一定角度,击打在击砧上,利用击锤碰击击砧时产生的惯性使被试品产生加速度过载,其可以通过棘齿上的齿轮数来调整加速度过载的大小。该方法产生的强冲击加速度波形的脉宽一般为几微秒到几十微秒,幅值最大可达到 40 000 g,同时锤击时的加速度值散布较大。马歇特落锤常用于在实验室环境下模拟火工品或引信在火炮发射时所受的极限冲击过载。中船重工 702 所具有系列落锤式冲击机,可对弹性元器件、飞行设备等进行冲击性能考核试验,冲击幅值能达几万 g,脉宽为几十微秒。南京理工大学、中北大学等通过基于马歇特锤击的强冲击波形发生方法对弹载器件进行了冲击性能试验,幅值可达几万 g,脉宽为几十微秒,质量小于 1 kg。

2) 基于霍普金森杆的高能效宽脉冲强冲击试验方法

该方法通过高压气枪发射的子弹撞击输入杆,输入杆将撞击产生的冲击应力波传递至被试品上,通过改变子弹的形状、整形器的材料等对冲击波形的脉宽和幅值大小进行调整。冲击波形的脉冲宽度只有几微秒到几十微秒,但冲击加速度幅值最大可达 250 000 g,适合进行材料力学响应试验或高 g 值加速度计的标定和校准。霍普金森杆实验设备不但能够实现高应变率拉伸、压缩、剪切及扭转加载,并且研究出了动态压缩-剪切复合加载、主动围压加载及被动围压等一系列复杂加载方式。

3)基于跌落式的高能效宽脉冲强冲击试验方法

该方法是将被试品固定在冲击台上,控制冲击台上升到一定高度后做自由落体运动,撞击试验台底座产生强冲击波形,通过调整冲击台高度、试验台底座的缓冲垫材料实现冲击波形脉宽和幅值的变化,其产生的脉冲宽度为几毫秒至百微秒不等,冲击加速度幅值可达几万 g,同时该方法可以考核体积、质量较大的被试件。美国西屋(Westing House)公司研制的冲击试验台的最大载荷可达到 10 t,可对舰船上的超大型电子设备等进行整体冲击考核。我国上海交通大学航空航天学院研制出可控跌落冲击试验系统,其通过光纤传感器控制跌落冲击装置,能有效防止二次跌落冲击碰撞,使跌落冲击试验结果更加准确。

4)基于高速运动波形发生试件撞击或侵彻缓冲材料的高能效宽脉冲强冲击试验方法

该方法通过高速运动的波形发生试件撞击或侵彻缓冲材料产生一个减速式强冲击加速度波形,目前主要通过气体炮发射模拟弹实现,其冲击波形的脉宽主要由缓冲材料的特性决定,而幅值主要由波形发生试件的动能来确定。目前,该强冲击波形发生方法常用于炮射导弹弹载仪器、飞行记录仪等设备的冲击过载考核和新型材料的抗冲击性能评估。若为刚性碰撞,则强冲击的脉冲幅值最大可达 100 000 g,脉冲宽度在几十微秒;若为可形变塑性材料,则强冲击脉宽可达到毫秒级。

1.2.2 高能效宽脉冲强冲击测试技术发展现状

通过高能效宽脉冲强冲击试验装置实现炮射导弹或火箭弹和飞行记录仪等仪器设备所需考核冲击波形,还应对得到的高能效宽脉冲强冲击加速度波形进行精确测量,使得被考核仪器设备受到准确的强冲击加速度过载考核。针对不同类型的高能效宽脉冲强冲击试验方法,目前主要有弹载存储式、高速摄像法等高能效宽脉冲强冲击加速度波形测试技术。弹载存储式通过将弹载存储测试系统与被考核仪器设备共同安装在波形发生试件内部,实现被考核仪器设备所受冲击过载的测量,高速摄像法凭借其高频率的拍摄速度捕捉普通相机无法捕捉到的高速物体的运动轨迹,准确地跟踪对象目标,测量其位移、速度、加速度等运动参数,实现被考核仪器设备所受冲击过载的测量。

1. 弹载存储式高能效宽脉冲强冲击测试技术发展现状

国外提出弹载存储测试技术始于 1975 年前后,德国 Dornier 公司开始试制数据记录仪,成功后将其应用于航天器及武器。到 20 世纪 80 年代初期,美国桑迪亚国家实验室(Sandia National Laboratories, SNL)和 IES 公司在弹载存储测试技术方面便发表了相关文章,美国陆军武器研究发展与工程中心提出了"应用于测试弹体测试载的数字存储测试仪"概念,他们研究了存储测试的实现方法及测试过程中可能面临的问题,并将存储测试仪与无线电遥测测试仪在功能特点上进行了对比,指出了存储测试仪具有结构简单、体积小、功耗低、不需要射频天线、可重复使用等优点。正因为弹载存储测试技术的以上诸多优点,它才得以广泛应用于过载测试。随着微电子技术、集成电路技术和封装强化技术的发展,各国的研究人员研制出了不同的弹载存储测试装置,结合高 g 值传感器成功测得高效能宽脉冲强冲击波形。20 世纪 90 年代初期,美国劳伦斯利弗莫尔国家实验室(Lawrence Livermore National Laboratory,LLNL)研制出了可以在恶劣环境下记录关键数据的弹载记录仪,记录仪存储空间为 2 KB。紧接着美国桑迪亚国家实验室研制出了抗 40 000 g 加速度冲击的记录仪,该型号记录仪可以用于记录炮弹在发射与撞击过程中产生的加速度,其在炮弹内的安装如图 1.2.5 所示。

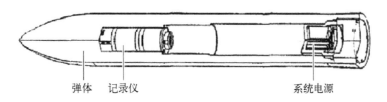

弹体　记录仪　　　　　　　　　　系统电源

图 1.2.5　记录仪安装位置示意图

瑞士研制的高 g 值弹丸飞行数据记录器 FDR 运用了钢结构外壳及环氧灌封保护,最大抗冲击过载可以达到 90 000 g。CM343 数据记录仪内部的电路均选用集成芯片,并且将所有元器件封装在一起,记录仪数据写入速度最高为 100 kHz,存储容量达到了 1 MB,可抗 100 000 g 冲击加速度过载,其封装结构如图 1.2.6 所示。美国 IES 公司早已将抗高过载记录仪产品化,并且研制出了适用于不同武器型号的存储测试仪,可同时对参数进行测试,抗高过载能力达 100 000 g,有 1~8 个通道,8~12 位精度,适应不同条件下的弹载测试要求。美国 DTS 公司与美国空军研究实验室(Air Force Research Laboratory,AFRL)和桑迪亚国家实验室合作,研制出 SLICE NANO 和 SLICE MICRO 两种记录仪,其外形尺寸为 26 mm×31 mm 和 42 mm×42 mm,可以测量 5 000 g 和 100 000 g 的过载,采样频率为 1 MHz。

图 1.2.6　CM343 记录仪及内部封装图

在高能效宽脉冲强冲击测试技术方面,国外研发的传感器具有绝对优势,在极端环境下,测试仪器的稳定性与可靠性高、环境适用性强、测试准确度高。例如,国外在弹丸全弹道综合测试技术的发展与应用取得了长足进步,开发了神剑增程弹弹上综合测试系统和弹载内弹道环境综合测试仪器,具备同时测量发射过程中的弹底压力、三轴加速度、速度等多参数的能力。美国陆军研究实验室开发的弹载综合测试仪器实际是一个将压力、温度、加速度传感器测试仪器及数据传输天线等集成于一体的综合测试仪器系统,可实现火炮发射过程中弹丸膛内综合参数测试。

与国外相比,我国对侵彻测试技术的研究较晚。20 世纪 80 年代以来,随着我国国防技术的发展,工程技术人员针对侵彻过程的弹载存储测试技术展开了大量的研究,目前已经取得了长足的进步。其中,华中理工大学提出了一种在钢弹侵彻混凝土测量弹体

图 1.2.7　弹载存储测试装置

加速度和时间的方法,在弹体内安装加速度传感器,数据通过连接炮口接电装置传至地面测试系统。在空气炮上进行一系列钢弹以 150~300 m/s 速度垂直侵彻混凝土靶的实验中,采用该方法成功测得弹体的加速度曲线。由于该方法通过有线传输,当弹体与炮口分离侵彻目标时,测试电路就会断线,无法在实弹中应用。中北大学在抗高冲击弹载存储测试系统方面进行了大量研究,并做了大量的工作,研制出了多种弹载侵彻过载存储测试装置,如图 1.2.7 所示。

西安电子科技大学在大容量数据存储方面的技术比较成熟,能完成对高速信号的采集存储,但受其产品体积限制,在抗高过载技术方面还比较欠缺。重庆航天机电设计院在弹载存储器方面也生产过相关产品,有一定技术基础,其弹载存储产品多次应用于火箭弹发射时相关参数的测试。除此之外,山西科泰航天防务技术股份有限公司也已经将存储测试技术广泛应用并实现产品化。

总参工程兵某研究所对弹丸侵彻混凝土和钢筋混凝土的加速度测试开展了大量的工作,成功测得了质量为 20 kg、弹径为 100 mm,着靶速度为 300~600 m/s,侵彻混凝土时的加速度曲线,得到了弹体侵彻混凝土加速度特性理论计算公式。西北机电工程研究所对弹体侵彻目标加速度测试开展了大量的工作,研制的侵彻加速度测试仪可以抗 200 000 g 高过载,成功测得弹丸侵彻多层混凝土的加速度曲线。图 1.2.8 为该研究所设计的弹载存储测试系统电路模块及侵彻三层混凝土靶过程所得的加速度-时间曲线。

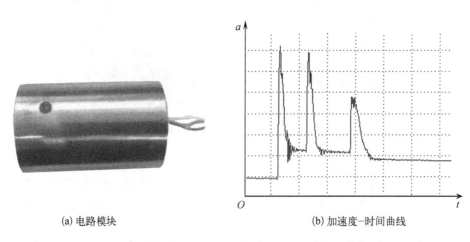

(a) 电路模块　　　　　　　　　　(b) 加速度-时间曲线

图 1.2.8　弹载存储测试系统电路模块及侵彻三层混凝土靶过程的加速度-时间曲线

此外,北京理工大学、南京理工大学、中国航天科技集团有限公司等单位也对战斗部侵彻过程的加速度测试技术展开了大量的研究。目前,在存储测试方面,国内各个单位的研

发水平接近,但是抗高过载产品在可操作性及可靠性方面与国外产品还存在较大的差距,国内传感器及测试仪器主要依赖进口,很多高端传感器以及测试仪器难以实现自主可控。

2. 高速摄像高能效宽脉冲强冲击测试技术发展现状

近年来,随着高速摄像技术的快速发展,高速摄像测速系统已在强冲击试验中得到了广泛应用,相比于传统测速方法,其不易受试验环境干扰与目标姿态的影响,高速摄像法通过对运动目标进行非接触式拍摄,经相应的图像处理算法和软件获得运动目标的位移、速度、加速度等运动参数的连续变化曲线,进而实现高效能宽脉冲强冲击波形的测试。

全球领先的高速摄像机企业主要集中在美国、日本及欧洲等发达国家和地区,主要有美国的 Vision Research、Integrated Design Tools、Monitoring Technology,日本的 Photron、nac Image Tecnology,德国的 PCO AG、Mikrotron GmbH 及瑞士的 AOS Technologies 等公司,新思界产业研究中心发布的《2021 年全球及中国高速摄像机产业深度研究报告》显示,2019年,全球高速摄像机市场规模接近 30 亿元。

高速摄像机的主要性能参数包括分辨率、帧率、感光度、曝光时间、像元尺寸、图像深度等,各个参数对高速摄像机的性能均有较大影响,因此高速摄像机技术较为复杂。我国高速摄像机行业起步较晚,技术水平与发达国家相比还有较大差距,国内对高速摄像机依赖度较高。但是近些年,随着高速摄像机行业的快速发展,我国也涌现出一批知名的高速摄像机品牌,如科天健光电技术有限公司、富煌君达高科信息技术有限公司等。

如 1.2.1 节所述,高能效宽脉冲强冲击试验方法可分为加速式和减速式两种,由于高速摄像需要对运动目标进行实时跟踪拍摄,即运动目标必须在高速摄像的可视范围内,高速摄像法主要应用于减速式高能效宽脉冲强冲击试验,如基于高速运动波形发生试件撞击或侵彻缓冲材料的高能效宽脉冲强冲击试验方法。

西北机电工程研究所采用高速摄像机及专用运动分析软件,直接测量了波形发生试件的冲击运动位移。测量时,高速摄像机安置于空气炮侧方 2~3m 处,高速摄像机镜头指向冲击运动位移区域的中部,其光轴与冲击方向垂直,视场大小约为 1000 mm × 1000 mm,图像分辨率为 1 mm/pixel。在波形发生试件的尾部有两条彩色标记环,以标记环之间的两根颜色分界线之间的距离(30 mm)作为高速摄像的图像分析的参考标尺。两条标记线保持平行,且标记线平面与波形发生试件的轴向垂直,如图 1.2.9 所示。

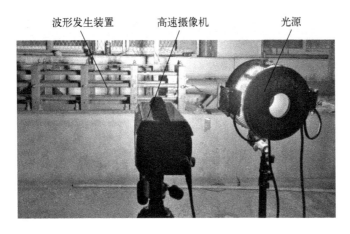

波形发生装置　　　高速摄像机　　　光源

图 1.2.9　高速摄像试验布局图

为了获得清晰、对比度好的图像,需要保证整个视场内的光照均匀,需采用聚光灯组成的光源阵列对拍摄对象实施照明,高速摄像的帧速设置为 20 000 帧/s。在整个冲击过程中,波形发生试件不断侵彻并深入波形发生介质内部。利用图像分析技术得到两个标记环的运动位移,从而获得试件在冲击过程的运动位移。由高速摄像获得的冲击运动位移信号,经由二次微分得到冲击加速度波形。由于微分运算会放大噪声信号,在微分过程中需要采用适当的滤波来提高信噪比。二次微分的具体实现框图见图 1.2.10。

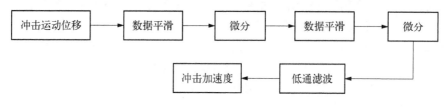

图 1.2.10　二次微分实现框图

1.3　高能效宽脉冲强冲击试验与测试技术存在的问题

从国内外研究现状来看,高能效宽脉冲强冲击试验与测试技术已经取得了一定进展,但也存在不少问题,具体如下。

(1) 在测试弹体侵彻多层分段和整段混凝土靶试验中,弹载数据记录器存在数据异常的现象,导致弹体前后端记录器没有采集到过载数据或弹体后端记录器的测试数据存在问题。

(2) 测试仪在实弹模拟试验中存在瞬间掉电现象,导致测得多层侵彻过载数据不完整(图 1.3.1)。在成功测得的侵彻过载数据中,无法对整个侵彻过载进行整体分析和处理。

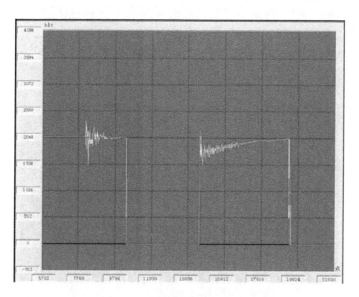

图 1.3.1　瞬间掉电时的测试数据

（3）传感器姿态受冲击影响发生改变，某过载测试仪机械外壳采用了铝制结构，传感器通过螺栓拧紧在机械壳上，在实际应用中发现，在经受一次高冲击后，传感器从螺孔中拔出，传感器发生倾斜，这必然会导致测得的侵彻过程过载数据失真。

（4）缓冲设计引入相对加速度，导致过载数据失真，某随弹测试固体记录器将压力传感器和记录器直接封装为一体，为了提高其在多层侵彻下的抗过载能力，使用了毛毡和泡沫铝对记录器连同加速度传感器整体进行了缓冲保护（图 1.3.2），这样必然会使加速度传感器与弹体之间产生相对加速度，导致所测的过载失真。

（5）传感器零漂导致数据失真，压电传感器测得的弹体侵彻多层混凝土过载存在较为严重的零漂现象（图 1.3.1），给最终侵彻过载的确定带来一定麻烦。

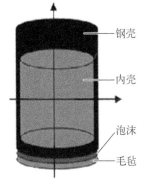

钢壳

内壳

泡沫

毛毡

图 1.3.2 缓冲保护结构示意图

总的来说，当前高能效宽脉冲强冲击试验中所存在的问题可以归结为以下两个方面。

一是能不能"测得到"，这主要受宽脉冲强冲击环境下测试装置的存活性的影响。在宽脉冲强冲击环境下，测试装置要在极短时间内面临多次高冲击的考验，极易造成测试装置传感器的损坏、电池瞬间掉电和电路模块的失效等，进而导致测试的失败。因此，研究宽脉冲强冲击环境下测试装置的抗过载技术，设计合理有效的缓冲保护尤为重要。

二是能不能"测得准"，这主要受传感器安装方式、传感器零漂和数据处理方法的影响。如果传感器安装方式不当，在经历一次强冲击后易导致传感器安装基面发生机械变形，使传感器不再与弹体刚性接触或者传感器安装方向发生倾斜，使得测过载数据失真。在实际应用中，加速度传感器在经受一次高冲击后会发生短暂的零漂现象，这对单层侵彻中过载确定，以及侵彻速度、侵彻深度的求取影响不大，因为零漂是在冲击后产生的，可以不去考虑它。但在多层侵彻过载测试中，在侵彻第一层缓冲材料所产生的零漂可能会持续到侵彻第二层靶，甚至贯穿后续缓冲材料的侵彻过程，这给后续缓冲材料的过载确定，以及整个侵彻过程的侵彻速度和位移的求取带来比较大的影响。当前，针对宽脉冲强冲击测试中对于零漂现象的处理，国内尚无相关文献报道；在通过对实测过载数据进行低通滤波获得刚体过载时，滤波截止频率的确定方法不一，选择何种确定方法将直接影响所获得的最终测试结果。

第 2 章　宽脉冲强冲击试验中波形发生相关理论

冲击动力学是固体力学的一个分支,它涉及物理、力学和材料科学等多种学科,主要研究固体或结构在瞬变、动载荷作用下的运动、变形和破坏规律,具体包括应力波的传播和结构动态响应两类基本问题。前者是关于物体局部扰动及其传播的问题,它将动态响应作为一个过程来研究;后者忽略扰动传播过程,直接研究结构的变形、断裂及其与时间的关系。

宽脉冲强冲击试验中的碰撞/侵彻现象是一个典型的冲击动力学问题,这里的强冲击载荷是指在与系统振荡的固有周期相比较短的时间内迅速变化的外载荷,是能激起系统瞬态扰动的力、位置、速度或加速度的突然变化。强冲击的突出特点是能量大、物理过程特别短、响应机理复杂、过程涉及多学科的交叉。

2.1　碰撞/侵彻过程的动量守恒理论

强冲击试验中的碰撞/侵彻现象,伴随着应力波的传播。一般来说,在应力值小于材料屈服极限的情况下,应力波为弹性波。但是在强冲击试验过程中,应力波的强度很大,超出了材料的弹性范围,于是就出现了塑性波。另外,有些材料(如塑料)不符合线性应力-应变关系,就必须研究应力-应变不是线性规律的应力波传播问题。在强冲击撞击/侵彻中,介质处在高压作用下,一般不能当作弹性介质来处理。此外,非线性弹性波和塑性波理论的研究在工程中也有着特别重要的意义。

在介质中已扰动的区域和扰动还未波及的区域之间的界面,称为应力的波阵面。扰动在介质中的传播显示波阵面的前进,波的传播方向指的就是波阵面的推进方向。如图 2.1.1 所示,假设有一根均匀的等截面长杆,有一平面波波阵面在杆中传播。波阵面通过时,微体的运动和变形是同时发生的,同时由于介质是连续的,杆中每一个微体的运动和变形互相制约,制约条件就是波阵面通过前后微体的质量保持不变。

以杆的轴线作为 X 坐标轴。设变形前杆的密度为 ρ_0,变形后的密度变为 ρ,杆截面积保持为 A_0 不变。首先假设杆的横截面在

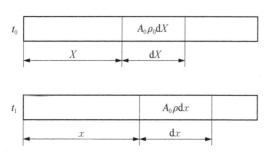

图 2.1.1　扰动在等截面细长杆中的传播

变形过程中仍保持为垂直轴线的平面,界面上均匀分布轴向应力,则可知位移 u、速度 v、应变 ε、应力 σ 都是位移 X 和时间 t 的函数。在杆的坐标 X 处取一个微体 $A_0 \mathrm{d}X$,在 t_0 时刻,该微体的初始质量是 $A_0 \rho_0 \mathrm{d}X$,由于波阵面的传播引起介质的运动,在 t_1 时刻,X 截面运动到空间位置 x 处,微体因压缩密度变为 ρ,微体的体积变为 $A_0 \rho \mathrm{d}x$。因为变形前后微体的质量保持不变,所以有

$$\rho_0 \mathrm{d}X = \rho \mathrm{d}x \tag{2.1.1}$$

设平面冲击波以波速 $D = \mathrm{d}X/\mathrm{d}t$ 沿 X 轴正向传播,在 $t + \mathrm{d}t$ 时刻,波阵面达到 $X+\mathrm{d}X$ 截面。因为在任意时刻,波阵面前后两侧的质点是紧靠在一起的,于是有

$$u_1(X, t) = u_2(X, t) \tag{2.1.2}$$

$$u_1(X + \mathrm{d}x, t + \mathrm{d}t) = u_2(X + \mathrm{d}x, t + \mathrm{d}t) \tag{2.1.3}$$

将式(2.1.3)作 Taylor 级数展开,保留一阶小量,结合式(2.1.3)化简得

$$\frac{\partial u_1}{\partial X}\mathrm{d}X + \frac{\partial u_1}{\partial t}\mathrm{d}t = \frac{\partial u_2}{\partial X}\mathrm{d}X + \frac{\partial u_2}{\partial t}\mathrm{d}t \tag{2.1.4}$$

式中,下标 1 表示波阵面前方的量;下标 2 表示波阵面后方的量。

在式(2.1.4)中,可记微体的应变为 $\varepsilon = \partial u/\partial X$,质点的速度 $v = \partial u/\partial t$,于是式(2.1.4)可简化为

$$v_2 - v_1 = D(\varepsilon_2 - \varepsilon_1) \tag{2.1.5}$$

进一步记为

$$\Delta v = \pm D\Delta\varepsilon \tag{2.1.6}$$

式中,Δv 为波阵面前后的速度变化量;$\Delta\varepsilon$ 为波阵面前后的应变变化量;±则是考虑了波阵面前进方向。式(2.1.6)称为波阵面上的动力学条件,也称为波阵面上的位移连续条件,反映了质量守恒定律。

设在 t 时刻波阵面到达截面 X,在 $t+\mathrm{d}t$ 时刻运动到 $X+\mathrm{d}X$。在 Δt 时间内,波阵面前后方的应力分别为 σ_1 和 σ_2,所产生的增量 $\frac{\partial \sigma_1}{\partial t}\mathrm{d}t$ 和 $\frac{\partial \sigma_2}{\partial t}\mathrm{d}t$,所施加的冲量分别为 $\frac{\partial \sigma_1}{\partial t}\mathrm{d}t^2$ 和 $\frac{\partial \sigma_2}{\partial t}\mathrm{d}t^2$,均为二阶小量,可以忽略。

根据动量定理,一个微体在 $\mathrm{d}t$ 时间内产生的动量增量等于 $\mathrm{d}t$ 时间内所有外力的冲量,则动量守恒的表达式为

$$\rho_0 A_0 \mathrm{d}X(v_2 - v_1) = A_0(\sigma_2 - \sigma_1)\mathrm{d}t \tag{2.1.7}$$

整理得

$$\sigma_2 - \sigma_1 = \rho_0 D(v_2 - v_1) \tag{2.1.8}$$

若为左传波,式(2.1.8)等号右边增加一个负号,可以合并记为

$$\Delta\sigma = \pm \rho_0 D\Delta v \tag{2.1.9}$$

式中, $\Delta\sigma$ 为波阵面前后方的应力变化量; Δv 为波阵面前后的质点速度变化量; ±则是考虑了波阵面前进方向。式(2.1.9)称为冲击波波阵面上的动力学条件,它把波阵面两侧的 σ 和 v 联系起来,反映了波阵面上的动量守恒定律。

式(2.1.6)、式(2.1.9)是对强间断波波阵面而言的,对于连续波,波阵面两侧的物理量是连续的,通过波阵面 X 产生无限小的增量,用 dv 代替 Δv,用 $d\sigma$ 代替 $\Delta\sigma$,用 $d\varepsilon$ 代替 $\Delta\varepsilon$,用 C 表示其波速,便可得到连续波波阵面上的守恒条件:

$$dv = \pm C d\varepsilon \tag{2.1.10}$$

$$d\sigma = \pm\rho_0 C dv \tag{2.1.11}$$

将冲击波波阵面上的守恒条件[式(2.1.6)和式(2.1.9)]及连续波波阵面上的守恒条件[式(2.1.10)和式(2.1.11)]分别消去 Δv 和 dv,便可得到冲击波及连续波的波速公式:

$$D = \sqrt{\frac{1}{\rho_0}\frac{\Delta\sigma}{\Delta\varepsilon}} \tag{2.1.12}$$

$$C = \sqrt{\frac{1}{\rho_0}\frac{d\sigma}{d\varepsilon}} \tag{2.1.13}$$

2.2 碰撞/侵彻过程的能量分配理论

碰撞/侵彻是典型的强冲击问题,是针对高速弹丸碰撞板靶描述的一种碰撞物理现象。碰撞现象的研究大体上可以分为三种情况,以下分别进行简述。① 在低速碰撞范围内,碰撞速度小于 250 m/s,很多问题属于结构动力学问题。局部的凹穴或侵彻与结构的总变形紧密地联系在一起,其典型的加载和响应时间都在毫秒量级。② 在中速碰撞范围内,碰撞速度在 0.25~2 km/s 范围内,对于构件碰撞区的很小范围内(以 2~3 倍弹径范围内最为典型)的材料响应特性,结构的整体响应变成次要的。这种情况用波动学说来描述是适当的:应力波波速、质点运动速度、材料结构的几何形状、应变率、局部的塑性流动及损伤、破损、断裂、破碎等现象在碰撞的不同阶段都会表现出来,其典型的加载和反应时间都在微秒量级。③ 进一步提高碰撞速度,碰撞速度在 2~3 km/s 范围内,碰撞的结果使得材料的局部压力超过材料强度的一个或数个数量级,固体将会变成流体;在超高速碰撞下,如碰撞速度大于 12 km/s,能量沉积的速率如此之高,以致产生了相撞材料的爆炸蒸发。

侵彻定义为弹丸未完全穿透板靶但已进入板靶中,一般情况下,这将产生弹丸嵌入靶中及形成弹坑的结果。侵彻这一过程一般发生在数百微秒时间内,弹丸及靶板在这一碰撞过程中产生严重的变形和破损。

弹丸高速撞击靶板的过程中,材料因受冲击而发生剧烈的物理变化,弹丸的初始能量以多种形式耗散。弹丸接触面的应力远大于材料的屈服强度,撞击接触部分会发生强烈的塑性变形;材料的变形会使动能转化为内能,从而产生高温,甚至超过材料的熔化和汽化温度;当超高速撞击压力远超过材料的动态屈服强度时,接触区域材料的塑性变形如同流体流动;物体在局部受到冲击载荷作用时,由于物质的惯性,突加载荷对物体各部分质

点的扰动不可能同时发生,而要经历一个传播过程,由局部扰动区逐步传播到未扰动区。撞击过程中的能量分配可以表示为

$$E_K = E_d + E_s + E_R + E_w \tag{2.2.1}$$

式中,E_K 为弹丸的动能;E_d 为靶板材料的变形能;E_s 为溅物动能;E_R 为以电磁波形式辐射的能量;E_w 为应力波的传播使靶板的内能增加量。

2.2.1 冲击压力、碰撞初始压力和温度

弹丸高速撞击靶板时,撞击瞬间的冲击压力很大,因而弹丸及靶板的材料均受到了很大程度的压缩。假设超高速撞击的物理过程中遵循一维应力波的传播理论,对于靶板,由质量守恒和动量守恒定律得

$$P_c = \frac{\rho_P C_P \times \rho_t C_t}{\rho_P C_P + \rho_t C_t} v \tag{2.2.2}$$

式中,P_c 为冲击波波后的压力;ρ_P 为弹丸密度;ρ_t 为靶板密度;C_P 为弹丸中的冲击波速;C_t 为靶板中的冲击波速度;v 为弹丸速度。

撞击初始时弹靶撞击点处的温度升高,整个过程基本处于绝热状态,热量的累积使材料温度升高,该温升大小即绝热温升值。绝热温升关系式可表示为

$$\Delta T = \frac{\eta}{\rho} \int_0^\varepsilon \frac{\sigma}{C_v} \mathrm{d}\varepsilon_P \tag{2.2.3}$$

式中,ρ 为材料密度;C_v 为等容比热;ε_P 为真实塑性应变;σ 为真实流动应力;η 为塑性功转化为热量的系数,碰撞过程中塑性功几乎全部转化为热量,η 一般取 0.9。

碰撞初始时,弹靶在撞击点处的温度为

$$T = T_r + \Delta T \tag{2.2.4}$$

式中,T_r 为环境温度;ΔT 为绝热温升值。

2.2.2 靶板材料的变形能

对于半无限靶板,在高速撞击时靶板上会产生半球形孔洞,其孔洞的大小与弹丸的动能成正比,此外弹丸的一部分能量通过冲击波的传播使孔洞周围产生半球面样的应变区。

弹丸超高速撞击靶板产生弹坑的过程中,靶板材料的变形能为体积应变能与剪切应变能的总和:

$$E_d = 2\pi \int_0^\infty \sigma \varepsilon_v r^2 \mathrm{d}r + 2\pi \int_0^\infty \tau \gamma r^2 \mathrm{d}r \tag{2.2.5}$$

式中,σ 为压缩应力;τ 为剪切应力;ε_v 为体积应变;γ 为剪切应变。

2.2.3 应力波在靶板的传播过程中引起靶板内能的改变

在弹丸超高速撞击靶板的过程中,形成的应力波在靶板中传播前后,材料的密度、温度、压力、速度和势能均会发生变化,假设:① 冲击波阵面是强间断面;② 剪切模量为 0;

③ 忽略波阵面上的热传导;④ 没有弹塑性变形,不发生相变。基于假设可得如下表达式:

$$E - E_0 = \frac{P(P - P_0)}{\rho_0^2 u_s^2} - \frac{1}{2} \frac{(P - P_0)^2}{\rho_0^2 u_s^2} \tag{2.2.6}$$

2.2.4 以电磁波形式辐射的能量

通过应力波的传播,高速撞击过程中一部分能量传递到靶板中,同时还产生了闪光辐射和温度辐射,该温度难以建立解析解,因撞击过程是一个瞬态过程,也无法通过试验方法测得。一般是通过瞬态光纤高温计系统测量在碰撞过程产生闪光的闪光强度,进而通过黑体辐射理论计算可获得辐射温度。在测得闪光辐射强度的基础上,利用比率法可得到关于辐射温度的拟合目标函数:

$$G(T) = \frac{I_1 I_3}{I_2 I_4} - \frac{\left(\dfrac{\lambda_1 \lambda_3}{\lambda_2 \lambda_3}\right)^5 \left[\exp\left(\dfrac{c_2}{\lambda_2 T}\right) - 1\right] \left[\exp\left(\dfrac{c_2}{\lambda_4 T}\right) - 1\right]}{\left[\exp\left(\dfrac{c_2}{\lambda_1 T}\right) - 1\right] \left[\exp\left(\dfrac{c_2}{\lambda_3 T}\right) - 1\right]} \tag{2.2.7}$$

式中,c_1 为普朗克第一常数,值为 $3.741\,8\times10^{-16}$ W·m^2;c_2 为普朗克第二常数,值为 $1.438\,8\times10^{-2}$ W·K;λ 为波长,单位为 nm;T 为辐射温度,单位为 K;I_1、I_2、I_3、I_4 分别为 λ_1、λ_2、λ_3、λ_4 四种波长对应的闪光强度。

式(2.2.7)非常复杂,很难由其解出辐射温度的解析解,可以采用数值解法求解此问题。

$$LE = \int_{t_1}^{t_2} \mathrm{d}t \int_{\lambda_1}^{\lambda_2} \frac{2hc^2}{\lambda^5} \cdot \frac{1}{\exp\left(\dfrac{hc}{\lambda kT}\right) - 1} \mathrm{d}\lambda \tag{2.2.8}$$

式中,λ 为波长,单位为 nm;h 为普朗克常数;T 为辐射温度,单位为 K;c 为光速;k 为玻尔兹曼常数。

由式(2.2.8)可见,辐射能量受波长范围的影响。将闪光辐射强度对波长进行数值积分,然后对闪光持续时间积分可得到给定波长范围内的辐射能量,对闪光信号在给定波长范围内积分可得到给定时间的辐射能量。

2.3 冲击载荷作用下试件内应力和加速度分布规律

当一个物体的局部位置受到冲击时,引起的扰动会逐渐传播到未扰动的区域,这种现象称为应力波的传播。载荷作用时间短,即载荷变化快,且受力物体的加载方向的尺寸又足够大时,应力波的传播就显得特别重要。在这种情况下,材料对外载荷的动态响应只能通过应力波来研究。例如,无限介质中的局部扰动、半无限长杆的端部受到撞击等,都属于这类问题。对于板、梁等结构,在最小尺寸方向上受到冲击时,应力波在这个方向上传播的时间比外载荷作用的时间要短得多,因此应力波在结构的两个表面之间来回反射多次,之后应力趋于均匀化,结构的响应主要表现在结构的变形并随时间而发展,最终引起结构的断裂、贯穿或破坏,这类问题称为结构的动态响应。

应力波的传播和结构的动态响应是冲击动力学的两类基本问题,前者研究物体局部扰动及其传播问题,它将动态响应作为一个过程来研究;后者忽略扰动传播过程,直接研究结构的变形、断裂及其与时间的关系。在宽脉冲强冲击试验中,多种冲击波形的发生过程都属于第一类基本问题,即材料的冲击响应问题。

分析材料的力学性能,就必须基于材料的应变率。应变率是表征材料变形速度的一种度量,是应变对时间的导数。一般准静态试验的应变率为 $10^{-5} \sim 10^{-1}\ \mathrm{s}^{-1}$ 量级,而冲击试验的应变率范围多是 $10^{2} \sim 10^{4}\ \mathrm{s}^{-1}$,甚至可达到 $10^{6}\ \mathrm{s}^{-1}$。材料的力学性能往往与应变率紧密相关,随着应变率的提高,材料的屈服极限、强度极限都会提高,而延伸率降低、屈服和断裂滞后。因此,材料和构件对强冲击载荷作用下的响应是非常复杂的。从力学概念上讲,可以大致将强冲击载荷作用的固体的响应行为分为四类:惯性运动、弹性变形、塑性变形、流体形变。惯性运动的响应是将材料和构件作为刚体考虑,属经典动力学范畴,以牛顿三大定律为基础,不考虑物体的变形。弹性变形是指物体内产生的应力低于材料屈服应力,材料表现为弹性行为,适用于线性胡克定律,在这个范围内,对于不同的加载条件,一般可得到精确的数学解。当施加的载荷强度增大时,材料进入塑性范围,物体内产生的应力已超过了材料的屈服强度,此时材料中的应力不增加,而应变不断增大,产生大变形、发热及不同机理的断裂等。当进一步增加载荷强度,使产生的应力超过材料强度几个数量级时,材料因内部形成了冲击波的响应而呈流体状态,可以忽略强度效应,把介质作为非黏性可压缩流体处理。在此状态下,可以把三个状态变量联系起来用一个状态方程来描述本构关系,这种把高压下的固体当作可压缩流体来处理的方法称为流体动力学方法。

对于低强度冲击载荷,构件整体结构的几何特性和材料的特性在抵抗载荷中起着主要作用。随着载荷强度的增加,碰撞响应呈现出高度局部化性质,这时加载点附近区域内的材料性质比整体结构的几何特性的影响更为明显。因此,对于可变形体,按照弹性区、塑性区和流体区划分冲击响应还是比较合适的。表 2.3.1 为材料冲击响应的三个范围。

表 2.3.1 材料冲击响应的三个范围

响应行为类别	材 料 应 力	描 述 方 程	方 程 特 点
惯性运动	不考虑	牛顿三大定律	线性和旋转
弹性变形	低于屈服极限	胡克定律	线性
塑性变形	高于屈服极限	复杂	非线性
流体变形	高于屈服极限	状态方程	非线性

2.3.1 应力波传播模型

简单弹性波是指沿一定方向传播的弹性单波,没有与其他弹性波发生叠加。假设

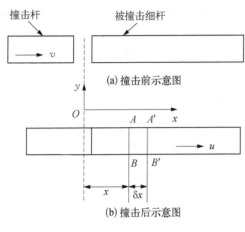

（a）撞击前示意图

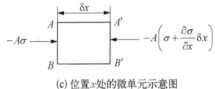

（b）撞击后示意图

（c）位置 x 处的微单元示意图

图 2.3.1 弹性波在长细杆中传播示意图

在一长细圆杆中,左端因被速度为 v 的撞击杆撞击产生一个右行的简单压缩应力波,如图 2.3.1 所示。此时,变形及应力以压缩扰动的形式在圆柱杆中传播,并以一个有限的速度从载荷的作用区开始运动,该速度是材料的一种属性。

对于这种长细杆,弹性单波在传播过程中形状不变,分析时不考虑长细杆的横向应变、横向惯性、体积力和内摩擦的影响。

考虑 t 时刻,在 x 位置处的扰动波振面,即微单元截面 AB 和 $A'B'$ 一段圆杆长度为 δx,如图 2.3.1(c) 所示。截面 AB 离起始位置的距离为 x,截面 $A'B'$ 离起始位置的距离为 $x + \delta x$,对该微单元应用牛顿第二定律 $F = ma$,可得

$$-\left[S\sigma - S\left(\sigma + \frac{\partial \sigma}{\partial \sigma}\delta x\right)\right] = S\rho\delta x\frac{\partial^2 u}{\partial t^2} \tag{2.3.1}$$

整理后得

$$\frac{\partial \sigma}{\partial x} = \rho\frac{\partial^2 u}{\partial t^2} \tag{2.3.2}$$

因为是弹性变形,有 $\sigma = E\varepsilon$,其中 ε 为应变,定义为 $\varepsilon = \partial\sigma/\partial x$,所以式（2.3.2）可写成:

$$\frac{\partial}{\partial x}\left(E\frac{\partial u}{\partial x}\right) = \rho\frac{\partial^2 u}{\partial t^2} \tag{2.3.3}$$

即可得出长细杆弹性波传播的微分方程:

$$\frac{\partial^2 u}{\partial t^2} = \frac{E}{\rho}\frac{\partial^2 u}{\partial x^2} \tag{2.3.4}$$

而压缩应力波的波速方程为

$$C_L = \sqrt{\frac{E}{\rho}} \tag{2.3.5}$$

上式中,S 为长细杆的横截面积;E 为杨氏弹性模量;ρ 为材料密度。

还要注意,以上方程中有两种速度,C_L 是扰动波的传播速度,u 是质点的位移,$\partial u/\partial t$ 是质点的扰动速度。质点的扰动速度的含义:材料中的某一点,当扰动波通过时该质点的速度。这两种速度以完全不同的方式包括在方程中。上述方程对细长杆（杆的长度大于杆横截面积最大尺寸的 6~10 倍以上）都是适用的。

对于无限介质,纵波波速方程为

$$C_L = \sqrt{\frac{E(1-\nu)}{\rho(1+\nu)(1-2\nu)}} \tag{2.3.6}$$

式中, ν 为泊松比。

对于有边界介质,横波(剪切波)波速方程为

$$C_S = \sqrt{\frac{G}{\rho}} \qquad (2.3.7)$$

式中, G 为材料的剪切模量。

对于无限介质,横波(剪切波)波速方程为

$$C_S = \sqrt{\frac{E}{2\rho(1+\nu)}} \qquad (2.3.8)$$

描述脉冲波动的特性,可根据具体问题的不同要求采用应力与时间的关系、质点速度与时间的关系、应力与距离(位置)的关系、质点速度与距离的关系来进行描述。

波速与材料的弹性模量及密度有关,空气的波速为 340 m/s,而铍的密度很低,但弹性模量很大,因此纵波波速也很大,其波速约为 10 000 m/s,表 2.3.2 给出了一些材料的弹性波波速值(对于无限介质)。

表 2.3.2　无限介质中弹性波波速值

材　　料	纵波波速 $C_L/(\text{m/s})$	横波波速 $C_S/(\text{m/s})$
空　气	340	—
铝	6 100	3 100
钢	5 800	3 100
铅	2 200	700
铍	10 000	—
玻　璃	6 800	3 300
树脂玻璃	2 600	1 200
聚苯乙烯	2 300	1 200
镁	6 400	3 100

波动方程(2.1.3)的通解为

$$u(x, t) = f_1(x - C_L t) + f_2(x + C_L t) \qquad (2.3.9)$$

式中, f_1 和 f_2 分别代表变量 $(x - C_L t)$ 和 $(x + C_L t)$ 的任意函数,其物理意义是用函数 f_1 和 f_2 描述的波速为 C_L 分别沿 x 轴正向和反向传播的脉冲的形状,这种波的形状不随传播时间变化,如图 2.3.2 所示。

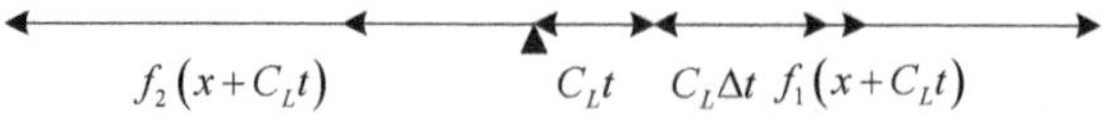

$$f_2(x+C_Lt) \qquad\qquad C_Lt \quad C_L\Delta t \; f_1(x+C_Lt)$$

图 2.3.2　理想一维弹性波在正、反两个方向上的传播示意图

波动曲线的特定形状取决于函数 f_1 和 f_2 的形式,只讨论函数 f_1,在任意时刻 t_1,f_1 仅为 x 的函数,当时间增加 Δt 后,函数自变量变成 $x - C(t + \Delta t)$,由于是一维理想弹性介质,C 为常数,波形在传播中形状不改变,只是时间增加了 Δt 的同时,x 增加了 $\Delta x = C\Delta t$,波形沿 x 方向移动了一个位置。因此,图 2.3.2 中 $f_1(x - C_Lt)$ 代表一个沿 x 轴正方向、以恒定速度 C_L 运动的波;同样,函数 $f_2(x + C_Lt)$ 代表一个沿 x 轴负方向运动的波,这两个波方向相反,向前运动的速度一样。

在均匀各向同性的无限体中,扰动源为点震源或球对称时,扰动源将从一点往各方向均匀传播出去,波阵面是球面,而且波阵面上的各物理量都是相同的。因此,这些量都只是半径 r 的函数,这种波称为球面波。在有限介质中,满足上述情况时,波传播到边界面之前,仍然是球面波。研究球对称问题时,应用极坐标最为方便。扰动量为 ψ 的球形波波动方程可通过从笛卡儿坐标变换到极坐标系下求出,其波动方程为

$$\frac{\partial r\psi}{\partial t^2} = C^2 \frac{\partial r\psi}{\partial r^2} \qquad (2.3.10)$$

其通解为

$$\psi = \frac{1}{r}\big[F(r - Ct) + G(r + Ct) \big] \qquad (2.3.11)$$

式中,F 项对应波的膨胀,表示从质点向外发射的波场;G 项对应波的收缩,表示汇聚到质点的波场,实际上只存在有发散波。发射波的位移场是势函数 ψ 对 r 的倒数,发射波场的位移沿径矢方向与波的传播方向平行,属于纵波。球面波的波形在传播过程中不改变,但其强度与到原点的距离 r 成反比,从而衰减。球面波的衰减是因为它所携带的能量在传播过程中散布到越来越大的面积上。

球形应力波在爆炸中非常重要,这时候点源产生球形扩展的应力脉冲。爆炸球形应力波也具有技术方面的重要性,球形爆炸应力波可以引起核装置发生爆炸,在矿山和民用工业中,用地下炸药爆炸来破坏岩石。这些波使岩石破坏时产生明显不同的模式,仔细分析这些应力波的传播规律就能理解并预测到破坏的模式。

当介质属于非均匀力学性质与各向异性的介质,对弹性波的传播有很大的影响。非均匀性即材料的密度和弹性性质不同,由式(2.3.5)可知,这将引起弹性波波速的改变。

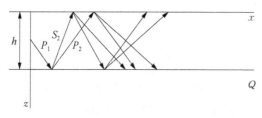

图 2.3.3　应力波在分层介质中的反射示意图

因此,点震源所引起的扰动就不是球面波了,弹性波的传播迹线也不再是直线而变成了曲线。当非均匀介质表现为分层介质时,每层介质的性质是不同的,而同一层的介质是均匀的。现以一个分层介质讨论应力波的传播情况,如图 2.3.3 所示。

图 2.3.3 中 Q 是厚度为 h 的均匀介质层

和半无限空间的分界面,设在层内有一个纵波震源,当纵波(P_1波)斜入射到自由界面时就反射为两个波,即横波和纵波,如图中的P_2和S_2,而投射到分层界面的P_2、S_2波又各自反射成两个新的波,共反射出四个波。因此,层中反射波的数目随着反射过程而无限增加。这种情况比较复杂,多层介质中的情况与上面情况类似,问题更为复杂。

在非均匀介质中的另外一种情况是介质内夹杂着大量尺寸较小的非均匀夹杂物,这些非均匀夹杂物的尺寸与波长之比很小,将产生绕射现象,不会产生通常的反射。虽然大部分能量绕过这些非均匀夹杂物按原来的方向传播,但仍有部分能量朝其他方向传播出去,称为散射,散射现象可引起波在传播途中额外衰减。

2.3.2　试件加速度分布规律

在强冲击载荷下,由于作用时间很短,在试件中将产生弹塑性应力波的传播,从而引起试件中每一点的应力、位移、速度、加速度的突变。强冲击作用发生时,试件中产生的应力波的传播计算相当复杂,特别是对于某一具体结构,其中包含了材料、尺寸形状和连接方式各异的零件,要准确计算其中弹塑性应力波的传播过程则更为复杂,必须进行简化。强冲击过程中,试件主要受轴向冲击载荷,因此可以将试件简化为一等直杆,于是问题的研究归结为一维弹性应力波的传播问题,可从理论上分析杆中的应力波传播规律和质点加速度变化规律。

如图 2.3.4 所示,假设等直杆受到一半正弦载荷冲击波形,其表达式为

$$F(t) = \begin{cases} F_0 \sin\left(\dfrac{\pi t}{t_1}\right), & 0 \leqslant t \leqslant t_1 \\ 0, & t > t_1 \end{cases} \tag{2.3.12}$$

式中,t_1为半正弦脉冲波形的宽度;F_0为脉冲峰值。

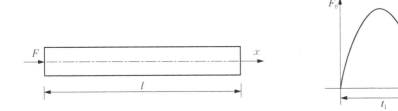

图 2.3.4　受半正弦冲击激励的等直杆

等直杆中存在一维弹性应力波,该应力波传播问题归结为求解如下偏微分方程的初边值问题:

$$\frac{\partial^2 u}{\partial t^2} - c_0^2 \frac{\partial^2 u}{\partial X^2} = 0 \tag{2.3.13}$$

式中,$c_0 = \sqrt{E/\rho}$ 为一维线弹性应力波的波速,E 为等直杆材料的弹性模量,ρ 为等直杆材料的密度。

因为杆的两端自由,所以边界条件为

$$\begin{cases} \left.\dfrac{\partial u}{\partial X}\right|_{X=0} = \begin{cases} -\dfrac{F_0}{ES}\sin\left(\dfrac{\pi t}{t_1}\right), & 0 \le t \le t_1 \\ 0, & t > t_1 \end{cases} \\ \left.\dfrac{\partial u}{\partial X}\right|_{X=l} = 0 \end{cases} \qquad (2.3.14)$$

式中，S 为等截面直杆的横截面积；l 为杆长。

假设试件初始时刻处于静止状态，所以初始条件为

$$\begin{cases} u\big|_{t=0} = 0 \\ \dfrac{\partial u}{\partial t}\Big|_{t=0} = 0 \end{cases} \qquad (2.3.15)$$

式(2.3.13)为双曲型偏微分方程，结合其边界条件[式(2.3.14)]和初始条件[式(2.3.15)]，采用驻波法(振型叠加法)求解可得加速度 a：

$$a = a_c\sin\left(\frac{\pi t}{t_1}\right) + \sum_{n=1}^{\infty} \frac{2a_c t_1^2 T_n^2}{\pi^2(4t_1^2 - T_n^2)} \times \left[\frac{2\pi^2}{t_1 T_n}\sin\left(\frac{2\pi t}{T_n}\right) - \frac{\pi^2}{t_1^2}\left(\frac{\pi t}{t_1}\right)\right]\cos\left(\frac{n\pi x}{l}\right) \quad (2.3.16)$$

式中，$T_n = 2l/nc_0$；$a_c = P_0/lA\rho$。

将 $x = l/2$ 代入式(2.3.16)，可得杆中点的加速度表达式：

$$a\big|_{x=l/2} = a_c\sin\left(\frac{\pi t}{t_1}\right) + \sum_{n=1}^{\infty} \frac{2a_c t_1^2 T_n^2}{\pi^2(4t_1^2 - T_n^2)} \times \left[\frac{2\pi^2}{t_1 T_n}\sin\left(\frac{2\pi t}{T_n}\right) - \frac{\pi^2}{t_1^2}\left(\frac{\pi t}{t_1}\right)\right]\cos\left(\frac{n\pi}{2}\right)$$

$$(2.3.17)$$

式(2.3.17)表明，即使杆中点的加速度与将杆视为刚体，由牛顿第二定律求得的加速度 $a_c = F/m$ 也是不同的。通常认为物体受动载荷作用时，物体内任意一点的加速度等于质心的加速度和相对质心运动加速度之和。由式(2.3.17)可知，试件受冲击载荷作用时，试件内各点的加速度是不同的，式(2.3.16)右边第一项 $a_c\sin(\pi t/t_1)$ 可理解为质心的加速度，其余项可理解为某一点相对质心的运动加速度之和，通常所说的刚体运动加速度(或称为整体加速度)可以认为是杆上各点加速度的平均值，并非根据牛顿第二定律计算得到的质心加速度 a_c。因为当物体内有应力波传播时，在应力波波阵面两侧，应力 σ 发生突变，对于向右传播的应力波，波阵面上的质点加速度为

$$a = \frac{1}{\rho}\frac{\partial\sigma}{\partial x} \qquad (2.3.18)$$

2.3.3　影响试件过载峰值和脉宽的因素

1. 冲击能量评估

强冲击的一个典型特点是能量释放的突然性，即周期非常短。一个冲击的过程可以用力、加速度、速度或位移的时间函数来描述。但在很多情况下，进行宽脉冲强冲击试验的最终目的不是冲击波形本身，而是估计特定波形的冲击脉冲对某一机械系统的影响，来

验证材料或产品承受冲击载荷的能力。为描述该冲击脉冲的猛烈程度,可以通过采用傅里叶分析的形式进行。如果一个冲击的时间函数为 $F(t)$,则其傅里叶变换为

$$F(f) = \int_{-\infty}^{\infty} F(t) e^{-j\omega t} dt \qquad (2.3.19)$$

图 2.3.5 中给出了几种典型的冲击时间函数及其傅里叶谱。从图中可以看到,一个冲击脉冲的傅里叶谱是连续的,包含了从零到无限大的所有频率的能量。

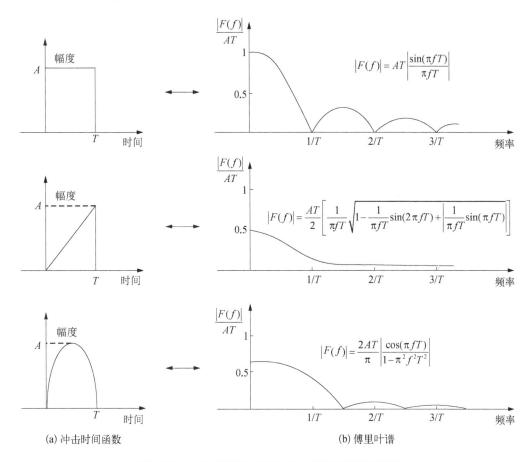

(a) 冲击时间函数　　　　　　　　　　(b) 傅里叶谱

图 2.3.5　几种典型冲击脉冲的时间函数和傅里叶谱

式(2.3.19)描述的冲击函数的傅里叶变换类似稳态随机振动的均方谱密度函数,差别在于后者是一个经过时间平均的自相关函数的傅里叶变换,前者则未包含时间平均。

在图 2.3.5 中,一个冲击脉冲包含了从零到无限大的所有频率的能量,谱是连续的,没有离散的频率分量。由 $|F(f)|$ 表达式可知,当频率趋于 0 时,$|F(f)|$ 的大小等于冲击脉冲的面积(冲击脉冲波形的时域积分),而与脉冲的形状无关。这意味着只要冲击脉冲的持续时间与被冲击系统的固有频率相比较短,冲击的猛烈程度或者说冲击的能量只由冲击脉冲的面积决定。

高能效宽脉冲强冲击试验的过载值一般要求达到几千 g 甚至数万 g,普通的冲击试验方法,如冲击台、火箭助推法、空气炮发射、火箭橇试验方法、撞击试验法等,一般难以达

到要求的强冲击过载值,如采用火箭助推获得的加速度一般不超过 500 g,空气炮发射一般不超过 4 000 g,采用火箭橇试验方法一般不超过 100 g。即使勉强达到强冲击的幅值、脉宽要求,普遍存在试验难度大、成本高的不足。

而火炮的发射过载可高达 20 000~30 000 g,过载作用时间为几毫秒至数十毫秒,因此采用火炮发射来提供高能效宽脉冲强冲击环境是一种很好的选择,即基于大口径火炮平台,以火炮发射为被试品提供过载环境;根据被试品外形结构进行配试件设计;根据试件质量、强冲击试验规范要求进行装药结构设计和内弹道设计;通过弹载存储式测试系统对膛内冲击加速度波形进行采集,用于分析和评估试件所历经的强冲击环境。

2. 火炮内弹道设计

内弹道是弹道的一部分,内弹道学主要是研究火炮发射过程中弹丸从点火到离开发射器身管过程中的行为,具体涉及膛内的火药燃烧、物质流动、能量转换、弹体运动,以及其他有关现象及其规律。试件的强冲击加速度波形,是组合弹体从启动到飞出在火炮身管期间,在火药气体的推动下产生的。内弹道设计的目的就是根据强冲击的试验要求,进行内弹道与装药结构设计,获得所需的弹底压力和强冲击加速度波形。图 2.3.6 为火炮膛内冲击波形发生原理图。

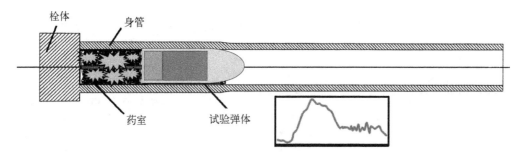

图 2.3.6　火炮膛内冲击波形发生原理图

决定强冲击程度的三个主要因素为:过载峰值,即强冲击加速度波形的最大值;脉冲宽度,即强冲击的持续时间;波形,即强冲击的时间历程,表现为冲击加速度与时间的曲线。在客观火炮发射环境条件下,由于试验弹体质量、弹带尺寸不同,挤进压力、不同发射药参数等也不同,火炮发射时弹体在膛内经受的冲击加速度波形不同。一般火炮膛压的波形为前沿上升速度较快而后沿下降速度较缓,与常用的标准半正弦波冲击波形存在一定差异,主要表现为加速度波形的后半段不在容差范围内。图 2.3.7 为内弹道仿真结果与标准半正弦波的对比。

为了产生符合要求的冲击加速度曲线,可采取在火炮身管上开孔的方法,

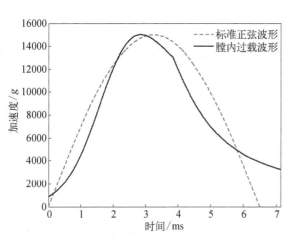

图 2.3.7　内弹道仿真结果与标准半正弦波对比

在膛内过程的后半段泄放弹后火药气体,调整弹底压力,实现使试件的强冲击加速度波形符合规范要求的目的。身管是高能效宽脉冲强冲击波形的发生段,身管越长,则强冲击加速度波形的脉宽越大。为调整脉冲宽度,采取身管有效加速段可调的结构,根据不同的强冲击波形宽度,选择性地调整身管加速段长度。图2.3.8为高能效宽脉冲强冲击装置的物理模型示意图。

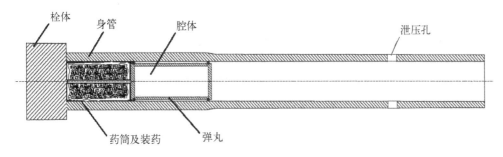

图2.3.8 高能效宽脉冲强冲击装置的物理模型示意图

根据拉格朗日假设,常规火炮在膛内射击过程中,弹后空间的混合气体密度 ρ 是均匀分布的, 即 $\partial\rho/\partial x = 0$, 弹后空间压力分布关系为

$$p_x = p_d \left[1 + \frac{\omega}{2\varphi_1 m} \left(1 - \frac{x^2}{L^2} \right) \right] \tag{2.3.20}$$

$x = 0$ 时,为膛底位置,弹底压力 p_d 就是膛底压力 p_t, 即

$$p_t = p_d \left(1 + \frac{\omega}{2\varphi_1 m} \right) \tag{2.3.21}$$

根据弹丸在火药气体推动下的膛内运动方程:

$$S p_d = \varphi_1 m \frac{\mathrm{d}v}{\mathrm{d}t} \tag{2.3.22}$$

由 $\mathrm{d}v/\mathrm{d}t = a$, 得 $S p_d = \varphi_1 m a$, 于是有

$$a = \frac{S p_d}{\varphi_1 m} \tag{2.3.23}$$

式中,S 为炮膛横截面积;φ_1 为次要功系数;m 为弹丸质量;a 为弹丸加速度。

将式(2.3.21)代入式(2.3.23)中可得

$$a = \frac{S p_t}{\varphi_1 m \left(1 + \frac{\omega}{2\varphi_{1m}} \right)} = \frac{S p_t}{\varphi_1 m + \frac{\omega}{2}} = \frac{2 S p_t}{2\varphi_1 m + \omega} \tag{2.3.24}$$

式中, ω 为装药质量。

以经典内弹学方程组为基础,建立弹底压力可调的火炮内弹道过程模型,其基本方程

组如下:

$$\psi = \begin{cases} \chi Z(1 + \lambda Z + \mu Z^2), & Z < 1 \\ \chi_s \dfrac{Z}{Z_k}\left(1 + \lambda_s \dfrac{Z}{Z_k}\right), & 1 \leqslant Z < Z_k \\ Z, & Z \geqslant Z_k \end{cases} \tag{2.3.25}$$

$$\frac{\mathrm{d}z}{\mathrm{d}t} = \mu_1 p^n / e_1 \tag{2.3.26}$$

$$\phi m \frac{\mathrm{d}v}{\mathrm{d}t} = Sp \tag{2.3.27}$$

$$\frac{\mathrm{d}l}{\mathrm{d}t} = v \tag{2.3.28}$$

$$Sp(l_\psi + l) = f\omega\psi - \frac{\theta}{2}\phi mv^2 - \dot{m}_0 f \tag{2.3.29}$$

$$\dot{m}_0 = \begin{cases} c_0 n_0 s_{kp} \varphi\rho\left\{\dfrac{2\gamma}{\gamma - 1}RT\left[\left(\dfrac{p_2}{p}\right)^{\frac{2}{\gamma}} - \left(\dfrac{p_2}{p}\right)^{\frac{\gamma+1}{\gamma}}\right]\right\}^{\frac{1}{2}}\dfrac{1}{S}, & \dfrac{p_2}{p} > 0.528 \\ c_0 n_0 s_{kp} \varphi\rho\left\{\dfrac{2\gamma}{\gamma - 1}\left(\dfrac{2}{\gamma+1}\right)^{\frac{2}{\gamma+1}}RT\right\}^{\frac{1}{2}}\dfrac{1}{S}, & \dfrac{p_2}{p} \leqslant 0.528 \end{cases} \tag{2.3.30}$$

式中, ψ 为发射药燃烧掉的相对质量; z 为发射药粒在厚度上燃烧掉的相对量; χ、λ、μ 为药形系数, χ_s、λ_s 为 $Z = 1$ 时的 χ、λ 值; t 为试验弹体运动时间; μ_1、n 为指数燃速公式中的参数; p 为平均压力; e_1 为药粒弧厚的一半; S 为炮膛横截面积; φ 为虚拟系数; v 为试验弹体速度; l 为试验弹体行程; ω 为装药质量; θ 为发射药气体的绝热指数 γ 值减1; $\dot{m}_0$ 为身管开孔质量流量; c_0 为流量系数; n_0 为开孔数; s_{kp} 为开孔面积; p_2 为管外气体压力; f 为火药力。

试件过载的过载峰值由包括试件在内的组合弹体的质量、最大膛压、身管截面积等决定, 而脉宽则由上述参量与身管长度、内弹道模型等共同决定。强冲击试验装置的最大膛压值按下述方法求出。

根据强冲击试验规范中加速度波形峰值 a_{max}, 结合火炮身管口径和发射质量, 确定最大弹底压力 p_{max}。已知试件质量为 m_1, 配试件质量为 m_2, 发射总质量为 $m = m_1 + m_2$, 则试件弹体的运动方程为

$$Sp_d = \varphi_1 m \frac{\mathrm{d}v}{\mathrm{d}t} \tag{2.3.31}$$

因为 $\mathrm{d}v/\mathrm{d}t = a$, 故有 $Sp_d = \varphi_1 ma$, 于是有

$$p_d = \varphi_1 ma/S \tag{2.3.32}$$

式中, S 为炮膛横截面积; v 为试件弹体速度; φ_1 为次要功系数; a 为试件弹体加速度; p_d 为

弹底压力,当 $a = a_{max}$ 时, $p_d = p_{max}$。

根据上述方程组,对火炮内弹道过程涉及的装药量、火药弧厚、挤进阻力、点火强度、装药分布、泄压孔数、泄压孔面积等参数进行优化设计,使内弹道与装药参数合理匹配,即可使试件在膛内加速的过程中获得加速度幅值和脉冲宽度符合要求的强冲击波形。

第3章 高能效宽脉冲强冲击试验规范与标准综述

3.1 冲击试验的基本参数与定义

冲击试验广泛应用于军工、航空、航天及安全防护等领域,是研究被测件在局部瞬态高 g 值加速度冲击环境下力学特性与产品可靠性的重要手段,典型应用有侵彻试验、飞鸟撞击试验、火工冲击试验、机床防护装置撞击试验等。近年来,随着航空、航天、兵器等行业的迅速发展,对新材料及某些关键部件提出了更高的要求。强冲击试验的需求也因此日益增多,这类试验要求的过载小到几百 g ,大到几千 g ,甚至几万 g 。根据冲击环境不同,国际和国内有关产品冲击试验标准中规定的冲击波形一般有半正弦波、锯齿波与梯形波等。根据测试要求的不同,常用的冲击试验设备有跌落冲击试验机、霍普金森压杆实验装置、空气炮实验等。

冲击试验条件包含基本脉冲波形、峰值加速度、相应的标称脉冲持续时间、相应的速度变化量以及这些参数的容差范围,另外还有施加冲击的次数及冲击方向。

1. 基本脉冲波形

GB/T 2423.5—2019《环境试验 第2部分:试验方法 试验 Ea 和导则:冲击》中规定了当冲击试验机及夹具装上试验样品时,在检测点上所施加的冲击脉冲应为以下三种基本脉冲波形。

1)半正弦脉冲

半正弦脉冲即正弦波的半个周期,如图 3.1.1 所示(图中直线为标称脉冲线,虚线为容差范围线)。半正弦波脉冲适用于模拟线性系统的撞击或线性系统的减速所引起的冲击效应,如弹性结构的撞击等,这种波形在冲击试验中最为常用。

2)梯形脉冲

梯形脉冲即具有短的上升和下降时间的对称四边形,如图 3.1.2 所示。梯形脉冲能在较宽的频谱上产生比半正弦脉冲更高的响应。如果实验的目的是模拟诸如空间探测器或卫星发射阶段爆炸螺栓所引起的冲击环境的效应,便可采用这种冲击波形。

3)后峰锯齿形脉冲

后峰锯齿形脉冲即具有短的下降时间的不对称三角形,如图 3.1.3 所示。后峰锯齿脉冲与半正弦和梯形脉冲相比更具均匀的响应谱。

国家军用标准 GJB 150.18A—2009《军用装备实验室环境试验方法 第18部分:冲击试验》规定了半正弦波和后峰锯齿波两种基本脉冲波形,如图 3.1.4 和图 3.1.5 所示。

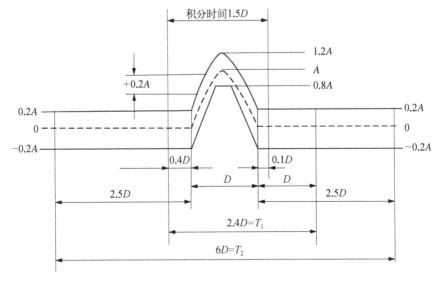

图 3.1.1　半正弦脉冲

注：D 为标称脉冲的持续时间；A 为标称脉冲的峰值加速度；T_1 为用常规冲击机产生冲击时，对脉冲进行监测的最短时间；T_2 为用电动振动台产生冲击时，对脉冲进行监控的最短时间。

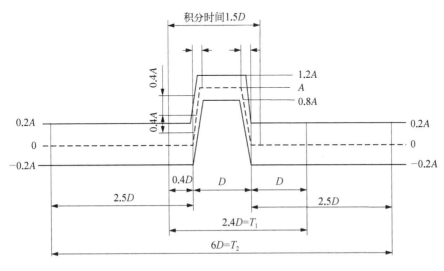

图 3.1.2　梯形脉冲

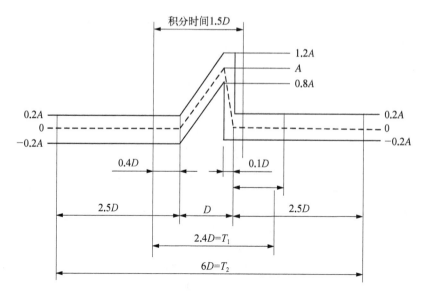

图 3.1.3　后峰锯齿脉冲

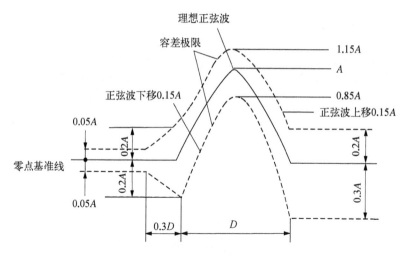

图 3.1.4　半正弦冲击脉冲波形及容差

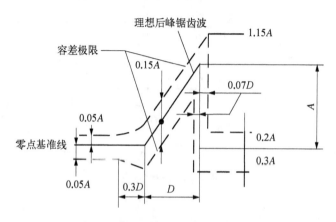

图 3.1.5　后峰锯齿冲击脉冲波形及容差

GJB 360.23—1987《电子及电气元件试验方法 冲击(规定脉冲)试验》也规定了两种冲击试验时的两种基本波形,如图 3.1.6 和图 3.1.7 所示。

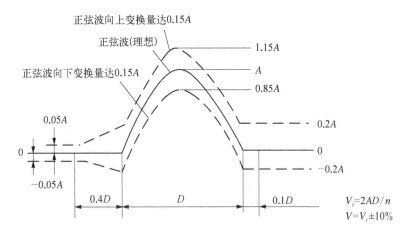

图 3.1.6　半正弦冲击脉冲容差

注:V_i 为理想半正弦脉冲速度变化值;V 为实测冲击试验脉冲的速度变化值。

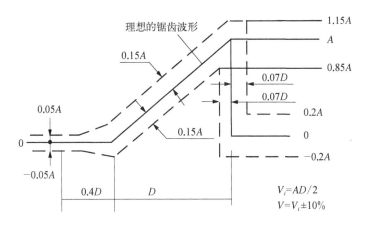

图 3.1.7　后峰锯齿脉冲容差范围

上述标准中规定的实际脉冲真值应在有关波形图中表示的容差极限内。

2. **峰值加速度**

峰值加速度的大小能够直观地反映出施加给产品的冲击力的大小。由于电工电子产品结构大都是线性系统,即使是非线性系统,在应变不大的情况下,也可视为线性系统。因此,产品受冲击后所产生的响应加速度是与激励加速度成比例的,也就是说,在一般情况下,峰值加速度越大,对产品的破坏作用越大。

3. **冲击脉冲持续时间**

冲击脉冲持续时间(D)是指加速度保持在规定峰值加速度比率上的时间间隔。冲击持续时间对产品的影响很复杂,且与被试系统的固有周期(T)有关。对半正弦波,$\dfrac{D}{T} < 0.3$;对

梯形波，$\dfrac{D}{T} < 0.2$；对后峰锯齿波，$\dfrac{D}{T} < 0.5$，在产品上造成的响应加速度都将随着 $\dfrac{D}{T}$ 比率的增加而增加，但最大不超过激励脉冲本身的峰值加速度。对半正弦波，$0.3 \leqslant \dfrac{D}{T} < 3$；对梯形波，$0.2 \leqslant \dfrac{D}{T} < 10$；对后峰锯齿波，当 $0.5 \leqslant \dfrac{D}{T} < 1.2$ 时，在产品上所造成的响应加速度都将超过激励脉冲的峰值加速度，而且半正弦波在 $\dfrac{D}{T} = 0.8$ 附近，梯形波在 $\dfrac{D}{T} = 0.55$ 附近；对后峰锯齿波，在 $\dfrac{D}{T} = 0.65$ 附近，都将出现最大响应加速度，其值分别为激励脉冲峰值加速度的 1.78 倍（半正弦波）、2 倍（梯形波）和 1.3 倍（后峰锯齿波）。半正弦波 $\dfrac{D}{T} > 3$ 时，梯形波 $\dfrac{D}{T} > 10$ 时，后峰锯齿波 $\dfrac{D}{T} > 1.2$ 时，在产品上所造成的响应加速度与激励脉冲的峰值加速度相同。

峰值加速度、相应的标称脉冲持续时间，相应的速度变化量可反映冲击试验的严酷等级。GB/T 2423.5—2019 中给出了脉冲波形和试验严酷等级，试验时可选用其中的一种脉冲波形和表 3.1.1 给定的一种严酷等级，表 3.1.1 中列出了相应的速度变化量。《固体火箭发动机冲击试验方法》（QJ 1136A—2002）给出的严酷等级见表 3.1.2。《海防导弹环境规范 弹上设备冲击试验》（QJ 1184.8—87）用于考核弹上设备对助推器工作产生的瞬态环境的适应能力，其对试验的严酷等级也做出了规定，见表 3.1.3。《电子及电气元件试验方法 冲击（规定脉冲）试验》（GJB 360.23—1987）给出的脉冲加速度和持续时间冲击试验严苛等级见表 3.1.4，《微电子器件试验方法和程序》（GJB 548C—2021）给出的严酷等级见表 3.1.5。

表 3.1.1 脉冲加速度和持续时间

峰值加速度 A		脉冲持续时间 D	相应的速度变化量 $\Delta v/(\mathrm{m/s})$		
$\mathrm{m/s^2}$	g	ms	半正弦 $\Delta v = \dfrac{2}{\pi}AD \times 10^{-3}$	后峰锯齿 $\Delta v = 0.5AD \times 10^{-3}$	梯形 $\Delta v = 0.9AD \times 10^{-3}$
50	5	6	0.2	0.2	0.3
50	5	30	1.0	0.8	1.4
60	6	11	0.4	0.3	0.6
100	10	16	1.0	0.8	1.4
100	10	11	0.7	0.6	1.0
100	10	5	0.4	0.3	0.5

峰值加速度 A		脉冲持续时间 D	相应的速度变化量 Δv/(m/s)		
m/s²	g	ms	半正弦 $\Delta v = \dfrac{2}{\pi}AD \times 10^{-3}$	后峰锯齿 $\Delta v = 0.5AD \times 10^{-3}$	梯形 $\Delta v = 0.9AD \times 10^{-3}$
150	15	5	0.6	0.5	0.8
150	15	11	1.1	0.8	1.5
200	20	11	1.4	1.1	2.0
250	25	6	1.0	0.8	1.4
300	30	6	1.1	0.9	1.6
300	30	18	3.4	2.7	4.9
400	40	6	1.5	1.2	2.2
400	40	11	2.8	2.2	4.0
500	50	3	1.0	0.8	1.4
500	50	11	3.5	2.8	5.0
800	80	6	3.1	2.4	4.3
1 000	100	2	1.3	1.0	1.8
1 000	100	6	3.8	3.0	5.4
1 000	100	11	7.0	5.5	9.9
2 000	200	3	3.8	3.0	5.4
2 000	200	6	7.6	6.0	10.8
5 000	500	1	3.2	2.5	4.5
10 000	1 000	1	6.4	5.0	9.0
15 000	1 500	0.5	4.8	3.8	6.8
30 000	3 000	0.2	3.8	3.0	5.4
30 000	3 000	0.3	5.7	4.5	8.1
50 000	5 000	0.3	9.5	7.5	13.5
100 000	10 000	0.2	12.7	10.0	18.0

表 3.1.2　严酷度（QJ 1136A—2002）

序号	峰值加速度 $A/(\mathrm{m/s^2})$	冲击持续时间 t/ms	冲击次数	适用范围
I	150	11	2	地空
	250	20	2	
	1 000	6~11	1	
II	150	11	2	飞航
	250	11	2	
III	250	18	2	空空、空地
	300	6~18	2	
	1 000	6~12	1	
IV	300	11	2	战术地地
	900	6~12	1	
V	200	11	2	战略地地
	400	11	1	
	500	9~11	2	

表 3.1.3　冲击试验等级（QJ 1184.8—87）

等级	加速度峰值/g	持续时间/ms	冲击次数	适用范围	冲击方向
1	18	11	3	适用于亚音速导弹上的设备	X
2	24	11	8	适用于超音速导弹上的设备	

表 3.1.4　脉冲加速度和持续时间（GJB 360.23—1987）

试验条件	峰值/g	标称持续时间 D/ms	波　形	速度变化 $\Delta v/(\mathrm{m/s})$
A	50	11	半正弦	3.44
B	75	6	半正弦	2.80
C	100	6	半正弦	3.75

试验条件	峰值/g	标称持续时间 D/ms	波　形	速度变化 Δv/(m/s)
D	500	1	半正弦	3.11
E	1 000	0.5	半正弦	3.11
F	1 500	0.5	半正弦	4.69
G	50	11	后峰锯齿	2.68
H	75	6	后峰锯齿	2.13
I	100	6	后峰锯齿	2.96
J	30	11	半正弦	2.07
K	30	11	后峰锯齿	1.62

表 3.1.5　脉冲加速度和持续时间(GJB 548C—2021)

试验条件	峰值加速度/(m/s²)	脉冲宽度/ms	波　形
A	4 900(500 g)	11	半正弦
B	14 700(1 500 g)	6	半正弦
C	29 400(3 000 g)	6	半正弦
D	49 000(5 000 g)	1	半正弦
E	98 000(10 000 g)	0.5	半正弦
F	196 000(20 000 g)	0.5	半正弦
G	294 000(30 000 g)	11	后峰锯齿

3.2　宽脉冲强冲击试验的波形评价方法

3.2.1　允差评价准则

　　无论是直接应用相关标准中推荐的预估数据,还是以特定装备的测量数据为基础,在设计冲击环境试验条件时,一般都要考虑适度的附加裕度——允差。适度的允差或是为了包含那些在制定冲击环境试验条件时不能涵盖的环境因素,如最严重的工况、与其他环境因素(温度、加速度)的叠加及三轴向冲击同时作用的耦合效应等,或是因为测量数据不能涵盖全部工况,如测点数量、测量可行性限制,还要考虑试验实施过程的等效模拟。

GJB 150.18A—2009《军用装备实验室环境试验方法 第 18 部分:冲击试验》,是冲击环境试验研究中应用较为广泛的国内标准之一。本书应用该标准中提供的剪裁指南,讨论分析冲击环境试验控制允差的剪裁应用。

1) 标准允差制定的原则

为保证试验的有效性,应满足各程序规定的允差及指南的要求。如果无法满足这个允差,对允差的要求,需在试验前经有关部门同意后方可放宽。根据指南独立地制定允差,应在所规定的测量校准、仪器、信号调节和数据分析方法的限制范围之内。

2) 冲击脉冲的时域允差

时域允差规定对复现冲击测量数据和使用电动振动台、电液振动台进行易损性试验是有用的。经典后峰锯齿波和梯形波脉冲的峰值和持续时间允差分别如图 3.1.5 和图 3.2.1 所示。复杂瞬态脉冲的允差要求制定是基于下述假设:要求测量数据的峰谷顺序按所规定的时间历程的峰谷顺序排列。复杂瞬态冲击脉冲的主要峰值和谷值定义为超过其最大峰(谷)值75%的峰(谷)值,其90%的主要峰值和谷值的允差应分别在所要求峰(谷)的±10%内,此允差限假定冲击试验设备能够用波形控制程序精确地复现所要求的冲击波形。

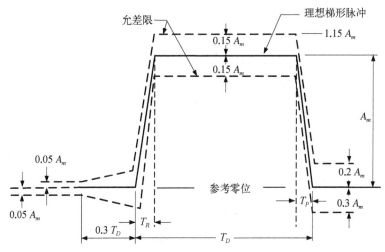

图 3.2.1　对称梯形脉冲波形参数和允差

注:A_m 为峰值加速度;T_D 为持续时间;T_R 为上升时间;T_P 为下降时间。

3) 响应谱的允差

如果没有测量的数据,对于功能性冲击试验程序和坠撞安全试验程序,一般根据给定频带上的幅值和持续时间的允差给定。如果以前的是实测数据是适用的或者进行了一系列的冲击测量,在 $10 \sim 2\,000\ \text{Hz}$ 的频带内,至少有90%的频带,以 1/12 倍频程的频率分辨率计算的最大加速度响应谱允差应在 $-1.5 \sim 3\ \text{dB}$ 范围内;余下的10%频带,允差应在 $-3 \sim 6\ \text{dB}$。复杂瞬态脉冲的持续时间允差应在测量脉冲有效持续时间 T_e 的±20%之内。

伪速度冲击响应谱规定的允差应从最大加速度响应谱的允差导出,并与最大加速度响应谱的允差和有效持续时间允差一致;对于按区域定义的一组测量数据的允差,幅值允差可按区域内测量数据的平均值规定,即个别测量值实际上可能超出了允差,但平均值在允差内。一般情况,在一个区域内,当用两个以上测量数据的平均值规定允差时,允差带不应超过由其对数变换的冲击响应谱估计的95/50单边正态容差上限,或不能比平均值低1.5 dB。使用任何"区域"允差和平均技术时,应有相关技术文件支持。脉冲持续时间的允差也适用于测量数据组的脉冲持续时间。

GJB 150.18A—2009中删除了半正弦波试验,半正弦波的允差则参考JJG 541—2005《落体式冲击试验台》中对冲击台所产生的半正弦冲击波波形的评价要求,按照图3.1.1所示的标准允差范围进行波形评价。

GJB 150.18A—2009对冲击试验控制的要求体现了剪裁思想。简单理解,既可以根据具体的试验目的和实测数据,经过分析评价获得另行规定的控制允差;也可以按照该标准中6.2.2的内容确定控制允差,当无法实现标准所要求的允差时,可适度放宽允差要求,但自定义控制允差较为困难。

3.2.2 归一化等效方法

本书主要针对半正弦冲击脉冲进行研究,故这里只介绍半正弦等效方法。

对不规则的冲击加速度脉冲信号波形进行归一化处理的原则为:对不规则的脉冲加速度信号进行半正弦波形等效,然后按照半正弦波制定的允差带进行波形评价。

半正弦波形等效处理方法如下:例如生成一个脉冲幅值 A_0 为 3 000 g、脉冲持续时间 τ 为 0.005 s 的标准半正弦波形,如图 3.2.2 所示,对其进行积分处理得到速度 v, 公式如下:

$$\begin{cases} A(t) = A_0\sin(\omega t), & 0 \leqslant t \leqslant \tau \\ A(t) = 0, & t \geqslant \tau \end{cases} \tag{3.2.1}$$

$$v = \int_0^\tau A(t)\,\mathrm{d}t = \frac{2}{\pi}A_0\tau = 0.636A_0\tau \tag{3.2.2}$$

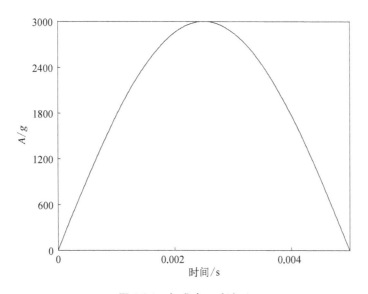

图 3.2.2　标准半正弦波形

高
能
效
宽
脉
冲
强
冲
击
试
验
与
测
试
技
术

对标准半正弦波形进行积分,得到速度曲线如图 3.2.3 所示。

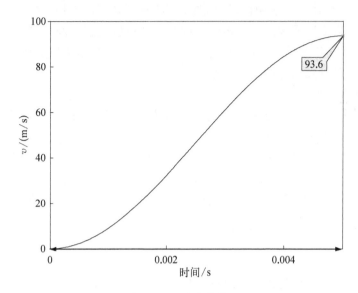

图 3.2.3　速度曲线

由公式反推可得

$$A_0 = \frac{v}{0.636 \times \tau} = 29\,400 \text{ m/s}^2 = 3\,000\,g$$

结果与理论生成的半正弦波形脉冲幅值和脉冲持续时间相同。

现以某冲击试验实际测得的加速度信号为例,按上述方法进行波形等效,原始加速度曲线如图 3.2.4 所示。

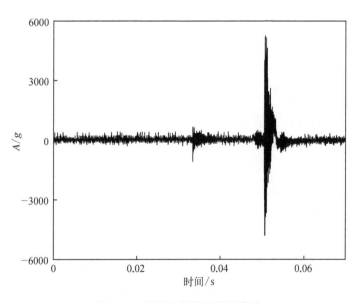

图 3.2.4　某试验原始加速度曲线

按上述方法,先对原加速度曲线进行滤波,如图 3.2.5 所示。

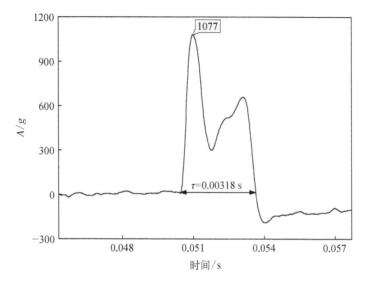

图 3.2.5　经过滤波后的加速度曲线

再对加速度曲线进行积分得到速度曲线,如图 3.2.6 所示。

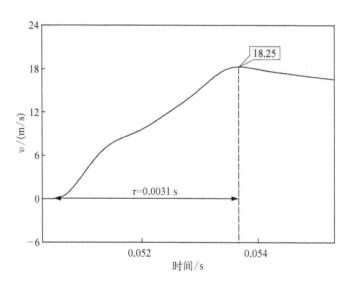

图 3.2.6　某试验速度曲线

由图 3.2.6, v_{max} = 18.25 m/s, τ = 0.003 1 s,再根据公式(3.2.2),得到:

$$A_{max} = \frac{v_{max}}{0.636\tau} \times 9.8 = 907\ g$$

则可以得到某试验加速度曲线等效标准半正弦波曲线如图 3.2.7 所示。

高能效宽脉冲强冲击试验与测试技术

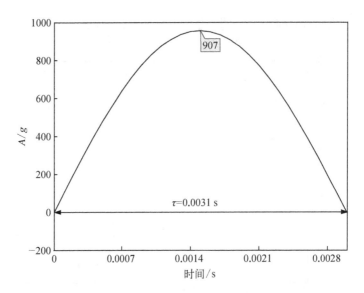

图 3.2.7　加速度曲线等效标准半正弦波曲线

3.3　国内外宽脉冲强冲击试验规范的对比

3.3.1　国外宽脉冲强冲击试验规范

国外的冲击试验研究起步较早,美国国家航空航天局(National Aeronautics and Space Administration,NASA)、美国国防部、美国航空无线电技术委员会(Radio Technical Commission for Aeronautics, RTCA)及欧洲民用航空设备组织目前关于强冲击试验程序已制定了较多的标准规范。NASA 于 1999 年 5 月 18 号制定了高冲击测试标准(Pyroshock Test Criteria NASA - Standard - 7003),这一标准是针对宇航飞船运载火箭飞行器的爆炸冲击试验而制定的。在标准中将爆炸冲击的特点概括为:具有高峰值加速度(300~300 000 g),高频成分可达(1 MHz)和短的持续时间(少于 20 ms)。由于爆炸冲击的高频成分,许多能够经受包括随机振动在内的各种低频力学环境的硬件单元或小型组件却易于因爆炸冲击而失效。而且,由于高频成分,分析计算方法不适用于爆炸冲击载荷的验证工作,必须通过实验手段来进行验证,因此爆炸冲击试验对于保证任务的成功是十分重要的。该标准对三种爆炸与冲击的试验方法——真实的火工装置、机械撞击式试验装置、用振动台进行冲击谱合成的模拟试验方法进行了介绍。标准中规定,采用真实的火工装置及飞行型结构进行自诱发爆炸冲击环境的系统级试验,这样可以得到最佳的爆炸冲击环境模拟。系统级试验同时也是验证火工分系统能否正常工作的机会,但由于系统级试验有时较为麻烦,例如,要更换火工品及某些结构件、进行清理等,有时对某些火工装置少进行几次点火或研制件上点火。这时,也需要对冲击响应进行详细的测试,同时对所有可能对爆炸冲击较敏感的组件进行鉴定试验或原型飞行(protoflight, PF)试验。组件级试验规范与使用的试验方法及试验设施,以及冲击环境特性有很大关系。试验频率范围一般从 100 Hz 开始,根据是近场、中场或是远场,频率上限分别为 100 MHz、100 kHz 及 10 kHz,或是更高些,但主要应由实际测得冲击数据谱分量决定。

RTCA 第 135 特别委员会(RTCA SC - 135)制定了 RTCA/DO - 160G《机载设备环境条件和试验程序》,RTCA 项目管理委员会(Project Management Committee, PMC)于 2010 年 12 月 8 日批准,代替了 2007 年 12 月 6 日颁布的 RTCA DO - 160F 及之前的标准。该标准已由 RTCA SC - 135 与欧洲民用航空设备组织(European Organization for Civil Aviation Equipment,EUROCAE)进行了协商,经 EUROCAE 批准,联合命名为 RTCA DO - 160G/EUROCAE ED - 14G。该标准适用于所有安装在固定翼飞机和直升机上的设备,提供了两种工作冲击试验曲线:一个为标准 11 ms 脉冲,另一个为低频 20 ms 脉冲。标准规定的试验程序为:用刚性试验夹具和实际安装中所使用的安装方法将设备固定在冲击台面上。设备的安装宜包括正常安装所使用的非结构连接件,用于测量或控制输入冲击脉冲的加速度计,应安装在尽可能靠近设备固定点的位置。加速度测量试验系统的精度应在标准读数的±10%范围内,除非在受试设备(equipment under test, EUT)细则中另作说明。在设备处于工作状态,并且其温度达到稳定后,对试件每个方向进行 3 次冲击,冲击波形采用后峰锯齿波,冲击加速度峰值为 6 g。对于标准冲击试验,其标称脉冲持续时间为 11 ms;而对于低频脉冲试验,其脉冲持续时间为 20 ms。在冲击完成后,确定是否符合有关设备性能标准。

EUROCAE 针对机载设备的各个性能制定了 EUROCAE ED - 112A《抗坠毁的机载记录系统最低工作性能要求》,该标准对固定式机载数据记录仪和可离机式机载数据记录仪的冲击测试程序进行了规定。标准规定固定式机载数据记录系统的抗冲击指标应至少达到冲击峰值加速度 33 332 m/s^2(3 400 g),冲击持续时间应等于或大于 6.5 ms,选择的梯形冲击波形如图 3.3.1 所示[T_r 最大值 3.5 ms;T_d 最小值 3.0 ms;T_f 最小值 0 ms;A 的最小值为 3 400 g(33 354 m/s^2)],选用的冲击测试方法依据 EUROCAE ED - 14F/RTCA DO - 160F。该标准规定可离机式机载数据记录仪能够承受以 46.33 m/s 的最小冲击速度撞击或被厚度为 50 mm、尺寸大于数据记录仪的钢板表面撞击的冲击力,且冲击板的质量应大于记录仪质量的 10 倍,并且在受到冲击时不屈服。图 3.3.2 为可用于实现该方法的测试装置。

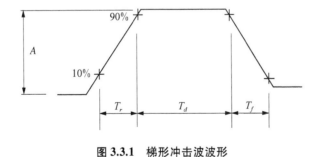

图 3.3.1　梯形冲击波波形

2008 年 10 月 31 日,美国国防部正式颁布了 MIL - STD - 810G《环境工程考虑事项和实验室测试》,以替代 MIL - STD - 810F,该标准对 MIL - STD - 810F 做出了重大修改,重新编写了内容,强调要针对装备的整个寿命周期所遇到的环境条件来对环境设计要求和环境试验要求等进行剪裁,确定能再现装备的环境效应。另外,该标准对常规机械冲击、爆炸分离冲击、炮击振动及弹道冲击都进行了规定。

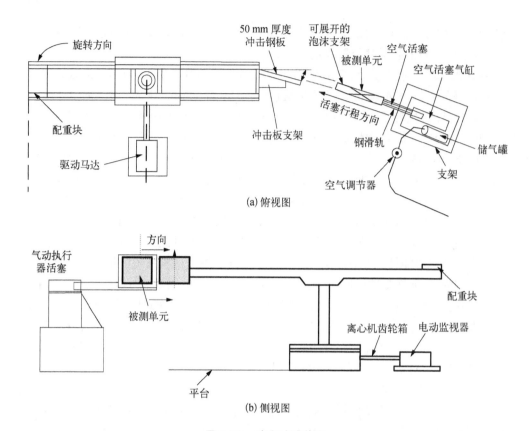

(a) 俯视图

(b) 侧视图

图 3.3.2　冲击试验装置

（1）MIL-STD-810G 中516.7（机械冲击）规定常规机械冲击环境一般限制为：频率范围不超过 10 000 Hz，持续时间不长于 1.0 s（在大多数机械冲击情况下，主要的装备响应频率不超过 2 000 Hz，装备响应的持续时间不长于 0.1 s），装备对机械冲击环境的响应一般表现为：高振荡、持续时间短，并且有一个明显的初始上升时间，还具有大的、量级相当的正负峰值。常规机械冲击的试验标准中又划分了 8 类程序，分别为：功能冲击、有包装的设备、易损性、运输跌落、追撞安全、工作台操作、铁路撞击、弹射起飞/阻拦着陆。

（2）MIL-STD-810G 中 517.2（爆炸分离冲击）规定爆炸分离冲击环境限制为：频率范围通常在 100~1 000 000 Hz，持续时间从 50 μs 到不超过 20 ms，响应幅值在 300~300 000 g，加速度响应时间历程一般会剧烈振荡，并具有一个接近 10 μs 的基本上升时间。爆炸分离冲击标准对术语"近场"和"远场"进行了定义，并根据现场情况的不同，划分了四个试验程序，分别为：使用真实构型的近场试验程序、使用模拟构型的近场试验程序、使用机械试验装置的近场试验程序、使用电动振动台的远场试验程序。依据试验要求，选择可适用的试验程序，在大多数情况下，程序的选择会受到真实装备构型的支配。

（3）MIL-STD-810G 中 519.7（炮击振动试验）对炮击振动试验目的、应用范围、剪裁指南、环境效应、试验方法及试验过程中必须提供的信息进行了较为系统、详细的规定，并且以附录形式提供各种试验方法的技术指南。该标准中为了对实测数据进行再现，增加了三个脉冲程序：实测装备响应数据的直接再现、统计生成重复脉冲——均值（确定性）加残余（随机）脉冲、重复冲击响应谱（shock response spectrum, SRS）。例如，利用实测装备响应数据的直接再现方法进行炮击振动,其基本原理如图 3.3.3 所示:首先用 10 倍于最高试验频率对实测的炮击振动响应的模拟信号进行采样,使其变成数字信号,然后计算出振动台/试件之间频响函数的脉冲响应函数,把数字信号与该脉冲响应函数卷积得出振动台的驱动信号,再把该驱动信号输入给振动台的功率放大器,从而在试件获得了期望的装备炮击振动响应。

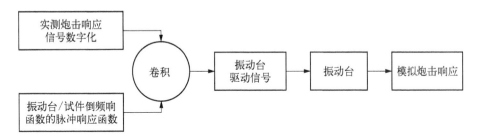

图 3.3.3　实测装备响应数据直接再现方法基本原理示意图

另外,对于试验方法中控制容差的要求,从原来的单一频域精度控制,扩展到时域、幅值域和频域精度控制,在 MIL - STD - 810G 中 519.7 第 4.2.1 条"实测装备响应数据的直接再现"中要求:① 时域,确保单个脉冲的持续时间在由实测炮击速率推出的持续时间 2.5%范围内;② 幅值域,确保装备时间历程中正、负响应峰值在实测炮击时间历程峰值的 ±10%范围内;③ 频域,在至少 90%频率范围内,要求装备时间历程响应总体计算的平均能量谱密度估计值在实测炮击时间历程总体计算的平均能量谱密度估计值±3 dB 内。

(4) MIL - STD - 810G 中 522.2(弹道冲击试验)中,为了给出装备在结构和功能上能够承受在安装装备的结构构型上由高量级动量交换所导致的为数不多的冲击效应的置信度,列出了五个弹道冲击试验程序。

① 防弹车体和炮塔(Ballistic Hull and Turret, BH&T),完整的频谱,弹道冲击鉴定。通过向内部安装装备的防弹车体和炮塔发射炮弹,能够实现与装甲车辆的弹道撞击有关的冲击复现。这一程序非常昂贵,并且要求真实的车辆或原型是适用的,以及生产适度打击的军火。由于这些因素的限制,该方法应用较少。

② 大尺寸弹道冲击模拟器(Large Scale Ballistic Shock Simulator, LSBSS)。使用大尺寸弹道冲击模拟器之类的装置,能够实现在表 3.3.1 和图 3.3.4 中定义的整个频谱(10 Hz~100 kHz)内的全部部件的弹道冲击试验。这一方法适用于质量 500 kg(约 1 100 lbs)以下的部件,并且比程序 a)中防弹车体和炮塔方法的试验成本低很多。

③ 有限的频谱,轻量级冲击机(Limited Spectrum, Light Weight Shock Machine, LWSM)。对于质量小于 113.6 kg 并且冲击隔离消除了对 3 kHz 以上频率敏感的部件,使用调整到 15 mm 位移限的 MIL - S -901 轻量级冲击机,能够在表 3.3.1 和图 3.3.4 中 10 Hz~3 kHz 的频谱范围内进行试验。使用轻量级冲击机比完整的频谱模拟价格更低廉,在特定的试验件对高频冲击没有响应并且不能经受落台冲击过量低频响应的情况下,是比较适用的。

④ 有限的频谱,中量级冲击机(Limited Spectrum, Medium Weight Shock Machine, MWSM)。对于质量小于 2 273 kg 且对 1 kHz 以上频率不敏感的部件,使用调整到 15 mm 位移限的 MIL - S -901 中量级冲击机,能够在表 3.3.1 和表 3.3.4 中从 10 Hz~1 kHz 的频

谱范围内进行试验。对于冲击隔离或对高频不敏感的笨重部件和子系统,使用中量级冲击机是较为适合的。

⑤ 落台。冲击隔离的质量较小的部件(典型部件小于 18 kg)往往可以使用落台评估对频率在 500 Hz 以下的弹道冲击的敏感性。在装甲车辆中的需要防护冲击的绝大多数部件可以容易地进行冲击隔离。通用的跌落试验机是最容易实现的实验技术。冲击台面产生半正弦加速度,其与弹道冲击明显不同。在低频过实验和高频欠试验可接受的情况下,冲击分离的装备响应可以用一个半正弦加速度脉冲进行试验。

表 3.3.1 弹道冲击特性

平 均 冲 击				最不利情况冲击			
最大共振频率/Hz^2	峰值位移/mm	峰值速度/(m/s)	冲击响应谱峰值/g	峰值位移/mm	峰值速度/(m/s)	冲击响应谱峰值/g
10	15	1.0	6.0	42	2.8	17
29.5	15	3.0	52.5	42	8.5	148
100	15	3.0	178	42	8.5	502
1 000	15	3.0	1 780	42	8.5	5 020
10 000	15	3.0	17 800	42	8.5	50 200
100 000	15	3.0	178 000	42	8.5	502 000

表 3.3.2 脉冲加速度和持续时间

峰值加速度 A/(m/s^2)	相应的脉冲持续时间 D/ms	相应的速度变化量 v/(m/s)		
		半正弦 $v = \dfrac{2}{\pi}AD$	后峰锯齿 $v = 0.5AD$	梯形 $v = 0.9AD$
150	11.0	1.0	0.8	1.5
300	40.0	7.6	6.0	10.8
300	18.0	3.4	2.6	4.8
300	11.0	2.1	1.6	2.9
300	6.0	1.1	0.9	1.6
500	11.0	3.4	2.7	4.9
500	3.0	0.9	0.7	1.3
1 000	11.0	6.9	5.4	9.7
1 000	6.0	3.7	2.9	5.3

峰值加速度 $A/$ $(\mathrm{m/s^2})$	相应的脉冲持续时间 D/ms	相应的速度变化量 $v/(\mathrm{m/s})$		
		半正弦 $v = \dfrac{2}{\pi}AD$	后峰锯齿 $v = 0.5AD$	梯形 $v = 0.9AD$
2 000	6.0	7.5	5.9	10.1
2 000	3.0	3.7	2.9	5.3
5 000	1.0	3.1	—	—
10 000	1.0	6.2	—	—
15 000	0.5	4.5	—	—
30 000	0.2	3.7	—	—

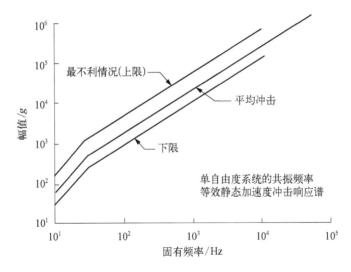

图 3.3.4　"默认弹道"冲击限的冲击响应谱

3.3.2　国内宽脉冲强冲击试验规范

国内宽脉冲强冲击试验研究滞后于国外研究,在很长一段时间内,我国的强冲击试验是以美国军用标准为依据的。1986 年,在国外强冲击试验工作的带动和启发下,人们对冲击试验的认识有了质的飞跃,以美国军用标准 MIL－STD－810C 为蓝本,适当参考 MIL－STD－810D 及其他标准,我国首次制定并发布了 GJB 150。该标准的贯彻实施,大力推动了我国环境试验与冲击试验的发展。经过 30 多年的实际使用,其修订版 GJB 150A—2009 于 2009 年 8 月 1 日起正式开始实施,该标准与新修订的 MIL－STD－810F 中的相应部分完全等效。目前,我国关于强冲击试验的标准规范已经较为全面,国家标准、国家军用标准、中国船舶行业标准、中国航空行业标准和中国航天行业标准等都对冲击试验做出了规定。

GB/T 2423.5—2019《环境试验 第2部分：试验方法 试验 Ea 和导则：冲击》于2019年12月1日实施,该标准是将 GB/T 2423.5—1995《电工电子产品环境试验 第2部分：试验方法 试验 Ea 和导则：冲击》和 GB/T 2423.6—1995《电工电子产品环境试验 第2部分：试验方法 试验 Ea 和导则：碰撞》两个标准整合在一起。该标准提供了确定样品经受规定严酷度的非重复或重复冲击能力的标准程序,规定了在检查点上施加三种经典脉冲波形,分别是半正弦波、后峰锯齿波、梯形波,标准中还对三种波形加速度对时间的曲线和容差范围进行了规定。在进行冲击试验时,应给出冲击轴向、冲击脉冲波形、冲击严苛等级。冲击适用于所有三条轴线的正和负两个方向,应在样品三个正交轴的方向依次施加规定严酷等级的冲击,冲击严苛等级因素包括峰值加速度、标称脉冲持续时间和冲击次数,每个方向的冲击次数一般从 3 ± 0 次、100 ± 5 次、500 ± 5 次、$1\,000\pm10$ 次、$5\,000\pm10$ 次中选取。

GJB 150.18A—2009《军用装备实验室环境试验方法 第18部分：冲击试验》适用于评估装备在其寿命期内可能经受的机械冲击环境下的结构和功能特性。机械冲击环境的频率范围一般不超过 10 000 Hz,持续时间不超过 1.0 s。在通常的机械冲击环境作用下,装备的主要响应频率不超过 2 000 Hz,响应时间不超过 0.1 s。试验包含8个试验程序：功能性冲击、需包装的设备、易损性、运输跌落、追撞安全、工作台操作、铁路撞击、弹射起飞和阻拦着陆。所用的冲击设备并没有作出明确规定,要求能满足该实验的有关文件所确定的试验条件即可,可以是自由跌落、弹性回弹、非弹性回弹、液压、压缩气体、电动振动台、电液振动台、有轨车辆和其他激励装置。选择试验设备时应考虑试验设备能满足试件所要求的冲击持续时间、幅值和频率范围。该标准规定了不同场合下的机械冲击试验：① 对于飞行器设备,采用后峰锯齿波冲击试验,加速度脉冲 20 g,脉冲持续时间为 11 ms;② 对于地面设备,同样采用后峰锯齿波冲击试验,加速度脉冲为 40 g,脉冲持续时间为 11 ms;③ 对于带包装的装备,采用梯形脉冲的冲击试验,加速度峰值为 30 g;④ 对于容易损坏的装备,通常采用冲击响应谱冲击试验,测试量级依据产品的具体情况而定;⑤ 运输跌落试验,对于小尺寸、重量轻的装备,跌落高度通常为 1.22 m,对每个面、角、棱边进行跌落,共计 26 次;⑥ 对于暴露在空气中或地面运输工具上的装备,采用后峰锯齿波冲击,飞行器设备采用 40 g、脉冲持续时间为 11 ms,地面设备采用 75 g、脉冲持续时间为 6 ms。另外,该标准中删除了半正弦波试验。

GJB 5389.21—2005《炮射导弹试验方法 第21部分：冲击试验》规定了炮射导弹冲击试验方法,用以考核炮射导弹的耐冲击性,要求振动冲击测试仪应符合如下要求：① 量程为 $0\sim980$ m/s^2;② 精度为 1%。冲击碰撞台应符合：① 冲击频率为 $0\sim50$ 次/min;② 加速度为 $9.8\sim980$ m/s^2;③ 载荷量不小于 980 N;④ 冲击脉冲延续时间为 5 ms±2 ms;⑤ 具有自动计数停机功能。冲击夹具应能刚性地固定在冲击碰撞台上,并能使炮射导弹可靠的装夹,托弹架应稳固地支撑炮射导弹。在进行冲击试验时,首先将受试品从包装箱中取出放在防爆室内的托弹架上,将冲击夹具固定于冲击碰撞台上,一般将冲击加速度调整为 340 m/s^2,将受试品按 y 轴方向装夹于冲击夹具上,把振动冲击测试仪的加速度传感器固定在受试品的重心位置,并与振动冲击测试仪连接,打开电源并启动冲击碰撞台,共冲击 200 次,再将受试品分别按 z 轴方向、x 轴方向装夹于冲击夹具上,重复冲击操作。试验结束后,对受试品进行电参数检测。

CB 1146.6—1996《舰船设备环境试验与工程导则 冲击》适用于舰船设备冲击环境适

应性及结构完好性试验,规定了舰船设备在进行冲击试验的试验条件、严酷等级、试验程序、程序中断处理、合格判据,并提供了工程导则。标准列出了两种冲击试验:强冲击试验和规定脉冲波形冲击试验。标准规定,强冲击试验适用于舰艇设备在作战中因舰艇可能遇到的水下爆炸、近距离脱靶炮火等产生的强烈冲击,也可用于高强度碰撞;脉冲波形的冲击试验较强冲击试验有更好的重现性,半正弦冲击脉冲的波形是用来模拟线性系统的撞击和减速所引起的冲击影响(弹性结构的撞击,封装冲击);梯形波冲击脉冲包含很宽的频率成分,可使试品上产生比半正弦波脉冲的波形更高的响应,用来模拟实际的梯形波冲击环境的作用,如爆炸冲击、发射冲击;后峰锯齿波冲击脉冲比正弦脉冲和梯形脉冲具有更均匀的频谱和更理想的重现性。标准规定,对所有脉冲波形,实际的速度变化量应在其相应的标称值的±10%以内。当速度的变化量用实际脉冲积分来确定时,应从脉冲前的 $0.4D$ 积分到脉冲后的 $0.1D$,其中 D 是标称脉冲的持续时间(图 3.1.1~图 3.1.3)。测量系统的精度应能确保在检测点的预定方向上所测得实际脉冲的真值在标准要求的容差范围内,包括加速度计的整个测量系统的频率特性应符合图 3.3.5 和表 3.3.3 的要求。标准就试验严酷等级规定了相应的速度变化量,如表 3.2.2 所示。

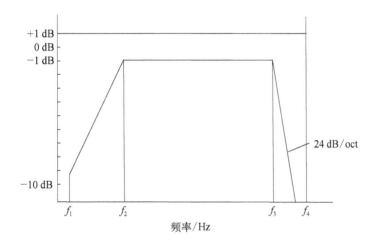

图 3.3.5　测量系统的频率特性

表 3.3.3　测量系统的频率特性

标称脉冲持续时间/ms	低频截止频率/Hz		高频截止频率/kHz	上限频率/kHz(大于该频率响应允许超过+1 dB)
	f_1	f_2	f_3	f_4
0.2	20.0	120	20	40
0.5	10.0	50	15	30
1.0	4.0	20	10	20
3.0	2.0	10	5	10

续　表

标称脉冲持续时间/ms	低频截止频率/Hz		高频截止频率/kHz	上限频率/kHz(大于该频率响应允许超过+1 dB)
	f_1	f_2	f_3	f_4
6.0	1.0	4	2	4
11.0	0.5	2	1	2
18.0	0.2	1	1	2

　　HB 5830.2—82《机载设备环境条件及试验方法 冲击》规定了机载设备的冲击环境条件及试验方法,以模拟飞机在使用过程中因爆炸气浪冲击、被外来物击中、强迫着陆等情况下,机载设备所遇到的冲击环境条件。标准中规定冲击试验采用半正弦波或后峰锯齿波,根据实际测得的波形,从两种标准波形中选取接近的冲击试验波形,如果实际波形未知,但机载设备具有较软的支撑,则以选用半正弦波为宜。标准列出了功能适应性试验、结构完好性试验、追撞安全性试验和高强度试验四种试验类别,在进行冲击试验时依据不同的试验类别,选择加速度峰值、持续时间与速度变化量及各个方向的冲击次数。标准要求测量系统的传感器应按照有关标准进行动态标定,其误差应不大于5%,传感器的频带应满足低频 $f_L \leqslant \dfrac{0.008}{D}$ Hz,高频截止频率 $f_H \geqslant \dfrac{10}{D}$ Hz,等效电路的 $RC > 20D$(R 为等效电阻, C 为等效电容)。

　　QJ 1177.16—87《地空、舰空导弹武器系统环境试验方法 冲击试验》规定了地空、舰空导弹武器系统设备冲击试验方法,适用于经受冲击、碰撞或自由跌落作用的产品,通过该标准可以确定产品在使用、运输、装卸过程中承受非多次重复性机械冲击、多次重复性机械碰撞及自由跌落等条件的适应能力。冲击试验设备包括冲击机和测量系统,冲击测量所常用的仪器由压电传感器、电荷放大器、记录仪等组成,装上试品(包括夹具)进行试验时,应能满足规定的冲击脉冲波形、脉冲持续时间及冲击峰值加速度等试验条件。碰撞试验设备包括碰撞台和测量系统,碰撞测量常用的仪器由压电传感器、电荷放大器、记录仪等组成。装上试品(包括夹具)进行试验时,应能满足规定的碰撞脉冲波形、脉冲持续时间、脉冲重复频率、碰撞峰值加速度等试验条件,所产生的碰撞脉冲波形应为比较光滑的近似半正弦波。测量系统在 5~2 000 Hz 频率范围内,平直频率响应容差应在±10%以内。

　　QJ 1184.8—87《海防导弹环境规范 弹上设备冲击试验》制定了冲击环境的试验条件、试验方法和试验评定,是编制海防导弹弹上设备冲击试验技术文件、评定试验结果等有关部分的依据,仅适用于带助推器导弹的弹上设备。规范提供了半正弦波和后峰锯齿波两种冲击试验波形,并提出后峰锯齿波具有较宽的频谱,容易激起试件各固有频率的响应,有较好的再现性,当条件具备时,可优先选用。规范给出了两个等级的冲击试验,1 等级的冲击试验加速度峰值为 18 g ,持续时间为 11 ms, x 方向冲击次数为 3 次,适用于亚声速导弹上的设备;2 等级的冲击试验加速度峰值为 24 g ,持续时间为 11 ms, x 方向冲击次数为 3 次,适用于超声速导弹上的设备。

第4章　典型宽脉冲强冲击试验设备

4.1　空气炮

空气炮是一种在实验室中进行高过载模拟的试验设备,具有较多的优点。它利用压缩的高压空气来推动测试弹丸向前运动并达到一定的速度,从而完成对测试弹丸的发射。相比于传统的火炮,空气炮具有发射能源清洁、安全可靠的优点。同时,空气炮具有较强的通用性,且其发射测试弹丸的初始速度范围广、可调性好,能够发射多种形状、多种材质的测试弹体,测试弹丸任意性好,可以连续可调,而且试验重复性比较好。对于空气炮本身,比火炮更小的膛压使其承受较小应力,且发射时测试弹丸还能获得较高的运行速度,目前是高过载试验的主要试验设备。虽然空气炮产生的速度与其他方法相比还有一定的差距,但是其具有卓越的适用能力、优良的使用性能及与传统火炮的高相似性,能够满足大部分高过载研究工作的要求,能够满足绝大多数高速及各种高过载试验需求。

空气炮作为高过载模拟试验装置,一般采用两种模拟方式:一种是加速式,在管内(发射管内或接收管内)给被试产品加速,实现待试产品的环境指标,如加速度过载指标、速度指标;另一种是减速式,在发射管在对被式产品加速,通过设置不同结构、不同发生材料达到被试产品所要求的环境指标,这种试验要求弹丸出炮口时要达到一定的速度指标,使用空气炮可以使弹丸在承受较低加速度或较低压力驱动的情况下获得较高的速度,这在某些环境试验中是非常有用的。

4.1.1　系统组成及工作原理

空气炮的种类很多,结构及系统组成也各不相同,以便满足不同的产品和冲击环境指标要求。例如,火炮系统配炮仪器、弹丸引信、导弹弹头、航空航天的机载、舰载数据记录器、交通运输的车载数据记录器等,其工况环境和冲击环境指标是各不相同的,这就必须设计出符合各产品要求的不同结构、不同配置的试验系统。

空气炮气体分为四大部分:发射部分、波形发生段部分、试件导向段部分、缓冲段部分。其中,发射部分包括高压室、反后坐装置、发射管和闭气装置;波形发生段部分包括缓冲材料、预置一定气压的空气柱、导向管;试件导向段部分包括试件导向架体、导向调节机构和缓冲材料;试件回收部分包括缓冲材料、缓冲气缸、承力墙。

空气炮试验系统的组成如图 4.1.1 所示,炮的主体部分主要由高压气室、发射管及发射控制机构组成。其中,发射管正对着缓冲靶,发射管的出口处于靶室的内部。靶室主要由不同介质的缓冲靶及各种测试仪器等组成,主要用来完成空气炮发射过程中的试验测试工作。其中,空气炮主体上的高压气室和发射管都连接在炮尾上,同时炮尾上连接了发射控制机构。弹丸装在气室与发射管之间,炮闩开启后既可以装填弹丸,炮闩关闭后即可以由发射控制机构来控制空气炮的发射。供气系统主要由高压储气瓶、空气压缩机、输送管道和各种阀门组成。整个空气炮主体部分通过固定件固定在基础炮架上,基础炮架部分主要由缓冲系统和发射台架部分构成。基础炮架通过螺栓固连在基础上。

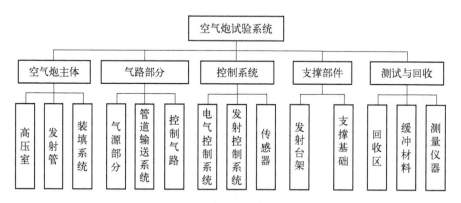

图 4.1.1　空气炮试验系统组成

某种产品试验的空气炮结构示意图及系统组成见图 4.1.2。试验准备工作完成后,接通高压气源向气室注气到指定压力,然后发射控制机构快速打开,气体压力直接作用到弹丸底部,使弹丸加速,直至飞出炮口,然后撞击到缓冲回收靶上,从而完成一系列冲击及高过载试验模拟。测量仪器和数据记录设备负责实验过程中的数据采集。高压室的气压由空气压缩机提供,当高压室的压力达到一定值时(依据技术指标确定),通过释放机构,使高压气体作用在弹丸底部,弹丸在发射管中加速。

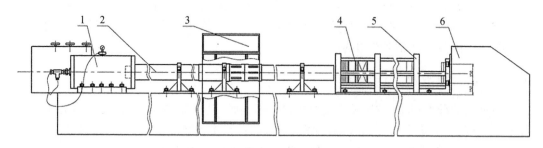

图 4.1.2　空气炮结构示意图及系统组成

1—高压室;2—消音室;3—发射管;4—闭气装置;5—缓冲气缸;6—承力墙

系统各部分的主要功能如下所示。

1) 气源部分

气源部分是空气炮必不可少的外围部分之一,一般由空气压缩机构成。空气压缩机是用来压缩气体的设备,其型号的选取主要由空气炮发射时所需要的气室初始压力决定。通常,国产空气压缩机产生的最高压力不超过 30 MPa,因此在设计空气炮的气室初始压力时应考虑到该项条件。

2）管道输送系统

管道输送系统的主要作用是将空气压缩机产生的高压气体输送至储气瓶中，然后通过开启阀门将高压气体输送至空气炮的高压气室及发射控制机构的各个气室中。管道输送系统的阀门很多，所以应该设置较为醒目的标志，并编写严格的操作程序表，防止误操作，而且该系统设计要遵循维修工作简便易行的原则。同时，在设计时应充分考虑现场安装情况，尽量采取不动用焊接工艺。管路和阀门等零件可采用螺纹连接方式，并加有密封措施，以便今后的维修只需钳工即可完成。

3）储气瓶

储气瓶主要用来储藏空气压缩机产生的高压气体，以便在以后的使用过程中可以重复多次地给空气炮提供动力源，缩短空气炮每次发射时的充气时间，提高试验效率。

4）气室部分

空气炮的高压气室是整个空气炮中最重要的部件之一。高压气室通过法兰连接在炮尾上，同时自身也通过相应配套的支架固定在发射台架上，确保高压气室在发射过程中受到较大的压力后不会松动与脱落。气室与发射管在炮尾上的连接位置主要根据实际的空间需求进行相应的布置。

5）发射控制系统

空气炮的发射控制机构起着隔离气体和迅速开启的作用。发射控制系统的好坏，直接关系到空气炮的弹丸初速度，因此是一个非常重要的系统。在发射前注气时，应保证高压气体只注入高压气室内部，不向高压气室外部泄漏。且各个控制气室的内部都应该闭合不漏气，放气时能要求每个气室都能够迅速打开，活塞组迅速运动，打开高压气室，使其与发射管相同，即大量气体立即作用到弹丸底部，从而推动弹丸向前运动。目前，常用的有活塞式发射控制机构。

6）电气控制系统

为了保证空气炮试验设备工作的安全性与可靠性，需要有一套合理的电气控制机构与之配套。作为空气炮的电气控制系统，其主要实现控制功能。另外也要求其具有测量功能、监视功能和保护功能等，使空气炮在工作过程中更加协调，自动化程度高。

7）装填系统

空气炮的弹丸装填系统在空气炮整个系统中不可忽视。由于试验本身的特性，在使用空气炮试验系统进行试验时要进行多次重复试验，以消除各种试验误差，这就对空气炮的重复装填提出了较高的要求。在设计时，考虑空气炮弹丸的装填是非常有必要的，合理的装填系统将会极大提高空气炮的装填方便性。

8）发射台架

除了炮主体部分外，空气炮试验系统还必须具有相应的发射台架与之配套，否则空气炮是不能发射的。发射台架起着支撑和固定空气炮主体部分的作用，对保证空气炮发射过程中的稳定性起着重要的作用。

9）弹丸回收系统

弹丸回收系统主要由靶室构成，靶室内部有不同介质的缓冲靶及各种测试仪器等，用来完成弹丸的回收及测试工作。

　　系统配有测试系统和控制系统,其中测试系统可用来进行高压室压力、供气压力、试件速度、加速度测试。压力信号采用压电式压力传感器测试系统,加速度信号采用压电式加速度测试系统,速度信号采用激光靶测试系统。设备的气路包括高压空气压缩机、储气装置、气炮的高压气室、装弹气路、装填缓冲垫气路、预压空气柱气路及缓冲气缸。试验时,由高压空气压缩机向储气瓶供气,整个设备的控制由发出试验指令开始,由主控制台启动空压机,向储气罐送气,空压机和储气罐之间设有自动超压控制,经压力控制、人

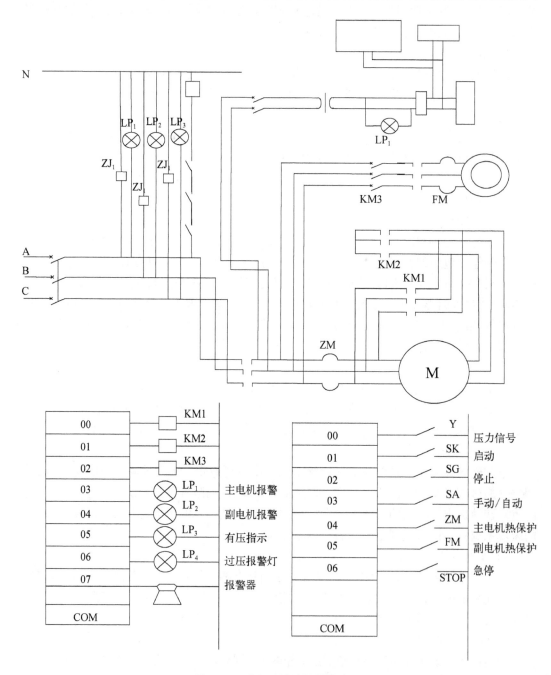

图 4.1.3　空气系统炮控制电路图

工判断后向气炮高压室送气,再通过对高压室的压力监控控制发射。在主控制台台面设有储气室、高压室压力信号测量、数字显示、安全开关,由各路电磁阀控制送气、泄放、发射。辅助控制台通过各路电磁阀控制回弹、送缓冲垫、空气柱气压、缓冲气缸气压等工作。图 4.1.3 为空气炮系统的控制电路图。

气路箱体内部安装有手动截止阀、电磁阀、压力传感器、温度传感器及连接气路。气路控制箱将手动操作和远程电控制操作集成,空气炮既可实现手动操作也可远程操控。依次打开气源截止阀、充压截止阀、发射截止阀,实现单次抛霜装置的手动操作。

箱体与外部的连接主要有电源接口、测试信号接口、电磁阀控制信号接口及气路接口。控制箱内的气路图如图 4.1.4 所示。

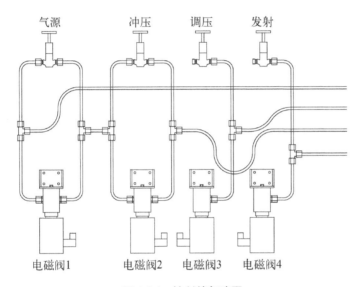

图 4.1.4　控制箱气路图

4.1.2　参数计算

空气炮相关参数计算包括高压室压力计算、弹丸运动速度、加速度、位移的计算,以及高速弹丸与试件碰撞过程中有关参数的计算。空气炮发射部分的简化模型如图 4.1.5 所示。设弹丸长度为 l,直径为 d,质量为 m,面密度为 ρ,炮管截面积为 S,弹丸在管内的运动速度为 u,在忽略各种能量损耗时,根据牛顿第二定律有:

$$pS = m\frac{\mathrm{d}u}{\mathrm{d}t} = mu\frac{\mathrm{d}u}{\mathrm{d}x} \tag{4.1.1}$$

转变成积分形式有

$$u^2 = \frac{2S}{m}\int_0^{l_2} p(x)\,\mathrm{d}x \tag{4.1.2}$$

式中,p 为弹丸底部压力;l_2 为发射管长度。

高能效宽脉冲强冲击试验与测试技术

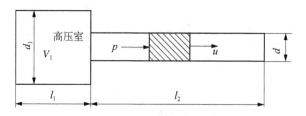

图 4.1.5 空气炮发射部分简化模型

用无量纲的炮管长度和弹丸长度分析弹丸速度和相关参数的关系时,可对式(4.1.2)以弹底平均压力值 $\bar{p}$ 进行积分,简化后可得

$$u = \sqrt{\frac{2S}{m}\bar{p}l_2} = \sqrt{\frac{2\bar{p}}{\rho}\frac{l_2/d}{l/d}} \tag{4.1.3}$$

由式(4.1.3)可以看出,要获得较高的弹丸速度,应增加弹底平均压力值,增大炮管的长径比,减小弹丸的面密度和弹丸的长径比。对于给定口径的空气炮,增加发射管长度就能增加弹速。实际中,空气炮通过给高压室注入初始压力的膨胀来推动弹丸运动,而弹底压力是按指数衰减的,弹底平均压力要比注入的初始压力低得多。

计算弹丸出炮口速度时,可采用如下气体绝热物态方程:

$$p_0V_0^r = p\,(V_0 + Sx)^r \tag{4.1.4}$$

式中,p_0 是高压室初始压力;V_0 是高压室容积;r 为比热比或称绝热指数,对于空气介质,$r = 1.4$。

空气炮发射中的气体膨胀能量分配有以下几种形式:

(1)弹丸高速运动能量 $E_1 = \dfrac{1}{2}mu^2$;

(2)弹丸运动中克服摩擦力消耗的能量 E_2;

(3)发射中发射管后坐运动消耗的能量 E_3;

(4)气体剩余的能量 E_4。

以上各能量中,弹丸的高速运动能量 E_1 所占比例最大,占总能量的 90% 左右,称为主要功。其余几项称为次要功,所占比例很小。分别计算 $\sum E_i$ 非常烦琐,工程上一般都采用等效的方法,用增加弹丸负荷的办法来代替次要功的消耗,即将弹丸质量 m 增加为 φm,其中 φ 为次要功计算系数,或称虚拟质量系数,于是有如下公式成立:

$$\sum E_i = \varphi E_1 = \varphi \cdot \frac{1}{2}mu^2 \tag{4.1.5}$$

据此,方程(4.1.1)可写为

$$pS = \varphi m\frac{\mathrm{d}u}{\mathrm{d}t} \tag{4.1.6}$$

由式(4.1.4)、式(4.1.6)联立可得弹丸炮口速度为

$$u_0 = \sqrt{\frac{2p_0 V_0}{(r-1)\varphi m}\left[1-\left(\frac{V_0}{V_0+SL}\right)^{(r-1)}\right]} \qquad (4.1.7)$$

式中,虚拟质量系数 φ 需通过实验调试确定。

确定一门空气炮造价的关键数据是发射管口径,因为发射管长度通常是口径的 $100\sim$ 200 倍,因此首先应根据实际工作需要确定炮的口径。第二个重要数据是最高弹速能力,如果一门空气炮计划只使用空气介质,将来的外围供气设备和炮房的要求都比较低,使总的造价降低。如果追求高弹速而必须用氢气介质时,外围供气设备和炮房的安全性要求都要上升,造价也将随之上升。

设计工作最先是从内弹道计算开始的,根据主要应用对象的外形确定发射管的口径,根据应用对象的外形和质量确定常使用的弹丸质量。在确定了空气炮发射管直径和弹丸质量后,依据所需要的发射管口径和弹丸质量,可利用式(4.1.7)内弹道计算程序变换发射管长度和气室容积进行计算,直到选定的某种发射管长度和气室容积可以达到最高弹速要求为止,从几何尺寸上明确了炮的规模。计算时要注意外围供气设备的能力,例如,空气压缩机和氢气压缩机通用的最高压力指标是 30 MPa,瓶装气体的最高压力是 12.5 MPa,计算时不要突破这些指标。在选取空气炮的口径对应注意选用国产制式火炮的口径,保证今后的加工有依托单位,充分利用现成工装设备,降低造价。

4.1.3　参数测试

空气炮强冲击试验系统涉及的测试项目有:高压室气路环节压力测试、弹丸和试件(有时是模拟件)加速度测试、速度或位移测试。

1. 压力测试

压力测试常采用压电式压力传感器、压阻式压力传感器、应变式压力传感器。压电式压力传感器量程分布范围固定、频响高,具有很高的输出阻抗,配用高输入阻抗的电荷放大器,测量电路具有很长的时间常数,使用的下限频率非常低,测试系统可以进行静态标定。压阻式压力传感器采用锰铜线圈,线圈浸泡在脂化传压液中,当受到压力作用时,锰铜丝线圈的电阻值产生变化,将锰铜线圈接入电桥实现压力信号测量。这种传感器测试量程系列化、频响高、低频响应好、性能稳定可靠。应变式压力传感器利用被测压力作用于管形弹性敏感元件的管孔中,经管内传压液体而使粘贴在管外的电阻应变片产生应变,应变片接入电桥与动态应变仪,实现压力信号测量。这种传感器量程相对较低,静态指标较优而动态指标相比前两种传感器较差。

压力信号测量包括传感器及测试系统的选择,测试部位及传感器的安装,测试系统的设置、调试、系统标定等,一般的测量步骤如下。

(1)根据高压室压力大小和气路各环节压力大小选择压力传感器及测试系统,使测试系统满足测试要求。

(2)测试系统需定期进行标定,重要试验在测试之前要进行标定。

(3)合理选择传感器的安装部位,安装部位应能代表待测部位的典型压力值,传感器安装位置的选择要综合考虑。

(4)根据测试要求设置好测试系统各部件的各类参数,如幅值范围、频响、灵敏度等旋钮位置。

（5）对安装好的传感器及连接线进行适当保护,以保证测试工作正常进行。

（6）每发射击之后,要仔细检查测试系统,观察分析压力信号是否正常。

2. 加速度测试

加速度传感器有压电型、压阻型、应变型、电容型多种。压电式加速度传感器结构简单、牢固、体积小、重量轻、频率响应范围宽、动态范围大、性能稳定,输出线性好。压电式加速度传感器的结构按压电晶体的工作方式可分为三种形式:压缩型、弯曲型和剪切型。其中,压缩型又分为周边压缩式、中心压缩式、倒装中心压缩式和基座隔离压缩式。周边压缩式加速度传感器的弹簧与传感器外壳相连,预压在质量块上。这种形式的传感器灵敏度高、固有频率高、可测频率范围宽,但易受基座应变的影响。中心压缩式传感器的弹簧、质量块和压电片牢固地固定在传感器基座的中心杆上,质量块受到预紧力,而不与外壳直接接触,外壳仅起保护作用。这种传感器具有较高的固有频率和较宽的动态范围,但仍受到安装表面基础应变的影响。倒装中心压缩式传感器的敏感元件固定在外壳的顶部,离基座较远,受基座变形的影响较小,又保持了中心压缩式传感器频响宽、动态范围大的优点,是近年来比较新的一种结构形式。

弯曲型加速度传感器是利用压电体在外力作用下产生弯曲变形而产生电荷输出。通常是把压电体粘贴在悬臂梁上,上下各一片,灵敏度高,但因受梁的刚度限制,固有频率较低,频响范围较窄,一般适用于较低加速度信号和较低频率信号的测量。

剪切型加速度传感器的压电元件是圆筒形的,圆筒内、外表面沉积金属电极,它套在壳体的轴心上,极化方向平行于圆筒的轴向,轴心和基座成一体。惯性质量环再套在压电元件上,作用原理是利用压电元件的切变压电效应。这种传感器结构的特点是压电元件只有在受到质量环作用的剪切力时才能在圆筒内外表面电极上产生电荷,这种剪切力只有在测量方向上才能产生,其他方向的作用力都不会在电极上产生电荷,加之质量-弹簧系统与外壳隔开,所以这种结构的传感器有很好的环境隔离效果,其基础应变灵敏度、声灵敏度都很小,并有很高的固有频率,频响范围很宽,其横向灵敏度也很小。

压阻加速度传感器是利用半导体压敏电阻材料作为敏感元件来测量加速度,这种传感器的低频响应好,具有测量零频响应的能力,灵敏度高,频响范围固定。

应变式加速度传感器利用电阻应变片作为敏感元件来测量加速度,这种传感器结构简单,使用可靠,横向效应小,可以实现零频响应测量,适用于低频加速度信号测量。

电容式加速度传感器是利用变电容敏感元件来测量加速度,这种传感器尺寸小,重量轻,结构牢固,一般采用气体阻尼,内部装有过量程限制器,具有零频响应,线性好。

以上类型加速度传感器都可供选择使用,试验时可根据已拥有的传感器种类进行选择,只要满足测量要求即可。

加速度测量包括传感器及测试系统的选择,测试部位及传感器的安装,测试系统的设置、调试、标定等,具体测量方法如下。

（1）根据强冲击试验目的选择传感器及测试系统,要侧重考虑传感器的灵敏度、动态范围、工作频率范围、动态线性度、动态重复性等主要性能指标。

（2）充分考虑测试对象的结构特点、工况特点、测量现场的环境条件、测量位置、传感器安装方式、信号传输及引线方式、电缆及传感器保护措施等因素选择适当的测试方法,以保证正常测试工作进行及获取准确的测量数据。例如,对于试件(或模拟件)的加速度测试可以采用实时在线测量方法,而对弹丸的加速度测试宜采用存储测量方法。

(3)传感器及整个测试系统经国家计量部门标定校准,标定证书齐全并在计量的有效期内。

(4)传感器及引线要采取有效的保护措施,以防止在强冲击过程中引起电缆损坏,接头松动,造成侧视信号失真。

(5)根据测试信号特征设置测试系统的各类系数,如灵敏度、动态范围、频响范围等。

(6)每次射击后,要仔细检查测试系统,观察分析加速度信号是否正常、有无异常现象,以决定测试系统是否要重新设定。

3. 速度测试

速度测试相对比较简单,一般要对弹丸的出炮口速度和试件(或模拟件)撞击后的速度进行测试。通常采用激光靶测试方法,即在炮口前端和试件撞击结束位置各布置两套激光管装置,激光管发射出两束激光,测量两束激光束的距离。当弹或试件高速运动通过两束激光位置时,给出两个信号,该信号由接收端测出,通过信号指标测出通过两束激光所需要的时间,由此即可测量出弹丸的炮口速度和试件撞击后所获得的速度。有些试验要求测量弹丸在发射管内的运动速度,这种测试一般采用微波测速系统或激光测速系统,即采用多普勒频移原理进行测量,采用差动式多普勒激光测速装置进行空气炮弹丸速度测试的示意图见图 4.1.6。

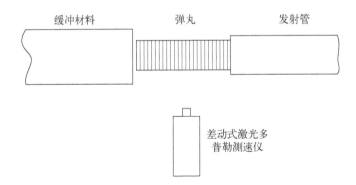

图 4.1.6　采用差动式多普勒激光测速装置进行空气炮弹丸速度测试示意图

4.1.4　试验步骤

空气炮作为强冲击试验装置,一般采用两种模拟方式:一种是在发射管内实现待试产品的冲击规范指标,如过载加速度或速度指标;另一种是在发射管外利用高速弹丸和待试产品的直接碰撞或间接碰撞来实现产品冲击规范指标。两种试验方法的试验步骤大体上相同,具体的试验步骤如下。

(1)透彻地分析了待试产品的冲击环境试验规范的技术指标,如加速度幅值、脉冲宽度、冲击波形、速度幅值等。

(2)测量待试产品的外形尺寸和质量,了解待试产品的工况环境和安装方式。如果在试件上可以直接安装传感器,则要确定安装位置。如果不能直接安装传感器,则要依据试件尺寸并结合空气炮装置具体尺寸设计试件安装支架,安装支架要具有足够的刚度和整体性能,并在此基础上确定合适的传感器安装位置,有时还要设计模拟件代替试件调整波形。

（3）依据试件质量和安装支架质量之和,利用相关参数确定高压室气压值。针对高速弹丸和待试产品在发射管直接或间接碰撞的试验方法,还要依据试件材料、缓冲材料的特性计算相关参数。

（4）布置测试系统,按照强冲击试验室试验规程进行试验,调试波形。依据测试的数据,调整高压室压力及其他相关参数,直至测试数据符合规范要求。

（5）按照调试好的设置状态和相关参数对待试产品进行冲击试验。

（6）对待试产品进行相关技术指标检测,给出试验结论。

（7）完成试验测试报告。

4.2　火箭橇

火箭橇是一种空气动力学试验设备,利用推力强大的火箭助推器,推动测试物体在类似铁路的专用滑轨上高速前进,再利用高速摄像机及其他设备记录数据,以分析其空气动力学性能,是解决高速度、高加速度有关技术问题的必备试验平台。火箭橇在核武器研制、航空航天系统安全测试、高超声速导弹及飞行器、制导系统性能评估、航空母舰弹射器、战斗机火箭弹射座椅、宇宙飞船逃逸塔等研究方面都有广泛的应用。

4.2.1　系统组成及工作原理

火箭橇-轨道系统由火箭橇与轨道两部分组成：火箭橇由火箭发动机、橇体、被试品三大部件构成,部件之间通过焊接、螺栓连接等形成一个整体,各部件之间无相对运动;轨道由钢轨、枕板、道床三大部件构成,钢轨与枕板之间通过扣件连接、存在相对运动,枕板与道床通过支撑螺栓连接、存在相对运动,道床由于与地面相连,其质量大、刚度大,因而假定为永久刚性。典型的火箭橇-轨道系统结构如图 4.2.1 所示。

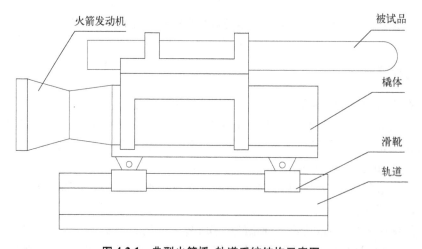

图 4.2.1　典型火箭橇-轨道系统结构示意图

火箭橇在轨道内受约束运动,其动力学过程可以分为以下三部分:① 加速段,火箭橇在静止状态下,发动机点火,火箭橇所受到的推力大于气动阻力与橇-轨接触摩擦力而加速运动到最大速度,沿轨向加速度为正值;② 滑行段,发动机停止工作,火箭橇在气动阻力及橇-轨接触摩擦力作用下减速滑行,沿轨向加速度为负值;③ 制动段,火箭橇滑行到预先设定的刹车位置,在水刹车、绳索等制动力及气动阻力、橇-轨接触力作用下制止,沿轨向加速度为负值。

4.2.2 数值计算

在火箭橇车运动过程中,作用在橇车上的力(推力、空气阻力、摩擦阻力、能量耗散)及橇车的质量都是随时间不断变化的,由牛顿第二定律,橇车运动过程中有

$$M \frac{\mathrm{d}v}{\mathrm{d}t} = F(t) - R_a - R_f - R_E \tag{4.2.1}$$

式中,$F(t)$ 为试验中任意时刻发动机的总推力;R_a 为空气阻力;R_f 为摩擦阻力;R_E 为能量耗散;v 为橇车运动速度;M 为火箭橇试验系统总质量。

该过程是变质量运动过程,火箭橇试验系统的总质量随着发动机装药的燃烧、喷管燃气的排出而不断减小,质量变化量可根据燃烧时间与发动机药重进行估算。

1. 发动机推力计算

根据发动机厂家提供的一定时间的推力与时间数据,进行线性拟合得到任意时刻的推力,即 $f(t)$,则一次试验中发动机任意时刻的总推力为

$$F(t) = n \times f(t) \tag{4.2.2}$$

式中,$F(t)$ 为试验中任意时刻发动机的总推力;n 为发动机使用个数。

2. 阻力的计算

火箭橇的阻力主要包括滑靴与滑轨接触的滑动摩擦阻力和橇车的气动阻力两个部分。由于火箭橇滑靴与轨道之间存在间隙,火箭橇沿着轨道高速滑行时是跳跃前进的,橇车滑靴与轨道产生碰撞作用,从而产生一部分能量损失,称为靴轨阻力或者能量耗散。

3. 空气阻力

火箭橇系统部件较多,整个系统的结构复杂,难以准确描述各个部件全过程所受的空气阻力,试验过程中火箭橇系统贴近地面高速滑动,速度能够达到超声速,受轨道梁二次反射风等影响较大,精确计算其空气阻力难以实现。空气动力学基本公式能够大致描述空气阻力的基本情况,利用空气动力学基本原理表示火箭橇运动时受到的空气阻力公式为

$$R_a = \frac{1}{2} \rho v^2 A C_D \tag{4.2.3}$$

式中,ρ 为空气密度,根据海拔不同进行取值,海平面上 $\rho = 0.125 \ \mathrm{kg/m^3}$;$v$ 为橇车运动速度,随时间不断变化;A 为橇车迎风面积;C_D 为空气阻力系数,C_D 的值一般随着速度的增大而增大,而在亚声速范围内 C_D 的变化较小,可以看作常数处理。

4. 摩擦阻力

摩擦阻力的形成机理复杂,对于火箭橇与滑轨之间的摩擦阻力分析,摩擦阻力系数受

滑动过程中多种因素的影响,如温度、滑动速度、载荷、材料性质、表面粗糙度及表面膜等。滑动摩擦阻力的计算公式为

$$R_f = \mu M g \tag{4.2.4}$$

式中, μ 为滑动摩擦阻力系数,幂函数形式的摩擦因数计算公式为 $\mu = 2.554 v^{-0.756}$。M 为火箭橇试验系统总质量,火箭橇运动时,随着发动机燃料不断燃烧, M 是不断变化的; g 为重力加速度,通常取 $g = 9.8 \text{ m/s}^2$。

5. 能量耗散

火箭橇车沿着滑轨高速滑动时会产生跳跃前进,橇车滑靴与轨道顶面、侧面都会产生碰撞作用,这种相互作用消耗了火箭橇系统的动能,这部分被消耗的能量转化为了碰撞产生的形变和热能,从而产生了能量耗散,假设任意时刻产生的能量耗散占总动能的比例相同,即

$$R_E = m \times n \times \frac{1}{2} M v^2 \tag{4.2.5}$$

式中, m 表示试验使用轨道数,计算单轨橇车试验能量耗散时, $m = 1$,计算双轨橇车试验能量耗散时, $m = 2$; n 为比例系数,表示耗散能量占总能量的比例,根据单轨橇车试验数据和双轨橇车试验数据进行计算拟合即可得到 n 的取值。

将 R_a、R_f、R_E 的表达式代入式(4.2.6)可得

$$\frac{\mathrm{d}v}{\mathrm{d}t} = \frac{F(t) - \dfrac{1}{2}\rho v^2 A C_D}{M} - \mu g - m \times n \times \frac{1}{2}v^2 \tag{4.2.6}$$

选用四阶龙格-库塔法求解式(4.2.6)即可求得速度 v 与时间 t 的关系。

4.2.3 试验步骤

火箭橇作为强冲击试验装置,一般采用两种模拟方式实现强冲击考核:一种是在发射轨道上实现待试产品的冲击规范指标,如过载加速度或速度指标;另一种是将火箭橇加速到一定速度的待试产品与特定材料的靶体直接碰撞或间接碰撞,实现产品的强冲击考核。两种试验方法的试验步骤大体上是相同的,具体试验步骤如下。

(1)透彻地分析了解待试产品的强冲击环境试验规范技术指标,如加速度幅值、脉冲宽度、冲击波形、速度幅值等。

(2)实际测量待试产品的外形尺寸、质量,了解待试产品的工况环境和安装方式。如果在试件上可以直接安装传感器,则要确定安装位置。如果不能直接安装传感器,则要依据试件尺寸并结合火箭橇具体尺寸设计试件安装支架,安装支架要具有足够的刚度和较好的整体性能,并在此基础上确定合适的传感器安装位置,有时还要设计模拟件代替试件调整波形。

(3)依据试件质量和安装支架质量之和,利用4.2.2节各计算式相关参数,确定发动机推力。对于在发射轨道外利用高速待试产品与靶体直接或间接碰撞的试验方法,还要依据试件材料、靶体材料的特性计算相关参数。

(4)布置好高速摄像、弹载存储等测试系统,按照火箭橇试验规程进行试验,调试波形。依据测试的数据,调整发动机推力及其他相关参数,直至测试数据符合规范要求。

(5)按照调试好的设置状态和相关参数对待试产品进行强冲击试验。

（6）对待试产品进行相关强冲击技术指标分析,给出试验结论。

（7）完成试验测试报告。

4.3 跌落台

迄今为止,所进行的冲击环境模拟试验均属一种有限的环境模拟,因为实际的冲击环境是非常复杂的,现今各种冲击试验的目的往往是确定设备能否承受实际的冲击环境,这必然涉及冲击损伤的评定问题。到目前为止,冲击试验的方法一般有三类:规定冲击设备的方法、规定冲击波形的方法、按冲击谱进行试验的方法。跌落台冲击试验方法一般适用于前两种试验方法。规定冲击响应谱的方法综合了冲击激励和结构动态特性及其两者之间的响应关系,是一种较为先进、精确的冲击环境模拟试验方法,一般是在电动式振动台或电动液压台上实现的。跌落台冲击试验装置属于中量程范围段的试验设备,冲击加速度幅值一般在 $150\sim3\,000\,g$,脉冲宽度为 $0.1\sim40\,ms$,冲击波形为近似半正弦波、后峰锯齿波、梯形波。

4.3.1 系统组成及工作原理

跌落台冲击试验装置可分为自由落体式、制动方式及加速方式等,但其基本结构大同小异,图 4.3.1 为跌落式冲击试验装置基本部分示意图。

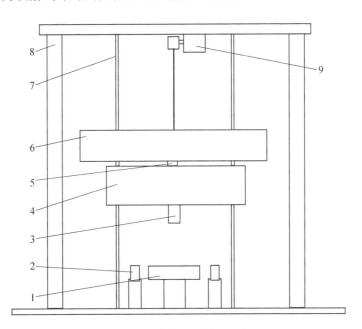

图 4.3.1 跌落台冲击装置示意图

1—试件支座;2—缓冲器;3—锤头;4—落锤;5—夹头;6—横梁;
7—落锤导轨(两根);8—立体立柱(四根);9—电机

自由落体式冲击装置只要将工作台面设置到一定的高度,采用电磁铁控制跌落,工作台面下落到砧垫质量块处具有一定的下落速度,可在相互撞击中将台面的动能转换为缓冲垫的应变能,安装在台上的试件将承受一定的冲击载荷,冲击加速度信号由安装在台面上的加速度传感器测量,冲击波形由缓冲垫的设置和台面高度来调整。

制动式的冲击装置,其制动装置(包括磁座、弹性制动装置)的力学特性决定了加速度信号的基本特性(冲击波形、加速度峰值、加载、卸载持续时间)。当工作台面以一定的加速度下落和制动装置相撞时,即将台面的动能转变为制动装置的应变能,产生冲击载荷的脉冲前沿,制动装置的弹塑性变形为台面的最大制动行程,然后由于制动装置的弹性恢复力而形成冲击载荷的脉冲后沿。图 4.3.2(a)、(b)分别为固定磁座和弹性悬挂磁座冲击装置对应的台面加速度过载(x'')、速度(x')和位移(x)的时间历程。从曲线图可以看出,整个冲击过程可划分为四个阶段:①为预加速度段;②为制动段,即制动装置的压缩段;③为制动装置恢复力作用段;④为相互作用结束段。

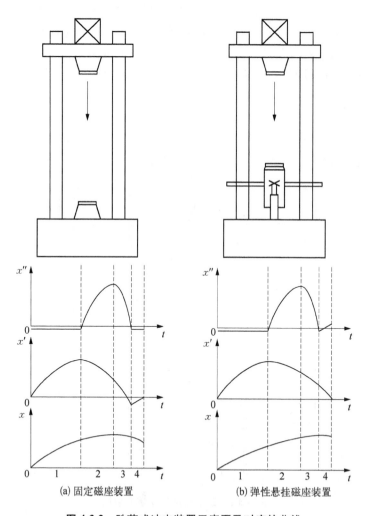

(a) 固定磁座装置   (b) 弹性悬挂磁座装置

图 4.3.2 跌落式冲击装置示意图及对应的曲线

制动装置的力学特性因其结构形式和缓冲材料的不同而异。弹塑性制动装置在相互撞击过程中所呈现的力学特性与变形缓冲材料的力学性质、厚度以及锤头的尺寸、形状有关。要实现冲击规范所规定的冲击波形及技术指标,需通过多次试验才能选定合适的缓冲材料、厚度以及锤头尺寸、形状。由于撞击后缓冲材料会产生塑性大变形,这种制动装置的缓冲材料每次冲击试验后需重新更换。

采用弹性制动装置可以实现多次重复冲击试验,用弹性垫制动是产生近似半正弦波冲击载荷的最简便且有效的方法。表4.3.1列出了各种弹性垫可能产生的冲击加速度峰值和冲击持续时间。

表 4.3.1　弹性垫冲击特性

弹性垫材料	冲击加速度峰值/g	冲击持续时间/ms	备　　注
羊毛毡垫	3 000~30 000	0.1~0.4	刚性力学特性
橡胶垫	1 000~20 000	0.5~4.0	中刚性力学特性
塑料垫	500~5 000	0.5~8.0	中刚性力学特性
人造弹性成套垫	20~500	2.0~40.0	软性力学特性

加速式的试验装置。这种冲击试验装置的特点是装有试验件的工作台面在跌落时初速度不为零,而是采用合适的动力装置,使工作台面带有一定的初速度下落。也可以使装有试验件的工作台面在冲击激励前处于静止状态,而用加速装置按照试验要求及技术指标激励工作台面产生冲击加载,在冲击加载结束后,工作台面获得一定的动能,然后采用阻尼装置减速恢复到静止状态。

图4.3.3(a)是一种气动冲击装置结构示意图。加速装置是气缸,推杆活塞将气缸分

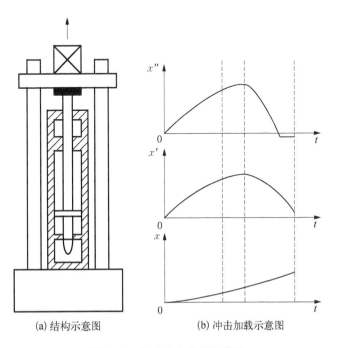

(a) 结构示意图　　　(b) 冲击加载示意图

图 4.3.3　气动冲击装置示意图

为上、下两个气室,上、下气室的压力可单独进行调试。在冲击激励前,由于活塞杆的上方受压面积大于下方的受压面积,可以通过控制上、下气室的压差使推杆活塞处于静止状态,逐步增加下气室的压力,作用在推杆活塞上的合力一旦变为向上的作用力时,活塞开始向上运动,导致下气室的受压面积突然增加,即产生瞬态冲击载荷。具有一定外形的推杆与空气的中心孔在推杆活塞瞬态运动过程中构成变化的环行间隙,控制气流的流动,从而调节冲击加载和卸载的特性,产生近似半正弦波或后峰锯齿波冲击激励。图 4.3.3(b)为冲击加速度、速度和位移时间历程图。

4.3.2　参数估算

对于一般的自由跌落式冲击装置,试件和工作台面到砧垫质量块上表面具有一定高度,当工作台面突然自由落下,与缓冲垫撞击后即构成一自由振动系统,其力学模型如图 4.3.4 所示。

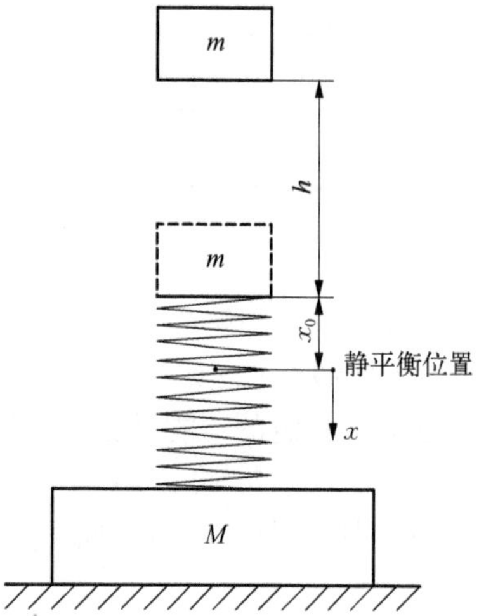

缓冲垫可简化为无质量弹簧,也可以将其等效质量计入落体中,落体包括工作台面质量 M 和试件质量 m 之和。取系统的静平衡位置为坐标原点,坐标轴 x 向下为正,设落体底面与缓冲垫顶面最初接触的瞬时为初始时刻,即 $t=0$,此时,弹簧顶面在平衡位置之上 $\delta_{\zeta t}$ 处,即 $x_0 = -\delta_{\zeta t}$,其运动方程为

$$m\ddot{x} + kx = 0 \tag{4.3.1}$$

或

$$\ddot{x} + \omega_n x = 0$$

式中, ω_n 为无阻尼固有频率; k 为弹簧刚度。

$$\omega_n^2 = \frac{k}{m} = \frac{g}{\delta_{\zeta t}} \tag{4.3.2}$$

图 4.3.4　落体与缓冲构成的自由振动系统

方程(4.2.7)的解为

$$x = x_0 \cos(\omega_n t) + \frac{\dot{x}_0}{\omega_n} \sin(\omega_n t) \tag{4.3.3}$$

振动速度方程为

$$\dot{x} = -x_0 \omega_n \sin(\omega_n t) + \dot{x}_0 \cos(\omega_n t) \tag{4.3.4}$$

振动加速度为

$$\ddot{x} = -\ddot{x}_0 \omega_n [\cos(\omega_n t) + \sin(\omega_n t)] \tag{4.3.5}$$

落体下落时缓冲垫顶面时的初始速度为

$$\dot{x}_0 = \sqrt{2gh} \tag{4.3.6}$$

设有

$$\ddot{x} = -\sqrt{2gh}\,\omega_n [\cos(\omega_n t) + \sin(\omega_n t)]$$

可见脉冲峰值加速度为

$$\dot{x}_{max} = \sqrt{\frac{2ghk}{m}} \qquad (4.3.7)$$

脉冲持续时间为

$$\tau = \pi\sqrt{\frac{m}{k}} \qquad (4.3.8)$$

由式(4.3.7)和式(4.3.8)可知,要使撞击对加速度幅值增加,必须增大工作台面的高度 h,增大缓冲材料弹簧刚度 k,减小工作台面质量 M;要使脉冲持续时间增加,必须增大工作台面质量,减小缓冲材料弹性刚度。可见,两者之间是相互矛盾的,在实际试验中要依据冲击规范进行调整。

当工作台面不是自由落体工作方式,而是以一定的速度下落时,则要重新计算式(4.3.5),然后再进一步计算峰值加速度和脉冲持续时间。当要进一步考虑缓冲材料的阻尼特性时,则要从有阻尼单自由度系统运动方程求解有关系数。

在工程实际中,跌落式冲击试验中往往要通过调整缓冲垫的厚度和刚度来实现冲击规范指标,此时冲击系统简易模型如图 4.3.5 所示。试件的质量为 m,以速度 v_0 对砧垫质量块撞击,缓冲垫视为无质量,弹簧刚度为 k,缓冲垫厚度为 l,缓冲体阻尼比为 ξ。设砧垫的面积为 A,缓冲材料的弹性模量为 E,用坐标 x 表示工作台面从它撞击缓冲垫顶面接触点算起的位移,用 y_0 表示砧垫质量块顶端的位移(设砧垫质量块为弹性支撑)。撞击时,工作台面的动力平衡方程为

$$\begin{cases} F = mg - m\ddot{x} \\ x = y_0 + F/k \\ k = EA/l \end{cases} \qquad (4.3.9)$$

式中,F 为砧垫对台面的反力;k 为弹簧刚度;E 为缓冲材料的弹性模量;l 为缓冲垫厚度。

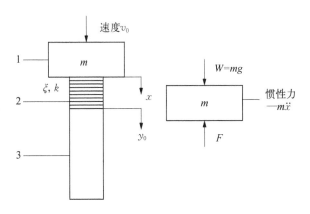

图 4.3.5　冲击系统简易模型

1—工作台面;2—缓冲垫;3—砧垫质量块

将式(4.3.9)对 t 求二次导数并经简化可求得工作台面加速度响应和脉冲持续时间 τ_2 为

$$\ddot{x} = \frac{EA}{ml\omega_D}v_0 e^{-\xi\omega t}\sin(\omega_D t) \qquad (4.3.10)$$

$$\tau_2 = \frac{\pi}{\omega\sqrt{1-\xi^2}} \qquad (4.3.11)$$

式中，ω_D 为有阻尼角频率，$\omega_D = \omega\sqrt{1-\xi^2}$，$\omega = \sqrt{k/m}$。

由式（4.3.10）和式（4.3.11），可通过调整缓冲材料厚度来实现冲击规范的技术指标要求。

当冲击波形为半正弦波时，半正弦波形发生材料通常用工程橡胶制造，在设计时主要考虑橡胶的刚度和动态许用应力。

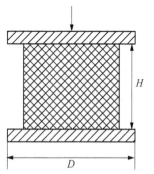

一般半正弦波形发生材料设计成圆柱形，如图 4.3.6 所示，其刚度 k 可由式 (4.3.12) 计算：

$$k = \pi D^2 E_a /(4H) \qquad (4.3.12)$$

式中，E_a 为橡胶的剪切模量。

又有半正弦波弹簧振子频率 f 与弹簧刚度 k 计算公式：

$$f = \pi\sqrt{m/k} \qquad (4.3.13)$$

**图 4.3.6　圆柱形半正弦波形
发生材料**

如果给定了冲击台的负载质量和所需的脉宽，可由式(4.3.13)求得橡胶垫的许用刚度，再根据式(4.3.12)设计橡胶垫的各种参数。在实际设计橡胶垫时，考虑互换性要求，先确定橡胶垫的直径，然后选用几种不同的高度，再选择橡胶垫的材料，得到不同的刚度值。如果一个橡胶垫无法满足设计要求，可以用各种不同刚度的橡胶垫的组合得到一系列所需的橡胶垫的刚度值。

4.3.3　试验步骤

跌落台冲击试验装置类型很多，有的是针对特定产品制作的专用冲击试验台，采用这种类型的冲击装置进行试验时只要按照规定试验操作规程进行即可；有的是通用型冲击试验装置，可以对多种产品按照不同的冲击试验规程规定的技术指标进行试验。这种情况下，首先要对待试产品环境规范的技术指标进行深入的了解，如加速度幅值、脉冲持续时间、冲击波形、冲击速度等。实际测量待试产品外形尺寸、质量，了解产品的工况状态、安装方式，具体试验步骤如下。

（1）尽量按照待试产品的工况安装方法将产品直接或采用安装夹具刚性地固定在工作台面上，使产品质心尽量靠近台面中心。如果工作台面可以安装试验产品工况下带有的减震器或支架，试验时也应使用；如果不能使用时，试验规范应规定采用何种减震器或支架。

（2）安装加速度传感器。传感器应刚性地连接在产品与工作台面或产品与安装夹具的靠近台面中心的固定点上。如果这样的安装位置有困难，可以将传感器刚性地固定在产品有代表性的固定点附近。

（3）试验前应对冲击波形进行调试。首先要按照产品相关力学参数结合冲击规范技术指标,利用上述参数估算计算式对工作台面高度、缓冲垫厚度、缓冲材料力学系数进行计算,初步确定试验系统的设置。连接好测试系统,然后按照试验规程进行冲击波形测试,分析测试的冲击波形并反复调整系统设置,直到满足要求为止。对于复杂昂贵的试验产品,允许使用动力学特性与产品相近的模拟件进行调试,待冲击波形连续两次满足要求后换上待试产品进行试验。

(4)按照调试好的系统设置状态和有关参数对待试产品进行正式试验测试。

(5)在冲击过程中按有关标准规定对待试产品进行检测,将结果记入测试报告中。

(6)试验结束后,按有关标准规定对待测产品进行外观检查及电性能、机械性能等指标检测并完成试验测试报告。

4.3.4 一种气动式跌落试验台

目前,由于跌落试验台高度的限制制约了跌落试验的应用范围,出现了在跌落试验的基础上增加了动力提升跌落速度的冲击台,根据动力源的形式可分为液压和气动两种,一种气动式跌落试验台的主要技术指标如表4.3.2所示。气动式跌落冲击台如图4.3.7所示。

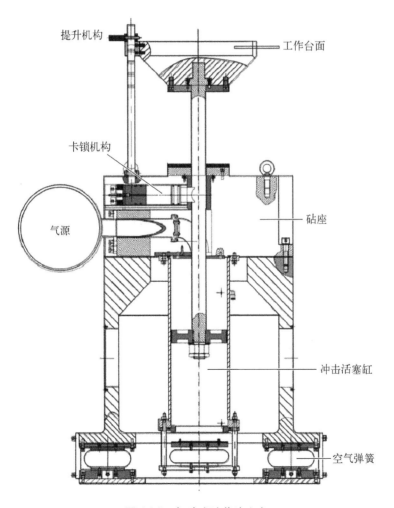

图 4.3.7 气动式跌落冲击台

表 4.3.2　气动式跌落试验台的主要技术参数

参 数 描 述	特 征 描 述
负载/kg	<50
峰值加速度/g	10~3 000
脉宽/ms	1~40
典型脉冲波形	半正弦、后峰锯齿波
台面尺寸/mm	ϕ400

利用工作台面垂直向下运动和砧座碰撞后在工作台面上产生高 g 冲击环境。工作台面与一拉杆及冲击缸活塞连接在一起,垂直向下的运动速度由气源瞬间释放的高压气体推动冲击缸活塞向下加速并带动工作台面加速,从而提升工作台面和被试件的速度,实现目标的冲击过载。

通过提升机构实现对工作台面的提升。达到一定高度后,利用制动机构锁定拉杆,实现对工作台面的制动。由于负载大,冲击加速度高,工作台面与砧座碰撞产生的能量非常大,利用四个气囊(空气弹簧)对砧座进行减振缓冲,保证试验台在常规实验室环境下可以进行试验而不损坏室内地面。

4.4　水平冲击台

水平冲击台也称横向冲击台,是指工作台面实现水平方向运动,在水平方向产生标准冲击脉冲,并且在试验室能够重复再现这种冲击环境,能够使一定质量的试品完成规定冲击脉冲的设备。根据动力源,水平冲击台可分为气动式冲击台、液压式冲击台和弹性绳冲击台。气动式冲击台采用多曲型、大截面空气弹簧作为水平冲击台的驱动装置,利用一定压强的密闭气囊容积变化产生的弹性力来驱动工作台面运动,可以有效提升水平冲击台的推动能力和冲击强度。相比跌落冲击试验系统,水平冲击台具有安全、冲击不受场地高度限制的特点,以下介绍几种水平冲击试验台。

图4.4.1是某研究所引进的英国 Lloyd 公司的冲击试验机,该型机器最大负载 3 000 kg,最大加速度 100 g,输出波形为半正弦波,冲击台安装在约 10 m 长的导轨上,冲击台一侧与汽缸连接,冲击台与导轨间有刹车装置。试验时,汽缸给冲击台提供动力,使其产生近似恒定的加速度,同时刹车装置给冲击台施加摩擦力,两者叠加后产生冲击波形。通过调节快速液压控制阀,进而控制刹车装置的摩擦力大小,从而调节冲击波形。

图 4.4.2 是美国 MTS 公司的横向单波冲击试验机,该型机器最大负载 2 000 kg,加速度 5~120 g,脉宽 3~30 ms,输出波形为半正弦波。冲击台安装在约 10 m 长的导轨上,冲击台与多股皮筋连接,通过绞车将冲击台拉向导轨一侧,同时拉伸皮筋,使冲击台获得弹性势能,利用抱紧装置锁紧冲击台。试验时,松开抱紧装置,释放冲击台,冲击

图 4.4.1　引进的英国 Lloyd 公司的冲击试验机

图 4.4.2　美国 MTS 公司的横向单波冲击试验机

台在皮筋拉力作用下沿导轨加速,撞到导轨另一侧的质量基础上,产生冲击波形。在质量基础同一撞击面的不同高度上安装有 5 个波形器,更换波形器厚度,可以改变加速度峰值。

以一种气动式水平冲击、碰撞系统(EA-CJ-200 系统,见图 4.4.3)为例,对水平冲击试验台进行介绍。该系统通过在试验室内进行水平方向冲击试验的方式来模拟产品在实际使用中可能受到的冲击破坏,特别适用于一些不能通过改变放置方向(受冲击力的方向改变 90°,放置成垂直冲击方向)来模拟冲击试验的产品。系统由一个基座、一个冲击台面、一套拉升冲击装置、一对导向柱、一个刹车系统,以及冲击波形发生装置和相应的控制

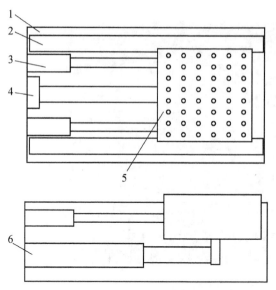

图 4.4.3　EA-CJ-200 气动式水平冲击、碰撞系统

1—基座；2—导向轨道；3—波形发生器；4—波形发生垫；
5—工作台面；6—加速气缸

测量仪器组成。在做试验时，先将试件固定在台面上，设置好提升压力、前冲压力及提升长度，冲击台面被提升到设定位置，然后在前冲压力的推动下冲击到基座上的波形发生器上，再从基座上反弹，从而完成一次冲击。冲击时，前冲压力和拉升距离决定了冲击加速度的大小，而波形发生器决定了冲击波的形状和脉宽。

水平冲击试验台的工作原理是通过蓄能器件蓄能，通过释放机构瞬间释放，将蓄能转换为工作台面的动能，实现冲击试验；或通过加速后的工作台面碰撞实现冲击试验。

如 EA-CJ-200 气动式水平冲击、碰撞系统，首先是通过工装夹具将被试件安装在工作台面上，通过电动推杆将工作台面推至挂卡位置，此时加速气缸推杆带动气缸活塞压缩气缸内气体完成蓄能；在测试仪器等设备准备就绪后通过控制系统控制挂卡机构解脱挂卡，工作台面在加速气缸杆的带动下加速，当工作台面达到最大速度时，工作台面撞击波形发生垫，在波形发生垫的作用下减速，实现水平冲击检验。EA-CJ-200 气动式水平冲击、碰撞系统可实现承载 200 kg、15~800 g、脉宽 2~40 ms 的半正弦冲击。表 4.4.1 是国内外几种水平冲击试验台的技术指标。

表 4.4.1　水平冲击试验台的技术指标

国内/外	名　称	动力源	最大载荷/kg	最大冲击速度/(m/s)	最大冲击加速度/g
国外	TNO 冲击机	弹簧	500	4.8	500
国外	VESPA 冲击机	液压	10 000	2	16
国外	SSTS 冲击机	液压	272	3	17
国外	WTD71 冲击机	液压	3 000	4.7	500
国外	HFSA 冲击机	液压	104	25.4	54
国外	MTS 冲击机	橡皮筋	70	5	120
国内	六自由度冲击机	液压	20 000	0.7	0.2
国内	复合加载冲击机	液压	10 000	8.2	68
国内	新型冲击试验机	液压	5 000	6.7	120

国内/外	名 称	动力源	最大载荷/kg	最大冲击速度/(m/s)	最大冲击加速度/g
国内	气压弹射冲击机	气压	—	8.33	20
国内	气动冲击试验机	气压	2 000	—	200
国内	EA－CJ－200	气压	200	11	800

4.5 火炮发射过载试验

火炮发射过载试验是实现大脉宽、高幅值冲击试验的最佳手段。火炮发射具有瞬间释放能量大、密度高的特点,发射过载可高达 15 000～60 000 g,过载作用时间为几毫秒至数十毫秒,因此通过在火炮上发射来模拟强冲击环境成为可能,基于火炮为平台,以火炮发射为被试品提供过载;根据被试品外形结构进行配试件设计;根据过载技术要求进行装药结构设计和弹道设计;通过测试炮口初速度、膛内压力数据、回收被试产品等,分析和计算被试品所受的强冲击。

4.5.1 系统组成及加载原理

火炮发射过载试验系统主要包含发射用火炮、安装在被试产品的试验弹体、发射用的火工品及用于试验测试的测试设备、回收设备,见图 4.5.1。

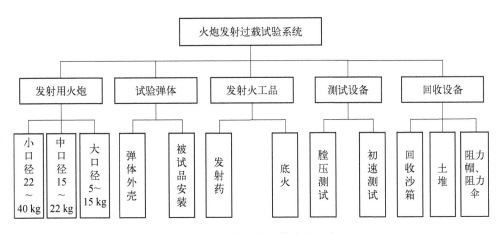

图 4.5.1 火炮发射过载试验系统

不同火炮的过载幅值、发射质量及外形不同,根据被试品过载试验指标要求及被试品外形和质量,选择相应的火炮,对应不同的测试设备和回收设备。例如,155 mm 火炮发射过载为 6 000～15 000 g,发射质量为 45 kg,弹体内部可用空间为 ϕ130 mm,长度为 350 mm,可根据需要采用阻力伞或阻力帽回收。

4.5.2　试验方案设计

根据被试产品技术要求进行试验方案设计,以达到产品要求的过载,通过试验数据分析优化设计方案。首先根据被试产品的外形和重量,确定是否具有这样一款火炮,可以用于发射该被试品;其次是根据该型火炮的设计指标,确定能否实现目标过载。以现有条件为依托,根据产品技术要求进行试验方案设计。利用经典内弹道法对试验产品进行仿真计算,得出内弹道诸元随时间的变化曲线,再根据膛压与过载的关系,推导出过载随时间变化的曲线图,利用火炮进行强冲击试验。

4.5.3　火炮选择

火炮是一种利用火药在管内膛燃烧形成燃气压力来发射弹丸的射击武器。按炮膛结构,可分为滑膛炮和线膛炮;按口径可分为大口径炮、中口径炮与小口径炮。划分口径大小的界限,各个国家的规定不尽相同。仅以当前我国地面火炮为例,划分标准为:大口径(>155 mm)、中口径(76~155 mm)与小口径(20~75 mm)。

一般对于大口径(>155 mm)火炮,其可发射弹药为分体弹药,弹丸壳体壁厚约为口径的10%,因此弹丸内部可装载被试物最大直径约为80%口径,被试物品长度不大于2倍口径,其过载为5 000~15 000 g。

一般对于中口径(76~155 mm)火炮,其可发射弹药为分体弹药,弹丸壳体壁厚约为8%口径,因此弹丸内部可装载被试物最大直径约为85%口径,被试物品长度不大于2倍的口径,其过载大约15 000~22 000 g。

一般对于小口径(2~75 mm)火炮,其可发射弹药为分体弹药,弹丸壳体壁厚约为8%口径,因此弹丸内部可装载被试物最大直径约为85%口径,被试物品长度不大于2倍的口径,其过载为5 000~15 000 g。

4.5.4　试验弹体件设计

1. 配试件质量选择

对于已经选定的火炮,为便于发射火工品管理,应尽可能选择既有的装药号,试验中将配试件与试验件整体看作一个弹丸,由于火炮已经确定,要求设计的配试件与试验件总质量,即弹丸质量必须适应火炮的强度条件,通过调剂试验弹及被试品总体重量对过载波形进行微调。

2. 配试件结构及组成

由于试验件为非标准件且外形不对称,为了确保试验件的内弹道稳定性,必须设计配试件,配试件由弹底、滑动弹带、弹体、导向部、定位环、挡盖等部分组成,如图4.5.2所示。

1)弹底

弹底部的主要作用是为试验件传递过载。

2)弹体

导向部对弹丸膛内运动有着决定性影响。导向部上有两个定心部,为上定心部和下定心部,它的作用是使弹丸在膛内正确定心。两个定心部表面可以承受膛壁的反作用力,定心部要求加工精度较高,定心部与炮膛有很小的间隙,以保证弹丸顺利装填。但定心部

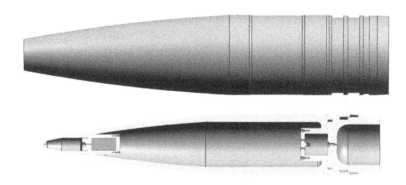

图 4.5.2　155 mm 火炮发射过载试验弹体

与炮膛的间隙也不能过大,否则会使弹丸在膛内的摆动过大,影响膛内的正确运动。定心部的宽度应保证弹丸在膛内摆动时不会在定心部上造成过深的阳线印痕。

3）滑动弹带

滑动弹带也称旋转弹带,其作用是:在弹丸发射时,嵌入膛线,密封火药气体,保证弹丸在膛内的定位;同时,消除因旋转带来的附加过载。

4）导向部

导向部的主要作用是为试验件在膛内正常运动提供导向作用。

5）定位环

定位环的主要作用是对圆形试验件进行径向约束。

6）挡盖

挡盖的主要作用是为试验件传递过载。

4.5.5　试验弹体回收

目前,试验弹体回收的主流方式有:风阻减速回收;土堆(草堆、沙堆等)侵彻回收;降落伞回收;火药气体双向缓冲式回收等。其中,风阻减速回收和降落伞回收均属于空气阻力回收,是通过增大阻力面积,增大风阻来降低弹体速度。以减速伞回收为例,进行减速伞回收设计。

1. 滑膛炮伞减速回收

发射装置采用滑膛设计,试验弹体采用尾翼稳定,以保证试验弹体在空中飞行稳定,不发生翻转,减小试验弹体落点随机性和试验弹体着地的姿态不确定性,快速有效地回收试验弹体,弹体结构如图4.5.3所示。

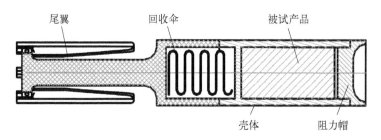

图 4.5.3　弹体结构图

采用风阻减速回收方式实现试验弹的软回收,试验弹体的初速度为 v,回收部分质量为 m,计划出炮口就开启减速伞减速,属于超声速开伞。在超声速开伞环境下,所使用的伞型与实验弹体飞行马赫数有关,相应的伞型在一定马赫数范围内才能适用。超声速伞需对前置体起稳定作用,选择伞型的必要条件之一是伞衣应具有 $\alpha = 0$ 时的静稳定性(α 为伞系统迎角,它是伞系统速度方向与坐标系 Oy 轴反方向延长线之间的夹角)。在超声速条件下具有工作能力的伞型,常用的有锥形带条伞、半流带条伞、超声速-X 形伞、导向面伞、十字形伞、盘缝带伞等。

半流带条伞的阻力系数是 0.46,设计时初步取 0.4,试验弹体质量为 m,试验弹体落地速度暂定为 50 m/s,根据稳降阶段动力学模型,物伞系统重力与伞的阻力平衡,故有

$$(CA)_s \geqslant \frac{2G_{xi}}{\rho_0 V_z^2} \tag{4.5.1}$$

式中, V_z 为系统着陆速度,取 50 m/s; ρ_0 为海平面空气密度,为 1.225 kg/m³; G_{xi} 为试验弹体质量和重力加速度的乘积; $(CA)_s$ 为伞衣阻力特征面积,伞衣阻力系数 C_s 取 0.4,得到伞衣面积:

$$A_s \geqslant \frac{(CA)_s}{C_s} \tag{4.5.2}$$

推算出主伞半径 R,则伞衣面积为 A_s,计算得到着陆速度:

$$V_z = \sqrt{\frac{2G_{xi}}{(CA)_s \rho_0}} \tag{4.5.3}$$

最大开伞动载采用如下公式计算:

$$F_{\max} = \frac{1}{8} V_z^2 (CA)_s \frac{KV_z^2 + \sqrt{A_s}}{K \frac{V_z^2}{\Delta} + 2\sqrt{A_s}} \tag{4.5.4}$$

式中, $(CA)_s = C_s \times A_s$; Δ 为开伞高度处的相对空气密度,因为项目预计出炮口开伞,Δ 为 1;K 取 0.008。计算得到开伞最大动载 $F_{\max}$,由于动载太大,要采用高强度的伞衣材料和伞绳,以满足开伞时的动载需求。

2. 线膛炮减速伞回收

试验弹体采用三瓣瓦式弹体结构,保证试验弹体飞离炮口后,可在风阻的影响下迅速分离,释放出被回收目标。减速伞系统采用高强度芳纶材料及相应的缝制工艺,保证开伞强度及着陆速度要求。

整个试验弹体由弹体、回收体、减速伞、尼龙弹带、弹底四部分组成,具体如图 4.5.4 所示。

当试验弹体飞离炮口后,由于前端气动阻力作用,弹体与回收体-减速伞系统迅速分离。三瓣瓦结构弹体张开后在气动力作用下偏离弹道后继续向侧前飞散(图 4.5.5),减速伞在气动力的作用下充气展开,与回收目标一同减速飞行并落地。

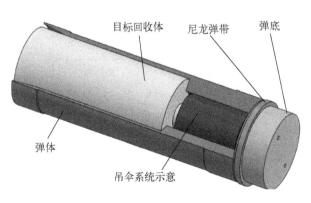

图 4.5.4　试验弹体组成　　　　　图 4.5.5　线膛炮卡瓣式开仓减速伞回收

4.6　几种典型强冲击试验设备波形能效比的比较

表 4.6.1　几种典型强冲击试验设备波形能效比

设备名称	典型强冲击波形	波形效能比（等效半正弦）
空气炮	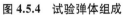	99.36%
火箭橇		61.08%
跌落台		78.7%

续　表

设备名称	典型强冲击波形	波形效能比（等效半正弦）
水平冲击台		78.7%
火炮发射平台		85.96%

第5章 基于空气炮的高能效宽脉冲强冲击试验设备

空气炮是工程中常用的强冲击试验装置,它以空气作为压缩介质,利用高压气体膨胀对弹丸做功,能源廉价。空气炮装置结构相对简单,试验过程安全。空气炮能发射各种形状的弹丸,弹丸的材料、质量、尺寸可在较大的范围内选择。气压室的压力便于调整,调整范围很大,因此弹丸速度、加速度也可在较大的范围内选择。空气炮作为强冲击试验装置,一般采用三种模拟方式:一种是在管内(发射管内或接收管内)实现待试产品的环境指标,如加速度过载指标、速度指标;第二种是在发射管外利用高速弹丸和待试产品的碰撞实现产品的耐冲击性能试验,这种试验要求弹丸出炮口时要达到一定的速度指标;第三种是通过强冲击试验装置使待试产品达到一定的速度,冲击侵彻缓冲材料,实现待试产品的环境指标。空气炮可以使弹丸在承受较低加速度或较低压力驱动的情况下获得较高的速度,这在某些环境试验中是非常有用的。

5.1 系统组成及工作原理

空气炮的种类很多,结构及系统组成也各不相同,以便满足不同的产品和不同的冲击环境指标要求,如武器系统配炮仪器、弹丸引信、导弹弹头、航空航天的机载、舰载数据记录器、交通运输的车载数据记录器等,其工况环境和冲击环境指标是各不相同的,这就要求必须设计出符合各产品要求的不同结构、不同配置的试验系统。图 5.1.1 为某基于空气压缩原理的宽脉冲强冲击试验设备。

空气炮气体分为四大部分:发射部分、波形发生段部分、试件导向段部分、试件回收部分。发射部分包括高压室、发射管和闭气装置;波形发生段部分包括缓冲材料、导向管;试件导向段部分包括试件导向架体、导向调节机构和缓冲材料;试件回收部分包括缓冲材料、承力墙。

高压室的气压由空气压缩机提供,当高压室的压力达到一定值时(依据技术指标确定),通过释放机构,使高压气体作用在弹丸底部,弹丸在发射管中加速,弹丸离开炮口时达到速度要求。高速弹丸在波形发生段通过复合缓冲材料的调整使试件(试件放置在波形发生段和试件导向段之间)获得所需要的波形,高速运动的试件通过缓冲材料迅速降速,以便回收。

高压室的容积根据设计要求确定,一般采用炮钢材料,炮钢焊接性能差,故采用前、后盖加法兰螺栓连接方式和两道 O 形圈柱面密封方式,为保证准确地加工和安装调试,高压

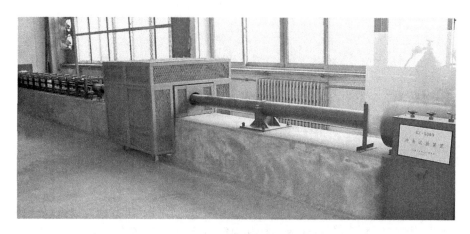

图 5.1.1　基于空气压缩原理的宽脉冲强冲击试验装置

室设计有定位面。弹丸释放方法采用压差式运动活塞机构,高压气体通过单向阀进入进气管,将活塞推向高压室前端,使弹丸(弹丸放置在发射管和高压室之间)与高压室气体隔离,高压气体进入高压气室,当压力达到预定值后,停止供气,打开泄气阀。由于高压室的内外压差,活塞向后迅速运动,高压气体直接作用在弹丸底面,弹丸加速运动。

为了确保高压气室的密封性能,在发射管与法兰盖板之间采用了两道 O 形圈柱面密封,在法兰盖板和高压室本体之间也采用了两道 O 形圈柱面密封。活塞前后端面设有橡胶缓冲垫,活塞前端的缓冲垫用钢板压固,既能保证密封可靠,又提高了橡胶缓冲垫的承载能力。

调整高压室压力、发射管长度、弹丸质量及结构,使弹丸在管内实现产品的冲击环境指标,只需要使弹丸满足速度要求即可。波形发生段采用各种缓冲材料组合并加气柱的复合缓冲方式来调整冲击波形和加速度幅值。

为了减小炮口的残余压力对弹丸运动的影响,在发射管端部及导向管一端设置了四级排气孔,加快了残余气体压力的排卸。

试件导向架结构为笼式结构,试件放置在六条导向条之间,导向条可由调整和定位螺钉进行空间大小调整,以便对不同大小的产品进行冲击试验。

缓冲回收段结构由不同厚度的缓冲材料和承力墙组成。根据试件动能的大小,不同类型及结构的缓冲材料使高速运动的试件迅速减速。

系统配有测试系统和控制系统。其中测试项目包括高压室压力、供气压力、试件位移测试等。压力信号来自压电式压力传感器测试系统,加速度信号来自压电式加速度测试系统,试件位移信号来自高速摄像测试系统。设备的气路布置由供气系统组成,包括高压空气压缩机、储气装置、气炮的高压气室、装弹气路、装填缓冲垫气路、预压空气柱气路及缓冲气缸。试验时由高压空气压缩机向储气瓶供气,整个设备的控制由发出试验指令开始,由主控制台启动空压机,向储气罐送气,空压机和储气罐之间设有自动超压控制,经压力控制、人工判断后向气炮高压室送气,再通过对高压室的压力监控控制发射。在主控制台台面设有储气室、高压室压力信号测量、数字显示、安全开关,由各路电磁阀控制送气、泄放、发射。辅助控制台,通过各路电磁阀控制回弹、送缓冲垫、空气柱气压,缓冲气缸气压等工作。

5.2 空气炮内弹道分析计算

5.2.1 空气炮内弹道模型

在强冲击波形发生装置的诸参数中,在弹丸质量确定的情况下,高压室压力、高压室容积、身管口径及长度都与最大弹速水平有关。在理想释放机构假设下,可计算出一定结构参数的弹丸在不同压力下的出炮口速度,发射过程的简化模型如图 5.2.1 所示。

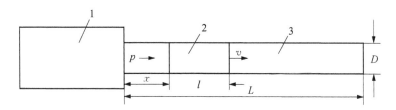

图 5.2.1　强冲击波形发生装置发射部分简化模型

1—高压室;2—弹丸;3—发射管

设弹丸长度为 l、质量为 m,发射管口径为 D、截面积为 S、长度为 L,弹后气压为 p,弹丸离开初始位置的距离为 x。在不考虑各种摩擦和损耗时,弹丸速度 v 可用牛顿运动方程表示为

$$\frac{\mathrm{d}v}{\mathrm{d}t} = \frac{\mathrm{d}v}{\mathrm{d}x}\frac{\mathrm{d}x}{\mathrm{d}t} = \frac{\mathrm{d}v}{\mathrm{d}x}v = \frac{pS}{m} \tag{5.2.1}$$

可得

$$v\mathrm{d}v = \frac{pS}{m}\mathrm{d}x$$

于是有

$$v = \sqrt{\frac{2S}{m}\int_0^L p\mathrm{d}x} \tag{5.2.2}$$

为了简化,假定弹丸在整个发射过程中用不变的弹底压力 $\overline{p}_d$ 代替,则式(5.2.2)简化为

$$v = \sqrt{\frac{2S}{m}\overline{p}_d L} \tag{5.2.3}$$

对于圆柱形弹丸,用无量纲的炮管长度和弹丸长度来表示,式(5.2.3)化为

$$v = \sqrt{\frac{2\overline{p}_d}{\rho}\frac{L/D}{l/D}} \tag{5.2.4}$$

式中,ρ 为弹丸密度。由此看出,为了获得最大的弹速,应使平均弹底压力 $\overline{p}_d$ 和发射管的长径比(长度和直径之比)增大,使弹丸密度 ρ 和弹丸的长径比减小。对于给定口径的空

气炮,增加发射管长度就能使弹速增加。

在图 5.2.2 中,根据式(5.2.3)绘出了几个有代表性的弹丸(试件)质量和弹底压力所计算的弹丸出炮口速度与发射管长度的关系曲线,所有弹丸的密度都是 $\rho = 1 \text{ g/cm}^3$(相当常用的塑料),几种典型的弹丸长径比为 1/2~4。如果选择弹底平均压力 $\bar{p}_d = 1 \text{ GPa}$,发射管为 400 倍口径的长度时可获得 30 km/s 的出口速度。然而,实际上这个速度是无法达到的,因为无法在 400 倍口径长度上保持过高的平均弹底压力,即使发射管为 200~300 倍口径的长度,也无法实现通用的 150 MPa 平均弹底压力(而不产生比次压力大得多的峰值压力)的工作状态。这表明,过长的发射管不能提供高弹速。空气炮是借助初始注气压力膨胀推动弹丸运动的,全过程的弹底压力曲线呈指数下降,因而平均弹底压力更低,所能获得的出口弹速也要低得多。

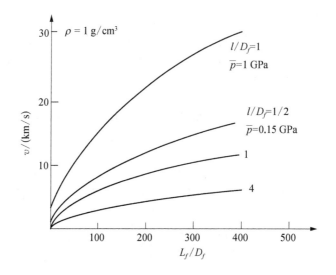

图 5.2.2　几个有代表性的弹丸(试件)质量和弹底压力的可能发射速度

接下来介绍一种空气炮的气体动力学简便计算方法,它具有一定精度,使用起来更方便。假设气体推动弹丸可视为理想气体的绝热膨胀过程,因此理想气体状态方程和绝热过程方程可以适用,于是有

$$pV = \frac{M}{\mu_g}RT \tag{5.2.5}$$

$$p_{cs}V_{cq}^{\gamma} = p\,(V_{cq} + Sx)^{\gamma} \tag{5.2.6}$$

式中,p 为气体压力;V 为弹后空间容积;M 为注入的气体质量;μ_g 为气体质量的摩尔数;R 为气体常数;T 为气体温度;γ 为气体绝热指数;S 为发射管横截面积;x 为弹丸从初始位置移动的距离,见图 5.2.1;p_{cs} 为初始注气压力;V_{cq} 为初始气室容积。

又假设:不考虑各种损耗的具体形式,而把弹丸质量由原来的 m 增加到 $m' = \varphi m$,那么在能量消耗方面,这种增加弹丸质量的效果与考虑各种损耗的效果就可以等同。据此,弹丸运动方程可写成

$$(\varphi m)\,\frac{\mathrm{d}v}{\mathrm{d}t} = pS \tag{5.2.7}$$

式中，φ 称为虚拟质量系数，在内弹道理论中，其形式为

$$\varphi = K + \frac{1}{3}\frac{M}{m} \tag{5.2.8}$$

将式(5.2.6)代入式(5.2.7)，得

$$\frac{\mathrm{d}v}{\mathrm{d}t} = \frac{SV_{cq}^{\gamma}p_{cs}}{m\varphi(V_{cq} + Sx)^{\gamma}} \tag{5.2.9}$$

变换式(5.2.9)为

$$\frac{\mathrm{d}v}{\mathrm{d}x}\frac{\mathrm{d}x}{\mathrm{d}t} = \frac{\mathrm{d}v}{\mathrm{d}x}v = \frac{SV_{cq}^{\gamma}p_{cs}}{m\varphi(V_{cq} + Sx)^{\gamma}} \tag{5.2.10}$$

于是

$$v\mathrm{d}v = \frac{SV_{cq}^{\gamma}p_{cs}}{m\varphi}\frac{\mathrm{d}x}{(V_{cq} + Sx)^{\gamma}} \tag{5.2.11}$$

对两端积分：

$$\int_{0}^{v_0}v\mathrm{d}v = \frac{SV_{cq}^{\gamma}p_{cs}}{m\varphi}\int_{0}^{L}\frac{\mathrm{d}x}{(V_{cq} + Sx)^{\gamma}} \tag{5.2.12}$$

v_g 是弹丸到达炮口时的弹速，最后可得

$$v_g^2 = \frac{2p_{cs}V_{cq}}{\varphi m(\gamma - 1)}\left[1 - \frac{V_{cq}^{\gamma-1}}{(V_{cq} + SL)^{\gamma-1}}\right] \tag{5.2.13}$$

式中，φ 由式(5.2.8)计算，即

$$\varphi = K + \frac{1}{3}\frac{M}{m}$$

式中，K 为 1~1.1，由试验确定；M 可由式(5.2.5)的初始状态确定，即

$$M = \frac{p_{cs}V_{cq}}{RT}\mu_g \tag{5.2.14}$$

通常，取 $T = 300\ \mathrm{K}$，$R = 8.31\ \mathrm{J/(mol \cdot K)}$，各种气体的 μ_g 值列于表 5.2.1。计算时的量纲：长度为 m，时间为 s，质量为 kg，力为 N。

表 5.2.1　几种常用气体的摩尔质量

气　体	γ	$\mu_g/(\mathrm{kg/mol})$
空气	1.41	2.8×10^{-2}
氮气	1.66	2.8×10^{-2}
氢气	1.41	$0.201\ 6 \times 10^{-2}$

5.2.2 空气炮内弹道初始计算

强冲击波形发生装置发射中的气体膨胀能量分配有以下几种形式：

（1）弹丸高速运动能量 $E_1 = mv^2/2$；

（2）弹丸运动中克服摩擦力消耗的能量 E_2；

（3）发射中身管后坐运动消耗的能量 E_3；

（4）气体剩余的能量 E_4。

以上各能量，弹丸的运动能量 E_1 所占比例最大，占总能量的 90% 左右，称为主要功。其余几项称为次要功，占的比例很小。引入虚拟质量系数：

$$\sum E_i = \varphi E_1 = \varphi mv^2/2 \tag{5.2.15}$$

据此，式（5.2.1）可写为

$$pS = \varphi m \frac{\mathrm{d}v}{\mathrm{d}t} \tag{5.2.16}$$

由式（5.2.6）和式（5.2.16）两式联立可得弹丸炮口速度为

$$v = \sqrt{\frac{2p_{cs}V_{cq}}{(r-1)\varphi m}\left[1 - \left(\frac{V_{cq}}{V_{cq}+SL}\right)^{r-1}\right]} \tag{5.2.17}$$

式中，m 为目标对象的质量。

高压室压强的计算公式如下：

$$p = \frac{\varphi v^2 m(r-1)}{2V_{cq}}\left[1 - \left(\frac{V_{cq}}{V_{cq}+SL}\right)^{r-1}\right]^{-1} \tag{5.2.18}$$

式中，虚拟质量系数 φ 需通过实验调试确定。

空气炮的主要指标是身管口径和最高弹丸速度。身管口径要由试件尺寸或发射弹外径来定。依据所需要的身管口径和弹丸质量，可利用式（5.2.18）变化炮管长度和气室容积、气室压力进行计算，直至选定可以达到最高弹速要求为止。设计空气炮要注意外围设备的能力，如用空气压缩机供气，其最高压力指标为 30 MPa，瓶装气体的最高压力一般为 15 MPa。工程中使用的空气炮具有压力一般不超过 30 MPa，一般的钢材都可以满足耐压要求。但从使用寿命和不易锈蚀等方面考虑，往往选用炮钢材料。为了满足弹丸速度要求，通常要用数根管子接起来加长发射管长度以提高速度。

5.3 发射与控制系统设计

5.3.1 各参量对发射速度的影响

强冲击试验中弹丸炮口速度受到多个参数的影响，在 5.2.2 节中，已经从理论上推算了炮口的速度值，见式（5.2.17）。

结合该式可知,影响强冲击试验装置炮口速度的主要参数有高压室压强 p、试件质量 m、发射管长度 L、气体温度影响 r、高压室容积 V,后两个参数在一般不会发生变化,所以在试验中,高压室压强、试件质量与发射管长度这三个参数对炮口速度影响最大。下面分别为理论情况下这三个参数对目标炮口速度的影响,见图 5.3.1～图 5.3.3。

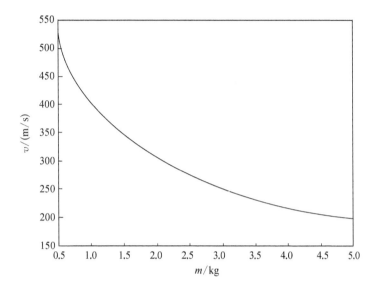

图 5.3.1　试件质量对目标炮口速度的影响(3 MPa)

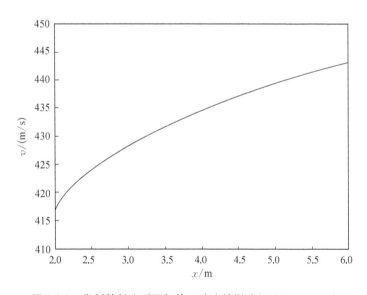

图 5.3.2　发射管长度对目标炮口速度的影响(1.3 kg、5 MPa)

从图 5.3.1～图 5.3.3 可以观察到:当发射管长度变大时,目标的炮口速度会相应提高;当试件质量增加时,目标的炮口速度会相应降低,增大高压室压强,目标在炮口的速度会相应提高。这三个参数对弹丸速度的影响都比较大,而且因为目标对象不同,试验条件不同,参数的变化范围也会很大。

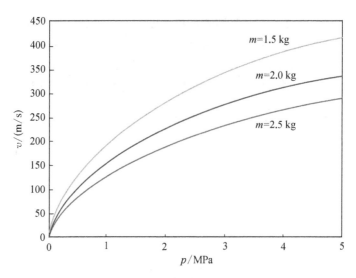

图 5.3.3 高压室压强对目标炮口速度的影响

5.3.2 高能效宽脉冲强冲击试验设备工程设计

根据高能效宽脉冲强冲击试验设备的口径和弹丸质量,利用内弹道计算方法,改变发射管长度和气室容积进行计算,直到选定某种发射管长度和气室容积可以达到最高弹速要求为止。从几何尺寸上明确了设备规模,计算时应注意外围供气设备的能力。例如,空气压缩机通用的最高压力指标是 30 MPa,瓶装气体的最高压力是 13.5 MPa,计算时不要突破这些指标。高能效宽脉冲强冲击试验设备三维结构如图 5.3.4 所示,主要包括快速释放机构、发射管、导向架、控制系统等。

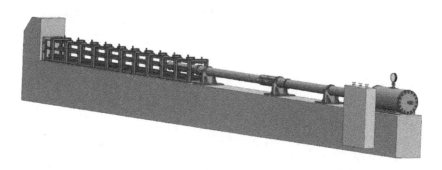

图 5.3.4 高能效宽脉冲强冲击试验设备三维结构图

1. 快速释放机构设计

快速释放机构作为高能效宽脉冲强冲击试验设备的核心部件,配合高压室完成充气和快速释放等功能,可为波形发生试件提供足够的初速度和推力,因此快速释放机构的设计是高能效宽脉冲强冲击试验设备研制的关键之处。快速释放机构安装在强冲击波形发生装置的高压室内部,密闭发射管的口部,发射前隔绝高压气体与波形发生试件,发射时可迅速开启,使得高压气体迅速作用到波形发生试件上。

宽脉冲、强冲击波形与高压气体的作用效率有很大关系,而高压气体作用效率又与快速释放机构的打开速度和开启通径有关,因此快速释放机构设计的重点是提高快速释放机构的打开速度和开启通径。国内的强冲击波形发生装置一般采用在高压储气室的出口处安装电磁阀的方法,电磁阀的通径和电磁阀的最大工作压力成反比,要具有较高的最大工作压力,电磁阀本身通径就不会很大,气体流量有限,使得波形发生试件需要较长的加速时间及加速距离来达到设定的弹速。

为了提升高压气体的利用率,提高波形发生试件加速效率,尽可能减少发射管长度以节省空间,必须要提高快速释放机构的开启速度及通径。空气炮采用一种通过高压反向泄放,利用高压室压差自主开启压力活塞的方式,以快速释放高压气体。快速释放机构的结构原理如图 5.3.5 所示。

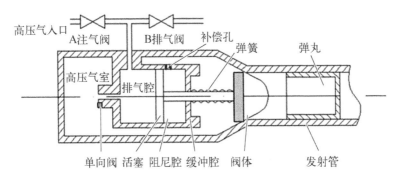

图 5.3.5 快速释放机构结构原理图

快速释放机构采用活动压差式活塞机构,如图 5.3.5 所示。注气时,A 阀打开,高压气体自 A 阀进入排气腔,排气腔内的压力不断上升,气压推动活塞,活塞带动阀体密封发射管入口。同时,由于排气腔压力持续升高,单向阀打开,高压气体自排气腔经单向阀进入高压室,当高压室压力达到设定值时,关闭 A 阀,排气腔与高压室压差减小,单向阀关闭。发射时,打开 B 阀,排气腔内的高压气体迅速排出(高压室内的气体因单向阀关闭而不能进入排气腔),压力减小,活塞左端压力迅速下降,由于注气时从补偿孔进入的气体压力作用,活塞右侧压力大于左侧压力,两端在短时间内产生巨大压差,活塞克服最大静摩擦力,向左运动,带动阀体打开发射管入口,气体压力施加在波形发生试件底部,波形发生试件被加速,直到飞出炮口,实现强冲击试验设备发射。

工程设计中应注意以下几个问题。

(1)在 A 阀注气时要确保单向阀弹簧有足够的推力,使单向阀关闭,保证活塞先将阀体送到位,严密封住发射管入口,此后才允许注入气体经单向阀流入气室,系统具有这样的工作性能是爆炸波形发生试件未发射前停在初始位置的前提条件。经验表明,单向阀内钢珠与阀座用研磨方法很难有效解决阀体的密封性能。因此,设计时需采取手段保证其密封性能。

(2)发射时阀体一旦动作,应尽可能地快速拉开,使气室内的气体迅速加载到波形发生试件上。如果阀体拉开慢,气室内的气体将逐渐向试件后流动,使波形发生试件开始移动。当波形发生试件移动到一定距离后,阀体才全部拉开,此时气室内的高压峰值已经丧失,气体以较低压力进入发射管,再作用到波形发生试件上。因此,阀体拉开慢不仅达不到高弹速指标,还会导致每次发射的弹速重复性相差甚远。为了使阀体快速拉开,必须保证排气腔和阻尼腔的容积比例合适,还要特别注意选用高强度轻质材料(如超硬铝)制造阀体,以减轻整体运动件的重量。

(3)排气阀 B 的通道要通畅,阀的开启速度要快,这样才能使排气腔内的气体压力迅速下降,有利于阀体的快速打开。可选用通径较大的阀门及排放管道,减小气体的流阻。

(4)缓冲腔要有足够的容积,确保阀体不直接碰撞释放机构。

(5)补偿孔的总面积不宜太大。补偿孔的主要功能是在注气阶段使阻尼腔内具有与气室相同的压力,此后的作用是使阻尼腔与外部压力平衡。在阀体快速拉开阶段,补偿孔的作用并不显著。如果补偿孔的总面积太大,阀体打开后高速气流在补偿孔表面流动,会将阻尼腔内气体吸附出去,反而使阻尼腔的压力过载释放完毕。此时排气腔内尚未排尽的气体又作用到活塞左边,阀体刚一打开又被关闭。

(6)爆炸注气时,波形发生试件不移动的又一重要前提条件是阀体与气室出口处的密封性能。采用研磨方法增加了加工难度,特别是在组装时不容易达到密封要求。根据工程经验,将阀体制成具有端面密封性能的外形,利用端面直接压到 O 形橡胶圈上可以取得满意的密封效果(活塞组成及安装顺序)。注气压力越高,活塞推动阀体压得越紧。试验表明,这种密封方法简单、可靠,在机械加工方面没有苛刻的要求,很容易实现。

快速释放机构的设计主要有以下技术指标:活塞运动最大静摩擦力≤23 kg。单向阀的开启压力满足压差≥0.2 MPa。快速释放机构通气孔径≥波形发生试件直径。活塞密闭性应保证活塞密闭住高压气体,无泄漏。快速释放机构安装于高压室内部,要求其体积小,以减小高压室容积损失;动作应灵活,提高开启速度和气体能量利用率。快速释放机构可以像电磁阀一样实现对高压室充气及发射的功能。

本设备中使用的快速释放机构是在原压差式活塞机构的基础上进行改进的,将活塞与阀体进行一体化设计,可减小外形结构尺寸,便于安装,增大了通径面积,提高气体能量利用率。快速释放机构由活塞、活塞缸、进气管、单向阀等组成。快速释放机构的一体化设计原理如图 5.3.6 所示。

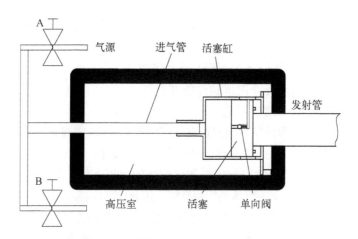

图 5.3.6 快速释放机构的一体化设计原理

图 5.3.6 中,由活塞将发射管、高压室及排气腔分隔。充气时,开启气源阀,高压气体经导气管进入活塞与端盖之间的排气腔,排气腔压力升高,活塞受力大于活塞与缸体之间

的摩擦力时,活塞朝发射管方向运动,密闭发射管;排气腔压力持续升高,作用在钢珠上,当钢珠受到的气压力大于弹簧弹力时,气体由排气腔经活塞上的气孔进入高压室。当高压室压力达到预设值时,关闭气源,钢珠受弹簧作用,密闭螺塞上的进气孔。发射时,开启发射阀,排气腔气体通过导气管排放到空气中,排气腔压力降低,活塞本体靠近发射管一端,有部分断面承受高压室压力。当活塞本体靠近发射管一端的受力大于排气腔端受力时,活塞运动,开启发射管口部,高压室气体快速进入发射管,推动发射载体加速。整个过程中,充气、停止充气、发射、排气等动作可以通过手动阀和电磁阀控制。

1)高压室设计

高压室用来储存预设压力的高压气体,其内的释放机构完成对高压气体的快速释放,从而为波形发生试件加速提供动力。高压室由前端盖、释放机构、高压室本体、后端盖等组成,其结构组成如图 5.3.7 所示。

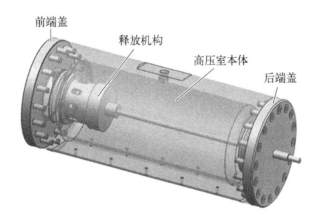

图 5.3.7　高压室结构

2)活塞设计

活塞肩负着隔离发射管、高压室和排气腔的职责,通过单向阀隔离高压室和排气腔,通过在活塞上安装橡胶垫来隔离高压室与发射管。发射管内径 110 mm,活塞端面要大于发射管,小于活塞缸内径。活塞与活塞缸之间有 O 形密封圈,因此由 O 形圈的规格确定活塞本体。活塞组成及安装顺序如图 5.3.8 所示,活塞本体三维模型如图 5.3.9

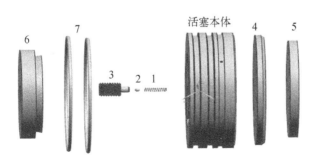

图 5.3.8　活塞组成及安装顺序

1—弹簧;2—钢珠;3—螺塞;4—密封橡胶;5—压板;6—O 形圈

所示。根据 GB/T 3452.1—2005《液压气动用 O 形橡胶密封圈 第 1 部分：尺寸系列及公差》,选用 125 mm×7 mm 的 O 形圈,活塞本体设计直径为 140 mm。沟槽直径 127.8 mm、宽度 9.3 mm。

图 5.3.9　活塞本体

图 5.3.10　单向阀设计

3）单向阀

单向阀隔绝排气腔,提供一定的初始气压,以推动活塞密闭发射管。如图 5.3.10 所示,单向阀由钢珠、弹簧和螺塞组成,安装于活塞本体之上。通过调节螺塞的旋进长度来调节初始压力,以匹配活塞与活塞缸之间的摩擦力,确保活塞可靠运动,密闭发射管。

4）活塞缸设计

活塞缸支撑活塞运动,且在活塞开启后具有大通径,使得高压室气体流入发射管。活塞缸三维模型如图 5.3.11 所示,活塞开启时,活塞缸通径为 300 mm。图 5.3.12 是快速释放机构的实物图及三维模型。

图 5.3.11　活塞缸三维模型

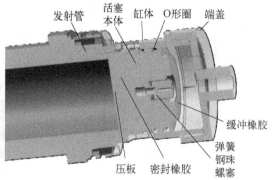

图 5.3.12　快速释放机构实物图及三维模型

5）快速释放机构调试

快速释放机构调试主要进行单向阀开启压力调试和快速释放机构气体密闭性检验。

a. 单向阀开启压力调试

单向阀的开启压力取决于活塞运动的最大静摩擦力。在充气过程中,排气腔压力上升,当活塞受到的气体压力大于活塞的静摩擦力时,活塞开始运动,安装在活塞上的密封橡胶圈密封发射管,排气腔压力持续上升,达到单向阀的开启压力时,单向阀打开,对高压室进行充气。

活塞最大静摩擦力采用拉伸试验机进行测试:将活塞与活塞缸进行装配,将缸体固定,采用拉伸试验机拉、压活塞,测试出活塞在活塞缸内运动的最大静摩擦力,依此计算单向阀的预紧力及强冲击装置的最小发射压力。

拉伸试验机设定行进速度为 5 mm/min,快速释放机构静摩擦力试验结果如表 5.3.1 所示。

表 5.3.1 快速释放机构静摩擦力试验结果

序 号	1	2	3	4	5	平均值
静摩擦力/kg	22.3	22.6	21.6	22.2	21.4	21.6

活塞直径 140 mm,发射管安装口直径 130 mm,活塞回弹面积为 21 cm^2,最小发射压力为 0.1 MPa,即高压室与排气腔之间产生 0.2 MPa 压力差时,活塞即可运动。

调节螺塞,使得单向阀开启压力为 0.3 MPa,确保活塞工作正常。当活塞开启后,高压室气体迅速作用在整个活塞端面上,此时活塞回弹面积为 151 cm^2,活塞总质量为 4.6 kg,在 0.1 MPa 压差下,活塞运动加速度为 320 m/s^2,活塞总行程为 80 mm,则快速释放机构完全开启需要 0.1 s。

b. 快速释放机构气体密闭性检验

连接充排气部件与高压室、气源,对高压室充压 5 MPa,关闭阀门,记录压力表视值,每 2 h 记录一次,记录 6 次。高压室气密性调试试验及高压室耐压试验结果见表 5.3.2,高压室充压 5 MPa,静置 24 h,剩余压力为 4.98 MPa。

表 5.3.2 快速释放机构气体密闭性试验结果

序 号	1	2	3	4	5	6
压力/MPa	5	4.95	4.92	4.91	4.91	4.9

2. 发射管设计

原则上,发射管材料采用钢材一般都可以满足使用要求,但从设备的使用寿命和不易生锈考虑,多选用炮钢材料。发射管长度大多超过同口径火炮身管长度的 2~4 倍,因此,尽管选用了制式火炮发射管口径,通常需要用几段管子连接起来。本设备发射管由两根 100 mm 火炮身管去膛线改制而成,两根身管采用螺纹连接,如图 5.3.13 所示。

身管由火炮身管改制而成,因此整个身管外轮毂为锥形。身管是给波形发生试件提供速度及方向的重要部件。身管加工要保证身管的直线度,以保证波形发生试件在身管内运动的平稳性,身管强度校核如下。

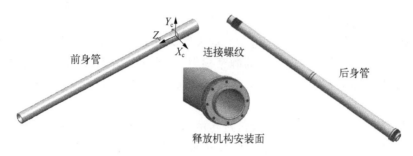

图 5.3.13   身管机构三维模型

按厚壁圆筒计算工作应力应满足如下条件:

$$\sigma^t = \frac{p(D_i + \delta_e)}{2\delta_e} \leq [\sigma^t] \tag{5.3.1}$$

式中, σ^t 为工作应力, MPa; p 为设计压力, MPa; D_i 为圆筒内直径, mm; δ_e 为圆筒有效厚度, mm; $[\sigma^t]$ 为设计温度下材料的许用应力, MPa。

按最薄弱部位壁厚为 10 mm、最大计算压力为 2.73 MPa 来计算, 工作应力为 σ^t = 16.38 MPa。身管采用炮钢制作, 炮钢的许用应力为 $[\sigma^t]$ = 850 MPa, 由计算结果可知 $\sigma^t < [\sigma^t]$, 设计符合使用要求。

3. 导向架设计

导向架支撑波形发生材料, 以免波形发生材料在试验中发生拱起、飞溅等。导向架由支撑、导轨、导轨调节螺栓等组成, 其三维模型如图 5.3.14 所示。

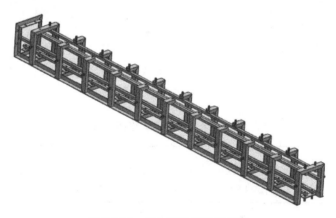

图 5.3.14   导向架机构三维模型

5.3.3   控制系统设计

空气炮测控系统的构成如图 5.3.15 所示, 主要由电磁阀、传感器、信号调理器、数据采集卡、工控机及空气炮试验台等构成。试验开始前, 打开高压气罐入口处的电磁阀, 对高压气罐进行充气, 同时利用数据采集卡实时采集高压气罐内的压力, 当压力达到高压气罐设定压力值时, 计算机通过数据采集卡发送数字信号, 关闭高压气罐入口处电磁阀, 电磁阀关闭后, 空气压缩机由于压力过高而停止工作。此时, 高压气罐内压力恒定为设定值, 等待试验开始。

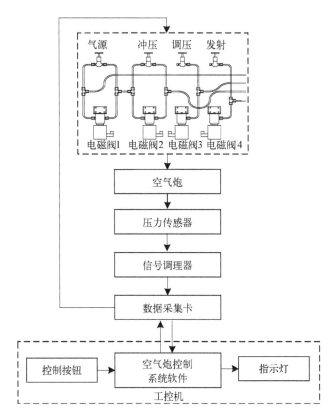

图 5.3.15 空气炮控制系统组成图

试验开始后,数据采集卡发送数字信号给高压室入口处电磁阀,电磁阀打开,高压气体由高压气罐注入高压室中。当压力稳定后,打开辅助段入口处电磁阀,电磁阀打开后高压气体注入辅助段作用于身管尾部,试件沿发射管加速运动。与此同时,数据采集卡采集压力信号。当试件尾部进入高压室后,高压室气体与辅助段气体共同作用于试件尾部,试件再次被加速。在数据采集过程中,将采集到的发射管尾部压力实时与发射管尾部泄压位置设定压力比较,如果压力大于设定压力,则利用数据采集卡的模拟输出端口输出模拟信号,通过数据采集卡作用于比例控制阀上,从而保持发射管尾部稳定的压力。

试验结束后,工控机将采集得到的信号立即显示于空气炮测控系统软件中,试验人员也可以对试验数据进行分析处理,并在需要的时候存储,最后以纸质文件的形式输出。

空气炮控制系统中主要包含压力传感器、电磁阀、控制阀、信号调理器、数据采集卡及工控机等。

1) 应变式压力传感器

根据宽脉冲强冲击试验设备试验时间及信号的频率响应时间,选取电阻应变式压力传感器进行压力测量,量程为 0~10 MPa。电阻应变式压力传感器由弹性元件、电阻应变片及各种辅助器件等组成。圆管形压力传感器的结构如图 5.3.16 所示。当没有压力

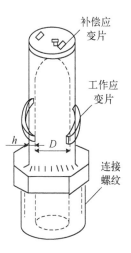

图 5.3.16 圆管形压力传感器

作用时,四片应变片组成的电桥是平衡的,当压力作用于其内腔时,应变管膨胀,工作应变片电阻发生变化,使得电桥失去平衡,产生与压力变化相对应的电压输出。管式压力传感器的最大优点是结构简单、制造方便。

2)开关电磁阀

开关电磁阀是用来控制流体方向的自动化基础元件,电磁力作用于密封的电动调节阀隔瓷套管内。在空气炮测控系统中,电磁阀安装于高压气罐入口、高压室入口、辅助段入口等处,当高压气罐压力达到设定压力后,电磁阀关闭,利用空气压缩机的过载保护功能停止工作,高压气罐内的压力保持在设定压力值等待试验开始。试验开始时,发送信号打开高压室入口处的电磁阀,延时数秒后打开辅助段入口处的电磁阀。因此,高压气罐入口处的电磁阀选用常开式,常开式开关电磁阀选用 DN300 型;高压室入口及辅助段入口处的电磁阀选用常闭式,常闭式开关电磁阀选用 EVP/NC 型。

3)比例控制阀

比例控制阀的被调量与控制信号成一定的比例关系。在空气炮测控系统中,由于需要在试验过程中保持发射管尾部具有恒定压力,将比例控制阀安装于发射管尾部泄压位置。当达到设定压力时,开启比例控制阀,根据当前发射管尾部压力大小调节比例控制阀的口径大小。比例控制阀选用 QB3 型高流量电气压力控制阀,主要性能如下:对压力的控制范围从全真空至 10.34 bar(1 bar ≈ 100 kPa);具有高进气流量和排气流量;具有可用的真空调节器;具有可用的氧气调节器;0~10V DC 或 4~20 mA 的输入信号供选择。

4)信号调理器

虽然应变式压力传感器已经将被测压力转换为电压信号,但是传感器的输出电压非常微小,不能直接送入数据采集卡进行 A/D 转换,因此在对这个信号进行 A/D 转换之前,必须对信号的幅值及抗干扰能力进行调理。

根据应变式压力传感器所需的供桥电压要求及被测信号的特点,选用 YE1940C 型应变放大仪。该应变放大仪具有调整供桥电压、长线补偿、运算放大、低通滤波及电子自动调平衡等功能。

试验开始前,对应变放大仪进行调零,以此来消除传感器在零载荷时存在的零点偏移及空气炮试验开始前发射管中存在的预压力问题。试验开始后,应变放大仪为应变式传感器提供供桥电压,传感器感受压力信号后输出电压信号,送回应变放大仪,应变放大仪对电压信号进行放大,再经过低通滤波器滤除干扰信号,最后将信号送入数据采集卡进行 A/D 转换。

5)数据采集卡

数据采集卡是具有数据采集功能的计算机扩展卡。现阶段,大多数数据采集卡具有模拟输入/输出、数字输入/输出、计数和定时等功能。按是否插入计算机,可以将其分为内置式和外置式两种。可以通过 USB(universal serial bus)、PXI(PCI extensions for instrumentation)、PCI(peripheral component interconnect)、PCI - Express.1394、PCMCIA(Personal Computer Memory Card International Association)、ISA(industry standard architecture)、CompactFlash、485、232、以太网以及各种无线网络等总线接入工控机。

描述数据采集卡的功能参数有采集通道数、采样速率、分辨率、电压输入输出范围等,应针对不同的测试要求选择合适性能的采集卡。本系统的测试对象是空气炮发射过程中多个位置的压力及试验发动机的加速度,因为时间很短,所以要具有较高的采样速率。考虑到多通道同时采样及测试系统的扩展问题,数据采集卡应具有 8 个以上的模拟信号输入通道。为了实现对发射回收一体化空气炮试验台的控制,数据采集卡还需要有多个数字输出口及 1 个模拟输出口。空气炮测控系统选择美国国家仪器公司的 PA - 6250 多功能数据采集卡,其性能如下:16 路模拟信号输入 AI0~AI15;24 路数字 I/O;1.25 MS/s 采样速率;16 bit 分辨率;2 个 32 位计数器;模拟触发 APFIO 和数字触发 PFI0~PFI15;关联 DIO (8 条时钟线,10 MHz)。

5)工控机

工控机是一种加固的增强型计算机,相比于普通计算机,其具有较强的抗干扰能力及更好的稳定性。在强冲击试验设备测控系统中,工控机是整个测控系统的核心,在工控机上安装空气炮测控系统软件,可实现对空气炮的测量及控制操作。

5.4　宽脉冲强冲击波形发生方式

目前,基于压缩空气原理的弹载仪器试验设备宽脉冲、强冲击试验装置产生强冲击波形有三种实现方式,分别为膛内加速、炮口碰撞和侵彻减速式。

5.4.1　膛内加速波形发生方式

第一种方式为膛内加速实现,如图 5.4.1 所示,弹丸在高压气体作用下加速,产生强冲击波形。根据波形发生试件的内部容纳空间要求,强冲击波形发生装置的口径应在 100 mm 左右,在理想释放机构假设下,实现 5 kg 波形发生试件的冲击加速度峰值指标,有如下公式:

$$pS = m\frac{\mathrm{d}u}{\mathrm{d}t} \tag{5.4.1}$$

根据式(5.4.1)得出压强至少需要达到 22 MPa(p 为发射压力,S 为波形发生试件横截面积,m 为波形发生试件质量,$\mathrm{d}u/\mathrm{d}t$ 为波形发生试件加速度)。使用膛内加速实现强冲击波形,需要使用较高的压力,实验安全性低,不适用于实验室试验;此外,实现冲击加速度幅值 34 000 m/s^2,脉冲宽度在 6.5 ms,波形发生长度约为 460 mm,要在该距离下实现瞬时释放气体,防止波形发生试件提前运动,需要设计复杂的结构,并使用高强度的材料,研制成本高,且该方法产生的加速度波形不易收敛;另外,目前膛内波形发生试件的加速度采用的是弹载测量方法,无法实现精确测量,不利于炮射弹载仪器的实验室考核和校准;而波形发生试件在发射后还需要一套回收装置对其进行回收,增加了方案的设计难度,提高了试验的成本,进一步增加了试验不可控因素。

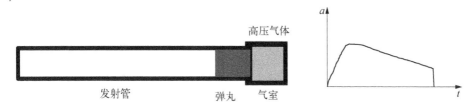

图 5.4.1　膛内加速实现强冲击波形原理图

5.4.2　炮口碰撞加速波形发生方式

第二种方法为碰撞加速实现,利用压缩空气发射弹丸,使其达到规定速度,在炮管加速末段通过弹丸撞击波形发生试件实现强冲击波形的发生,见图 5.4.2。当高速弹丸与试件碰撞时,碰撞的类型将有三种情况:一类是对心正碰撞,这种碰撞问题,假定碰撞过程中没有摩擦力和外力的作用,只考虑与接触面垂直的接触冲击力的作用,则接触力的作用线通过两物体的质心,称为对心正碰撞;第二类是斜碰撞,这种碰撞问题则是在碰撞过程中,接触力的作用线和两物体质心连线形成一定的角度;第三类是偏心碰撞,这种碰撞问题则是在碰撞前两物体质心不仅具有一定的运动速度,同时还具有一定的角速度,致使撞击作用点与两物体的质心有一定的距离。假设为理想的对心正碰撞,其简化模型如图 5.4.3 所示。

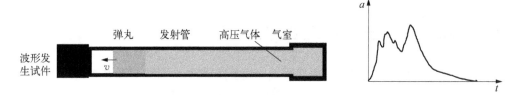

图 5.4.2　碰撞加速实现强冲击波形原理

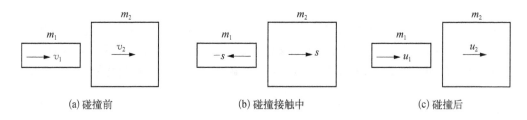

(a) 碰撞前　　　　　　　　　(b) 碰撞接触中　　　　　　　　(c) 碰撞后

图 5.4.3　对心正碰撞示意图

设两物体质量为 m_1、m_2,碰撞前速度为 v_1、v_2,碰撞后的速度为 u_1、u_2,碰撞过程中接触力的冲量为 s。由动量定理可得

$$m_1(u_1 - v_1) = -s \tag{5.4.2}$$

$$m_2(u_2 - v_2) = s \tag{5.4.3}$$

定义碰撞过程的恢复系数 e 为

$$e = -\frac{u_1 - u_2}{v_1 - v_2} \tag{5.4.4}$$

求解以上各式可得

$$u_1 = v_1 - \frac{(1+e)(v_1 - v_2)m_2}{m_1 + m_2} \tag{5.4.5}$$

$$u_2 = v_2 - \frac{(1+e)(v_2 - v_1)m_1}{m_1 + m_2} \tag{5.4.6}$$

碰撞过程中的能量损失 ΔE 为碰撞前后动能之差,即

$$\Delta E = \frac{m_1 m_2}{2(m_1 + m_2)}(1 - e^2)(v_1 - v_2)^2 \tag{5.4.7}$$

当恢复系数 $e=1$ 时，$\Delta E=0$，无能量损失，这种情况称为理想弹性碰撞；当 $e=0$ 时，即 $u_1 - u_2 = 0$，表示碰撞后两物体贴在一起运动，称为塑性碰撞，能量损失最大。对一般的弹性体，$1<e<0$，其恢复系数 e 与材料性质、物体形状和碰撞速度有关，由试验确定。

在一般的冲击试验中，有 $v_2=0$，$m_1=m_2$，于是有以下关系式成立：

$$u_1 = \frac{(1 - e)v_1}{2} \tag{5.4.8}$$

$$u_2 = \frac{(1 + e)v_1}{2} \tag{5.4.9}$$

$$\Delta E = \frac{1}{2}m(1 - e^2)v_1^2 \tag{5.4.10}$$

如果在试验中测试试件的加速度时域曲线，假设波形为近似半正弦波，则碰撞结束后试件所获得的速度为

$$u_2 = \int_0^\tau a_{\max}\sin(\omega t)\,\mathrm{d}t \tag{5.4.11}$$

试件在碰撞过程中的位移变化量为

$$l_\tau = \int_0^\tau 0.636 a_{\max}[1 - \cos(\omega t)]\,\mathrm{d}t \tag{5.4.12}$$

通过计算机仿真和前期试验发现，采用该方法，加速度波形幅值能达到指标要求，但加速度波形并不饱满，如图 5.4.4 所示，加速度波形前半部分振荡剧烈，后半部分衰减较快，在归一化处理后，冲击加速度无法达到指标要求。

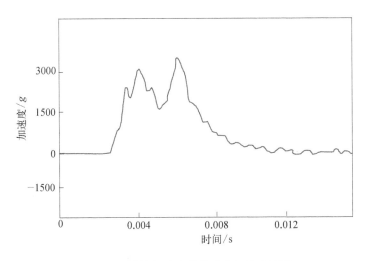

图 5.4.4　碰撞加速实现的冲击加速度波形

5.4.3 侵彻减速波形发生方式

第三种方式为侵彻减速实现,通过强冲击波形发生装置使波形发生试件达到一定的速度,冲击侵彻缓冲材料产生强冲击加速度波形,如图5.4.5所示。该方法在较低的压力下便可以使波形发生试件达到冲击侵彻所需能量,保证实验室试验的安全性;同时,该方法只要求强冲击波形发生装置使波形发生试件达到一定初速度即可,降低了对快速释放机构和控制机构的设计要求;另外,波形发生过程发生在炮口外,波形发生试件侵彻缓冲材料时,在无炮管约束下,波形发生试件的加速度波形测量易于实现;且减速式相对易于实现,通过仿真计算进行缓冲材料选择、密度设计、排列组合等,能够实现强冲击波形的发生。

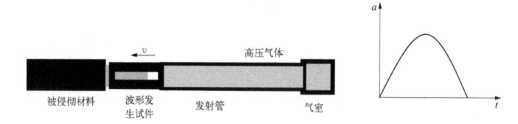

图 5.4.5 侵彻实现强冲击波形原理

5.5 介质及试件仿真

5.5.1 波形发生介质制备及力学性能仿真

1. 波形发生介质制备

1)基于熔体发泡法的泡沫铝制备工艺

基于熔体发泡法制备的泡沫铝具有多功能兼容和结构材料、功能材料互补的性能,有着不可估量的市场价值。另外,采用熔体发泡法制备泡沫铝具有成本低、适合工业化生产的特点。

采用工业纯铝作为泡沫金属的基体,其原材料中杂质的主要成分为Fe<0.2%(质量百分比),Si<0.1%(质量百分比),总的杂质含量<0.5%(质量百分比)。增黏剂为金属Ca,化学纯试剂,杂质含量<0.1%。发泡剂为氢化钛粉(TiH_2),实验室制备,其纯度>98%,杂质主要为金属钛。

采用熔体发泡法制备泡沫铝的基本工艺流程如下:

(1)将纯铝在铁制坩埚内加热熔化,保持温度于720℃,这一阶段称为熔炼阶段。

(2)加入定量的粒状增黏剂(金属Ca),以一定的定速搅拌一定的时间,使熔体表观黏度增加,这一阶段称为增黏阶段。

(3)当熔体达到一定黏度时加入一定量的发泡剂TiH_2,并提高搅拌速度,使其弥散均匀,这一阶段称为发泡剂弥散搅拌阶段。

(4)将搅拌好的发泡熔体直接放在坩埚中保温。这一阶段,熔体中产生大量气体,胞状组织形成,熔体体积不断膨胀,称为胞状组织形成长大阶段。

（5）发泡完毕后坩埚置于专用的冷却装置上,对坩埚进行喷水、吹风和喷雾冷却,使泡沫熔体凝固,称为凝固阶段。

（6）采用专用锯床将泡沫铝切割成型。

加热和保温设备是铝熔化、发泡剂产生气泡、胞状组织初步形成的场所,应满足温度可调、温场均匀等条件。

为使加入熔体中的增黏剂、发泡剂弥散得更加均匀,可以选用机械式搅拌,其有许多优点。首先,发泡剂颗粒较细,用机械搅拌方法,弥散较为迅速;其次,机械搅拌对大气泡有一定的粉碎作用,可保证在发泡剂弥散搅拌过程结束时气泡是均匀的。与制备小型件的设备相比较,大型件的设备不但尺寸较大,而且在搅拌方式上与小型件设备有较大的差别。由于大型件的混匀过程较困难,需要搅拌桨高速旋转,这就要采用较大型号的搅拌桨,以保证添加物在熔体中短时间内混匀。

采用发泡法制备泡沫铝的加热及搅拌设备示意图见图5.5.1。

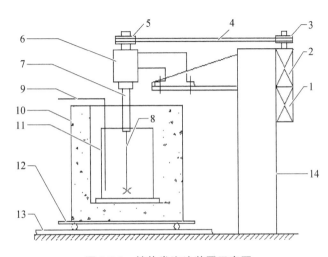

图 5.5.1　熔体发泡法装置示意图

1—三相异步电动机;2—交流电磁调速电动机;3—皮带轮;4—皮带;5—皮带轮;
6—搅拌头;7—搅拌主轴;8—搅拌杆;9—热电偶;10—井式坩埚电炉;
11—钢坩埚;12—载炉小车;13—导轨;14—主支架

影响熔体发泡法孔结构特征的因素很多,主要包括发泡剂的目数、发泡温度、搅拌转速、发泡搅拌时间、增黏剂的用量、保温时间、冷却方式等。

（1）基本固定的工艺参数如下:

① 发泡剂目数。不同目数的发泡剂制得的样品在结构上并没有太大的差别。不同目数的发泡剂在熔体中的分散集合体所包含的颗粒数不一样,而最终对气泡的大小影响不大。采用一定目数范围内的发泡剂,均可获得良好的发泡效果。

② 发泡温度。发泡温度一般在720℃左右,相应的孔结构的变化很有限。一般情况下,温度升高,孔径增大比较明显。

③ 保温时间。保温时间的确定要使气泡充分长大,同时又要防止因气泡的演变而出现结构缺陷,此参数基本上是一个固定的值。

④ 冷却方式。冷却方式的选择:主要应使发泡后的均匀结构得以保存下来,减少缺

陷的产生,控制孔结构,同时保证试样的均匀性。

（2）需要控制的工艺参数如下：

① 发泡剂用量。增加发泡剂的用量,孔隙率也会增加,而当增加到一定程度后,孔隙率不再增加,相反,试样内部将产生缺陷。采用该方法,泡沫铝的孔径和孔隙率之间存在一种对应关系,即随着孔径的增大,孔隙率也增大,所以增加发泡剂的用量同时也会使孔径增大。可见,在一定范围内改变发泡剂的用量,可以很好地控制孔隙率的大小,同时,随着孔隙率的变化,孔径也相应地变化。

② 搅拌转速。如表 5.5.1 所示,转速对孔结构的影响是很明显的。当转速高于 800 rad/min 时,试样的均匀性较好,而不同转速下孔径的大小有很明显差别。转速低,试样的孔径大;转速高,试样的孔径小。当转速增大到一定后,再增大转速对孔径基本上没有什么影响,反而会影响孔结构,使样品整体趋于不均匀。

表 5.5.1　四种不同转速下样品剖面图的孔径及宏观均匀性统计表

特　　性	Ⅰ（600 rad/min）	Ⅱ（800 rad/min）	Ⅲ（1000 rad/min）	Ⅳ（1200 rad/min）
孔径/mm	5.3	3.4	3.2	3.2
均匀性	较好	好	很好	好

③ 发泡搅拌时间。在一定的搅拌转速下,搅拌时间的延长有利于发泡剂的均匀分布,同时使试样的孔径和孔隙率都减小。

④ 增黏剂的用量。在其他工艺参数不变的情况下,增加增黏剂的用量,可以增加熔体的黏度,稳定熔体中生成的气泡,防止气泡的上浮、兼并和破裂。但加入量过大时,熔体黏度过大,发泡剂难以均匀分散,气泡生长困难,使样品均匀性变差,孔径、孔隙率过小,而且易产生缺陷。增黏剂 Ca 的加入量、搅拌时间与搅拌扭矩的关系见图 5.5.2。

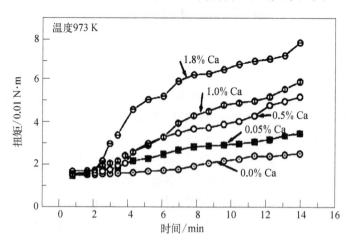

图 5.5.2　增黏剂 Ca 的加入量、搅拌时间与搅拌扭矩的关系

2）焊接铝蜂窝板制备工艺

早在 20 世纪 40 年代,国外就开始研究铝蜂窝复合材料,并成功应用在飞机上,我国

从 20 世纪 60 年代也开始了此领域的研究和应用。胶黏铝蜂窝板由于重量轻、强度高、刚性大、稳定性好、隔热隔音性能好,在飞机、列车、船舶、建筑等领域中具有广泛的使用前景。然而,其强度、使用寿命及允许的工作环境在很大程度上受胶黏剂的性能所影响。因此需要以一种新的制造方法来彻底改变其现有缺点,而钎焊法是取代胶黏法的最理想的方法,通过钎焊方法形成的接头能形成冶金结合,其力学性能远优于胶黏材料。钎焊铝蜂窝技术是于 20 世纪 90 年代由日本最先提出,并在新干线 500 系希望号的车体侧墙和底板上得以应用,获得了重量轻、耐高压、低噪声的车体。但是由于工艺成本太高,没有大批量推广。焊接铝蜂窝板是以焊接铝蜂窝为芯材,两面敷铝面板,组合后置于钎焊炉中,在 600℃ 左右的温度场中经一次性钎焊焊接而成的金属结构性材料,目前国内已成功实现焊接铝蜂窝板的生产,并在轨道交通、军工、航天领域得到应用。

焊接中的加热温度高于焊料熔融温度而低于母材熔融温度,即焊料熔融而母材不熔,过程中熔化的焊料在毛细吸引作用下浸润填充在两母材之间,并与母材相互熔化、扩散、冷却凝固后将两母材焊接为一体。

焊接铝蜂窝板结构见图 5.5.3,其具有以下特点。

（1）节点强度高:滚筒剥离强度一般大于 200 N/mm,且呈蜂窝芯撕裂状态。

（2）抗压强度高:常用的焊接铝蜂窝芯的规格为厚度 0.2 mm、边长 6 mm,抗压强度≥4.5 MPa。

（3）耐温性强:焊接铝蜂窝板均为纯铝合金材料,整个工艺过程不添加任何非金属材料,产品的成型工艺温度达 600℃,因而该材料的耐温性取决于铝合金材料的耐温性。

（4）无烟无毒:焊接铝蜂窝板是纯铝合金结构性材料,不产生有毒有害物质。

（5）重量轻:面密度为 8~10 kg/m²,体密度为 $(0.4 \sim 0.5) \times 10^3$ kg/m³。

（6）环保可回收:组成焊接铝蜂窝板的蜂窝芯和面板均为铝合金材料,在焊接铝蜂窝板生产成型过程中也无有毒有害物质添加或产生,产品为纯铝合金结构,可 100% 回收利用。因此,从原材料制备到产品生产,再到产品回收,整个生产链均为无污染、可回收过程。

（7）优良的抗冲击性:由于焊接铝蜂窝板具有较高的节点强度,在受冲击中可将冲击能迅速分解吸收,抗冲击性远远高于同类产品。

（8）隔音性:普通规格产品隔音量≥26 dB。通过规格和结构变更,隔音量可达 33 dB。

（9）常规板幅:1 220 mm × 2 600 mm,特殊规格可定制。

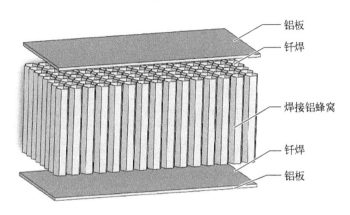

铝板
钎焊
焊接铝蜂窝
钎焊
铝板

图 5.5.3 焊接铝蜂窝板结构

蜂窝芯铝箔厚度为 0.2 mm 和 0.32 mm,铝蜂窝格子边长为 6 mm。根据结构强度设计要求,可以改变铝箔厚度和边长,从而调整蜂窝板力学性能。例如:蜂窝芯规格为厚度 0.2 mm、边长 6 mm 时,板材平压强度为 5 MPa;而当蜂窝芯规格为厚度 0.32 mm、边长 6 mm 时,平压强度可达 8 MPa。

2. 波形发生介质的材料力学性能仿真

1)泡沫铝力学性能与仿真

泡沫铝的力学性能主要由孔隙率决定,而基体材料、平均孔径、气孔形状等参数对泡沫铝的力学有重要影响。本小节主要分析泡沫铝材料的拉伸/压缩性能,并进行泡沫铝材料的分离式霍普金森压杆实验,可为下面研究泡沫铝材料在弹丸冲击作用下的变形破坏方式提供理论参考。

a. 泡沫铝的压缩性能

a)压缩性能表征

(1)弹性模量。

弹性变形阶段,其应力和应变成正比例关系(即符合胡克定律),其比例系数称为弹性模量。因此,将泡沫铝的弹性模量定义为弹性变形阶段直线段的斜率。

(2)压缩强度。

泡沫铝试样压缩的平台区初始阶段存在一个应力峰或清晰的平滑阶段,将这时的应力称为材料的压缩强度 σ_0,通常也称作平台应力 σ_{pl}。

(3)能量吸收。

多孔材料压缩时存在大范围的平台变形阶段,因此具有良好的能量吸收能力,其吸收能量等于对应的应力-应变曲线下的面积,可以通过对曲线进行积分计算,即

$$E = \int_0^\varepsilon \sigma(\varepsilon)\,\mathrm{d}\varepsilon \qquad (5.5.1)$$

表征吸能特性的第二个参数为能量吸收效率 η,其大小可由式(5.5.2)计算:

$$\eta = \frac{\int_0^{\varepsilon_m} \sigma(\varepsilon)\,\mathrm{d}\varepsilon}{\sigma_m} \qquad (5.5.2)$$

式中, σ_m 为应变 ε_m 对应的应力。

b)泡沫铝的压缩变形机理

图 5.5.4 为泡沫铝典型的压缩应力-应变曲线,由图可知,该曲线具有多孔泡沫材料明显的三阶段特征:弹性阶段、塑性屈服阶段和密实阶段。

(1)弹性阶段。

曲线斜率对应于材料的弹性模量,相应的应变较小(<5%)。对于开孔泡沫铝,当相对密度较低时,材料的变形主要是孔

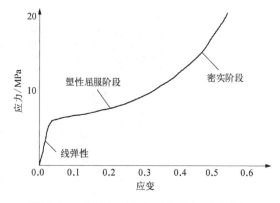

图 5.5.4 泡沫铝材料的压缩应力-应变曲线

壁的弯曲,相对密度增大时,孔壁的简单压缩和拉伸更加明显。

根据几何因素和标准梁理论,可知:

$$\frac{E^*}{E_s} \approx \left(\frac{\rho^*}{\rho_s}\right)^2 \tag{5.5.3}$$

$$\frac{G^*}{E_s} \approx \frac{3}{8}\left(\frac{\rho^*}{\rho_s}\right)^2 \tag{5.5.4}$$

$$\nu^* \approx \frac{1}{3} \tag{5.5.5}$$

式中,E^*、G^*、ρ^* 和 ν^* 分别为泡沫铝的弹性模量、剪切模量、密度和泊松比;E_s 和 ρ_s 分别为泡沫铝基体材料的弹性模量和密度。

闭孔泡沫铝的弹性模量由三部分组成,分别是等同于开孔泡沫铝计算得的弹性模量;当孔壁未发生断裂时,孔内气体的压缩对泡沫铝的刚度的提升;孔棱的压缩、弯曲、延伸行程的孔面膜应力,其模量近似计算公式如下:

$$\frac{E^*}{E_s} \approx \phi^2\left(\frac{\rho^*}{\rho_s}\right)^2 + (1-\phi)\frac{\rho^*}{\rho_s} + \frac{p_0(1-2\nu^*)}{E_s(1-\rho^*/\rho_s)} \tag{5.5.6}$$

$$\frac{G^*}{E_s} \approx \frac{3}{8}\left[\phi^2\left(\frac{\rho^*}{\rho_s}\right)^2 + (1-\phi)\frac{\rho^*}{\rho_s}\right] \tag{5.5.7}$$

$$\nu^* \approx \frac{1}{3} \tag{5.5.8}$$

式中,ϕ 为泡沫铝孔棱占固体的比例,$0 \leqslant \phi \leqslant 10$;$p_0$ 为初始气压(通常为大气压力)。

Buzek 等(1997)认为,泡沫材料的力学性能遵循一个幂法则:$A(\rho_r) = A_0 \rho_r^n$,其中,A 表示泡沫材料的性能,ρ_r 是泡沫材料的相对密度,A_0 是反映泡沫基体材料性能的因子,n 是指数。当泡沫铝孔隙率 p_r 为定值时,泡沫铝的力学性能与基体铝的性能成比例关系。因此,可得到泡沫铝弹性模型与相对密度的关系:

$$\frac{E^*}{E_0} = A_0\left(\frac{\rho^*}{\rho_0}\right)^n \tag{5.5.9}$$

(2)塑性屈服阶段。

该阶段,较长的平台对应于胞元的塑性坍塌,在受到冲击作用时,该阶段能够把大量的冲击能转变为变形能,坍塌的位置首先出现在胞壁抗弯强度最低的地方,之后沿着压缩方向扩展。

对于开孔泡沫铝,有

$$\frac{\sigma_{pl}}{\sigma_{ys}} \approx 0.3\left(\frac{\rho^*}{\rho_s}\right)^{3/2} \tag{5.5.10}$$

对于闭孔泡沫铝,有

$$\frac{\sigma_{pl}}{\sigma_{ys}} \approx 0.3\left(\phi\frac{\rho^*}{\rho_s}\right)^{3/2} + 0.4(1-\phi)\frac{\rho^*}{\rho_s} + \frac{p_0 - p_{at}}{\sigma_{ys}} \tag{5.5.11}$$

式中, p_{at} 为大气压力; σ_{ys} 为基体材料屈服强度; σ_{pl} 为泡沫铝材料的平台应力。

（3）密实阶段。

在塑性屈服阶段,当胞壁被挤压在一起后,应力随着应变的增大而迅速增加。这时候的极限应变也称为密实化应变 ε_d, 可由式(5.5.12)计算得到:

$$\varepsilon_d = 1 - 1.4(\rho^*/\rho_s) \tag{5.5.12}$$

c) 断裂机理分析

泡沫铝在压缩前,气孔的胞壁是连续完整的,但在压缩过程的坍塌阶段,孔壁开始发生断裂,裂纹不断发展,直至气孔破裂。一般裂纹的产生和扩展发生在胞壁表面的褶皱上,认为褶皱内部存在缺陷,使得压缩应力集中在褶皱部位,从而产生裂纹。应力集中的存在导致泡沫铝在压缩时是脆性断裂的,与实体铝的韧性断裂不同。

b. 泡沫铝的拉伸性能

a) 泡沫铝的拉伸性能表征

（1）弹性模量。

与压缩性能表征相同,在拉伸弹性变形阶段,应力和应变成正比例关系,其比例系数称为弹性模量。因此,将泡沫铝的拉伸弹性模量定义为其拉伸应力-应变曲线弹性变形阶段直线段的斜率。

（2）抗拉强度。

抗拉强度 σ_b 表征材料最大均匀塑性变形的抗力,对于脆性材料,它反映了材料的断裂抗力。

b) 泡沫铝的拉伸变形机理

图 5.5.5 为泡沫铝的拉伸应力-应变曲线。不同于压缩变形机制,在拉伸过程,泡沫金属的胞壁不会坍塌形成致密材料,其应力-应变曲线没有塑性屈服阶段,在拉伸时表现出较强的脆性。单向拉伸作用下,泡沫铝材料经历了三个变形阶段:线弹性、塑性强化和破坏阶段。

（1）线弹性变形阶段。

该阶段发生在拉伸的开始阶段,应变非常小,且不均匀,试样表面的某些区域

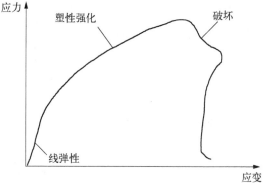

图 5.5.5　泡沫铝的拉伸应力-应变曲线

有较大变形,其曲线斜率对应于材料的弹性模量。对于各向同性泡沫材料, Gibson 给出了弹塑性泡沫材料的杨氏模量公式:

$$E^* = CE_s \left(\frac{\rho^*}{\rho_s}\right)^2 \tag{5.5.13}$$

式中, C 为常数。

（2）塑性强化阶段。

随着拉伸荷载的增加,曲线非线性越来越明显,很快进入塑性阶段,模型发生了塑性屈服,其应力随着应变的增加而明显增加,直至达到强度极限,在达到强度极限前,没有出

现明显的屈服点。Gibson 认为,泡沫金属的力学性能与相对密度的幂指数成比例关系:

$$\sigma_b = A_2 \sigma_{ys} \times \left[0.5 \left(\frac{\rho^*}{\rho_s} \right)^{\frac{3}{2}} + 0.3 \left(\frac{\rho^*}{\rho_s} \right) \right] \tag{5.5.14}$$

式中,A_2 为泡沫金属的强度系数(铝为 0.723 45,铝合金为 0.241 34);σ_{ys} 为泡沫铝基体材料屈服强度(铝为 70 MPa,铝合金为 270 MPa)。由式(5.5.14)可知,相对密度对泡沫金属的抗拉强度影响很大,随着相对密度的增大,抗拉强度逐渐增大。

则认为泡沫铝的拉伸强度与基体材料的拉伸强度有如下关系式:

$$\sigma_b = K\sigma_{t,s} \times \left(\frac{\rho^*}{\rho_s} \right)^m \tag{5.5.15}$$

式中,$\sigma_{t,s}$ 为泡沫铝基体材料的抗拉强度;K、m 为与材料有关的系数。

(3)破坏阶段。

达到强度极限后,应力-应变曲线以一定的速度下降,孔壁产生拉伸破坏和失效。

c)破坏机理分析

由于泡沫金属内部孔隙分布的不均匀,其内部呈现一个复杂的受力状态,胞壁承受的应力是很不相同的。总的来看,孔壁厚的地方应力小,孔壁小的地方易发生应力集中。当泡沫铝承受拉伸载荷时,首先在孔壁小的地方产生应力集中,随着变形的增大,这些应力较为集中的孔壁有一部分会继续产生更大的塑性变形,并形成一个横贯于加载方向的薄弱区域,继续承受更大的应变,导致孔壁的损伤和破坏,最终导致泡沫材料的拉伸断裂。因此,泡沫金属材料破坏的其中一个重要因素是内部材料细观分布的非均匀性,其薄弱孔壁的破坏催化了裂纹产生。对于实际泡沫金属,其破坏过程实际上就是孔壁微裂纹产生、扩展、贯通,直至产生宏观裂纹,导致泡沫金属材料断裂的过程。

泡沫铝的抗拉强度低、延展性差,实验数据分散,整个拉伸行为表现为半脆性,且拉伸的屈服强度、极限强度及延伸率都随着密度的增加而增加。

d)拉伸性能与压缩性能的比较

相同密度条件下,泡沫铝及其合金的单向拉伸的抗拉强度低于其单向压缩的抗压强度。这是由于泡沫金属在制备过程中存在一些裂纹和表面加工带来的损伤,其对泡沫金属抗拉强度的影响大于抗压强度。在承受拉伸载荷作用时,裂纹尖端会产生应力集中,随着拉伸应力的增大,裂纹扩展,最后贯穿在一起,形成断裂面,导致拉伸试样破坏,从而削弱了泡沫材料的抗拉强度。而在压缩状态下,裂纹不存在应力集中,因此裂纹对抗压强度的影响较小。

c. 泡沫铝分离式霍普金森压杆实验

为研究泡沫铝材料的动态压缩力学性能特性,进行了泡沫铝材料的分离式霍普金森(Hopkinson)压杆实验。

a)分离式霍普金森压杆实验简介

分离式霍普金森压杆实验(Split Hopkinson Pressure Bar, SHPB)通常用于测量材料的动态力学性能,相比于其他实验技术,SHPB 能给出材料在高速加载下的全程应力-应变曲线,这对于建立精确可靠的材料本构模型是至关重要的。SHPB 的原型由霍普金森于1914 年提出,最初仅用于测量冲击载荷的脉冲波形。Kolsky 将压杆分为两段,试件置于两段压杆中间,采用该实验技术可测量材料在动态冲击载荷作用下的应力-应变关系。

SHPB 实验装置结构简单、操作方便、测量方法十分巧妙,通过测量两根压杆上的应变来推导试件的应力-应变关系;同时,SHPB 所涉及的应变率范围包括了流动应力随应变率变化发生转折的应变率,这正是人们所关心的应变率范围。因此。SHPB 是测试材料动态力学性能的重要手段。

利用 SHPB 技术进行分析时,首先需满足以下三条假设。

(1) 不考虑被测试件和压杆端面之间的摩擦效应。

由于试件和波导杆端面加工并非绝对光滑,以及波导杆和试件横向变形的不一致性,在入射杆与试件接触的端面,以及透射杆与试件接触的端面上会产生摩擦力,从而使试件处于复杂的应力状态。实验中假设不存在摩擦效应,即试件仍处于一维应力状态。

(2) 一维应力波假设。

弹性波(尤其是对短波)在细长杆中传播时,由于横向惯性效应,波会发生弥散现象,即波的传播速度和波长有关。但当入射波的波长 λ 比输入杆的直径 ϕ 大得多,即满足 $\phi/\lambda \ll 1$ 时,除波头外,杆的横向惯性效应可作为高阶小量而忽略不计。

基于压杆上应变片所测得的入射波、反射波、透射波,以及一维应力波理论,可得到如下计算公式。

试样的平均应变率:

$$\dot{\varepsilon} = \frac{c_0}{l_0}(\varepsilon_i - \varepsilon_r - \varepsilon_t) \tag{5.5.16}$$

试样的平均应变:

$$\varepsilon = \frac{c_0}{l_0}\int_0^t (\varepsilon_i - \varepsilon_r - \varepsilon_t)\,\mathrm{d}t \tag{5.5.17}$$

试样的平均应力:

$$\sigma = \frac{A}{2A_0}E(\varepsilon_i + \varepsilon_r + \varepsilon_t) \tag{5.5.18}$$

式中,应力与应变均以压力方向为正;ε_i、ε_r 和 ε_t 分别表示为通过应变片测得的入射波、反射波与透射波的应变率;E 为压杆的弹性模量;c_0 为弹性纵波波速;l_0 为试样的初始长度;A/A_0 为压杆与试件的截面比。

(3) 均匀化假设。

这是三条假设中最重要的一条,只要试样的长度相对于加载波形足够长,加载波脉冲的延续时间足够长,就可以近似认为:整个实验过程中试件的应力和应变均匀分布,这相当于忽略了应力波的传播波效应。根据均匀化假设,可得以下等式:

$$\varepsilon_i + \varepsilon_r = \varepsilon_t \tag{5.5.19}$$

代入式(5.5.19)得

$$\dot{\varepsilon} = \frac{-2c_0}{l_0}\varepsilon_r \tag{5.5.20}$$

$$\varepsilon = \frac{-2c_0}{l_0}\int_0^t \varepsilon_r \mathrm{d}t \tag{5.5.21}$$

$$\sigma = \frac{AE}{A_0}\varepsilon_r \qquad (5.5.22)$$

因此,利用上式可方便求得试件材料的应力-应变数据。

b) 实验装置与实验材料

实验中所使用的 SHPB 实验装置的结构主要由气瓶、电磁阀、子弹、入射杆、透射杆、缓冲杆、阻尼装置和数据采集系统组成,图 5.5.6 为其装置简图。试件两端润滑后置于入射杆与透射杆之间,如图 5.5.7 所示。子弹在气瓶中压缩空气的驱动下撞击入射杆的一端,产生一个在入射杆中传播的入射脉冲 ε_i。当入射波传到试件时,试件被高速压缩变形。由于试件与杆的波阻抗不同,在界面处产生向后的反射波 ε_r,而另一部分则透过试件向透射杆传播透射波 ε_t。测量系统由贴在入射杆与投射杆上的应变片组成,用于记录实验中的入射波、反射波与透射波,应变片在杆上位置的示意图见图 5.5.8。

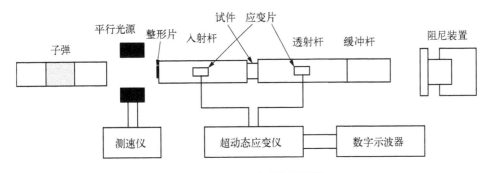

图 5.5.6　SHPB 实验装置简图

 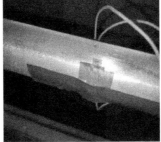 

图 5.5.7　试件安装结构示意图　　　**图 5.5.8　应变片位置示意图**

实验中子弹撞击速度的大小通过气压来调节,实验中要求试件直径小于杆的直径,且在撞击过程中,杆件材料处于弹性范围内,入射杆有足够长度(大于两倍子弹长度),以避免反射波与入射波的重叠。

针对泡沫铝材料,为获得可靠的实验数据,本节实验根据阻抗匹配原则采用的硬质铝合金作为杆件材料,杆件中的波速为 5 980 m/s,子弹、输入杆、入射杆、透射杆与缓冲杆的直径均为 37 mm。入射杆上使用电阻式应变片,而泡沫铝因具有良好的吸能效应,使得传播到透射杆上的透射波较微弱,因此在透射杆上使用半导体式应变片。实验中采用了脉冲整形技术来消除实验过程的弥散现象并获得相对恒定的应变率,经过多次实验,选用铅皮作为整形材料,因为铅具有质地柔软、延性差、展性强等特性,尤其是其硬度只有铝硬度的一半,实验中不会伤害到入射杆和子弹,整形效果也较好。

实验所用闭孔泡沫铝以铝铜合金为基体材质,采用熔体发泡法进行制备。具体工艺过程:向铝合金熔体中加入提高黏度的增黏剂;然后加入发泡剂,使其在高温下分解产生气体,气体的膨胀使金属发泡,最后冷却得到泡沫金属。在发泡过程中高速搅拌熔体,使气孔分布均匀,通过这种方法来获得孔径可控的泡沫铝材料。根据实验要求,制备出孔隙率分别为 57.3%、63.42%、79.94% 与 81.43%,尺寸为 200 mm × 200 mm × 20 mm 的球形闭孔泡沫铝试件。为减少对泡沫铝胞孔的损伤,采用电火花线切割工艺将制备出的泡沫铝材料加工为 $\phi 32$ mm × $h20$ mm 的圆柱体。如图 5.5.9 所示,为 SHPB 实验中所用的四种孔隙率的泡沫铝试件。

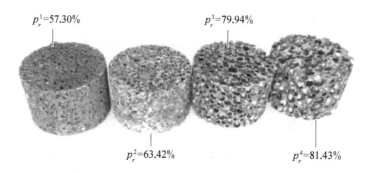

图 5.5.9　四种孔隙率的泡沫铝试件

c）实验结果及分析

使用 SHPB 装置进行了四种不同孔隙率泡沫铝在不同子弹撞击速度下的冲击实验,入射杆与透射杆上的应变信号经数据采集系统记录后保存。数据处理之后的入射波、反射波与透射波如图 5.5.10 所示。曲线表明,入射波为矩形脉冲,反射波基本近似为矩形脉冲,幅值较入射波略为下降,透射波波形为缓慢上升的曲线。根据 SHPB 实验技术原理,本节实验使用二波法,对记录的入射波、反射波和透射波的原始数据进行处理。

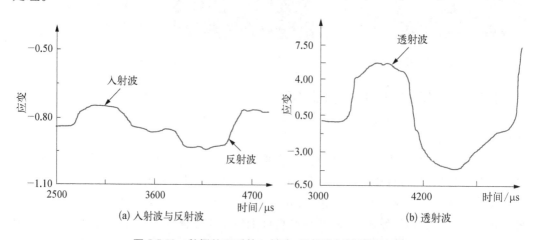

图 5.5.10　数据处理后的入射波、反射波与透射波波形

通过不同孔隙率的闭孔泡沫铝在不同应变率下的动态压缩实验,研究了泡沫铝的应变率敏感性及孔隙率对泡沫铝动态压缩性能的影响。在不同应变率条件下,分别选取四种不同密度的泡沫铝试件测量其入射波、反射波与透射波,通过数据处理对不同应变率或不同孔隙率条件下泡沫铝材料的动态压缩应力-应变曲线进行分析,得出应变率、孔隙率对材料动态特性的影响规律。

d. 应变率对泡沫铝动态压缩力学性能的影响

为研究应变率对泡沫铝动态力学性能的影响,本章采用 SHPB 实验装置,分别对四种不同孔隙率的泡沫铝进行了不同应变率条件下的四组动态压缩实验,应变率分别为:$500\ \text{s}^{-1}$、$800\ \text{s}^{-1}$、$1\ 100\ \text{s}^{-1}$。图 5.5.11 为相同孔隙率下不同应变率泡沫铝材料的变形图。图 5.5.12 所示为四种不同孔隙率的泡沫铝在三种应变率条件下的应力-应变曲线。由图 5.5.12 可知,泡沫铝的动态压缩应力-应变曲线显示出了典型的三阶段特征:弹性阶段、平台阶段及致密化阶段。实验中不同孔隙率的泡沫铝对应变率的敏感性表现出了明显的差异性。

图 5.5.11　相同孔隙率下不同应变率泡沫铝材料的压缩变形图

(1) 低孔隙率的泡沫铝材料表现出对应变率的敏感性,即低孔隙率泡沫铝材料具有明显的应变率效应,具体表现为:相同孔隙率的泡沫铝,随着应变率的提高,屈服强度和任意应变下的流动应力增大;压缩应力-应变曲线在弹性区的斜率增大,即随着压缩速度的增大,泡沫铝材料的弹性模量也随之增大;压缩应力-应变曲线的平台阶段变短,即材料的致密化应变减小。

(2) 高孔隙率的泡沫铝材料则表现出对应变率的不敏感性,由实验结果可知,材料屈服强度,弹性模量与致密化应变均没有明显的变化。

基于目前对泡沫铝材料应变率敏感性的研究,认为泡沫铝的应变率敏感性主要来源于基体材料的应变率敏感性、微惯性与孔内气体作用。G.W. Ma 等(2008)研究认为,孔内气体压力对压缩应力平台的影响小于 0.1 MPa,因此忽略了孔内气体对闭孔泡沫铝动态压缩力学性能的影响。基于本节实验研究结果分析认为,在实验中,基体材料对应变率的敏感性导致所用的泡沫铝材料的应变率敏感性产生区别,即随着泡沫铝孔隙率的增大,试件中基体材料所含比例降低,由此孔隙率不同的泡沫铝材料表现出对应变率敏感性的明显区别。

e. 孔隙率对泡沫铝动态压缩力学性能的影响

为研究孔隙率对泡沫铝动态压缩性能的影响,本章采用 SHPB 实验装置,分别采用三种不同应变率对四种不同孔隙率的泡沫铝材料进行了三组动态压缩实验,孔隙率分别为:

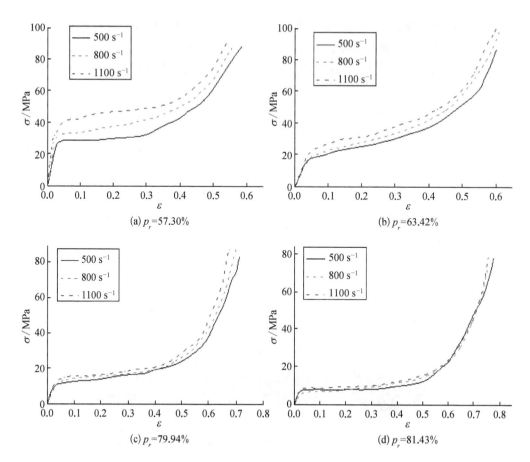

(a) p_r=57.30%

(b) p_r=63.42%

(c) p_r=79.94%

(d) p_r=81.43%

图 5.5.12　不同孔隙率的泡沫铝在三种应变率条件下的应力-应变曲线

57.30%、63.42%、79.94%、81.43%。图 5.5.13 所示为相同应变率大小下不同孔隙率泡沫铝材料的压缩变形示意图。图 5.5.14 为三种应变率和四种不同孔隙率(p_r)下泡沫的应力-应变曲线。

图 5.5.13　相同应变率下不同孔隙率泡沫铝材料的压缩变形图

　　孔隙率是泡沫铝材料的一项重要参数,由图 5.5.14 可知,相同应变率条件下,孔隙率对泡沫铝的动态压缩性能有较大影响。并且在三组不同应变率的条件下,孔隙率均呈现了较大的影响。具体表现为:孔隙率增大时,泡沫铝的平台应力、弹性模量与屈服强度降低,但平台区相对增大,致密化应变增大。这是因为,随着孔隙率的增大,单位面积上基体材料所占比例降低,泡沫铝的力学性能相应减弱,在承受动态压缩载荷时,泡沫铝对冲击

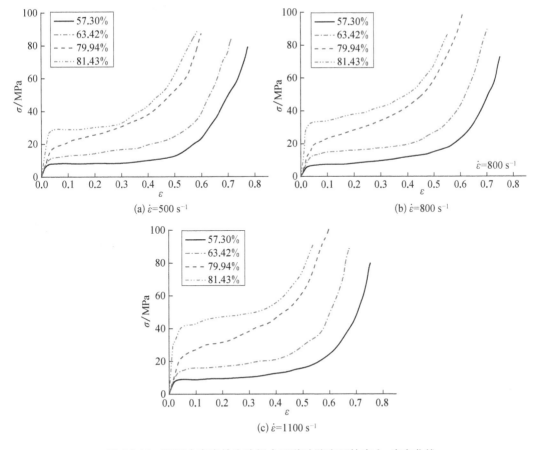

图 5.5.14　不同应变率的泡沫铝在四种孔隙率下的应力-应变曲线

载荷的阻抗减弱,因此泡沫铝的平台应力、弹性模量与屈服强度均有所降低。

　　f. 孔隙率对弹丸冲击加速度的影响

　　为研究不同孔隙率对泡沫铝冲击过程的影响,在基准模型的基础上改变泡沫铝的孔隙率,分别为 65%、70%、75%、80%、85%,研究不同的孔隙率对层状泡沫铝冲击过程的影响。图 5.5.15 即孔隙率对泡沫铝缓冲性能的影响曲线,其中图(a)为弹丸冲击加速度曲线,图(b)为孔隙率对弹丸加速度峰值 A 和脉宽 T 的影响。

　　由图 5.5.15 可以看出,弹丸的冲击加速度峰值随着孔隙率的提高而减小,冲击脉宽随着孔隙率的增大而增大。分析认为,随着泡沫铝孔隙率的增大,泡沫铝的相对密度减小,单位面积泡沫铝材料上基体材料所占比例减小,泡沫铝材料的力学性能降低,其对弹丸的初始动态阻抗开始降低,导致弹丸的初始加速度峰值逐渐降低,并与泡沫铝致密化后加速度第二峰值的差距开始增大,同时弹丸冲击时间,即脉宽逐渐增大。

　　为研究弹丸参数对泡沫铝缓冲性能的影响,在基准模型基础上分别改变弹丸速度、弹丸形状及弹丸质量来研究弹丸参数对冲击层状泡沫铝的影响。其中,改变弹丸速度为 63~103 m/s,以 10 m/s 为间隔选取 5 组速度进行研究;选取弹丸形状分别为平头弹、锥形弹、半球形弹进行研究;选取锥形弹丸的弹丸头部锥角为 35°~55°,以 5°锥角为间隔选取 5 组弹丸头部锥角进行研究;在 2.674~3.568 kg 范围内选取 5 组弹丸质量进行研究。

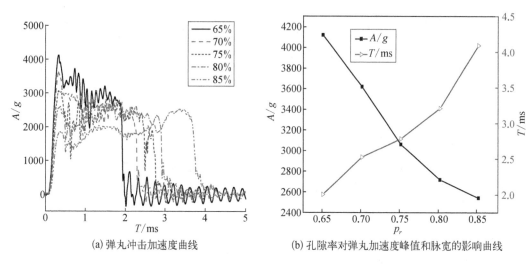

(a) 弹丸冲击加速度曲线　　　　(b) 孔隙率对弹丸加速度峰值和脉宽的影响曲线

图 5.5.15　孔隙率对泡沫铝缓冲性能的影响

g. 泡沫铝靶板厚度对弹丸冲击加速度的影响

为研究不同靶板厚度 L 对泡沫铝冲击结果的影响,在基准模型基础上改变靶板厚度,分别为:200 mm、260 mm、320 mm、380 mm、440 mm,分析靶板厚度对弹丸冲击加速度的影响。图 5.5.16 为靶板厚度对泡沫铝缓冲性能的影响曲线,其中图(a)为不同泡沫铝靶板厚度的弹丸冲击加速度曲线,图(b)为靶板厚度对弹丸加速度峰值和脉宽的影响。

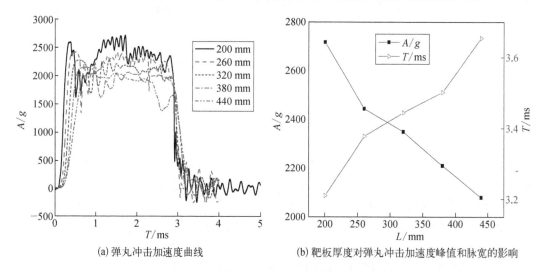

(a) 弹丸冲击加速度曲线　　　　(b) 靶板厚度对弹丸冲击加速度峰值和脉宽的影响

图 5.5.16　靶板厚度对泡沫铝缓冲性能的影响

由图 5.5.16 可以看出,泡沫铝靶板厚度增加时,弹丸的冲击加速度峰值降低,冲击脉宽增大。分析认为,泡沫铝靶板厚度增加时,泡沫铝的弹性压缩过程随之增长,这引起了冲击加速度第一峰值的滞后,同时泡沫铝通过塑性变形吸收能量减小,因此随着靶板厚度的增加,加速度峰值逐渐降低,冲击脉宽开始增大。

2)蜂窝铝力学性能与仿真

常用的六边形蜂窝铝采用展成法加工成形,称为双壁厚蜂窝,其蜂窝芯结构如图 5.5.17

所示,x_1、x_2方向称为面内方向,x_3方向称为异面方向,蜂窝胞孔结构可由单壁厚边长l、双壁厚边长h、壁厚T、双壁厚胞孔角度θ($0°<\theta<90°$)及孔深b来描述。应力作用于x_3方向,蜂窝材料表现为异面性能;应力作用于x_1或x_2方向,蜂窝材料表现为共面性能。通常,蜂窝材料的异面承载能力大于共面承载能力。

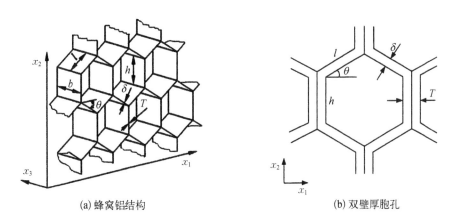

(a) 蜂窝铝结构　　　　　　　　　　　(b) 双壁厚胞孔

图 5.5.17　蜂窝铝芯结构

蜂窝材料等多孔结构材料的性能主要取决于相对密度。相对密度定义为蜂窝铝密度ρ^*与基材密度ρ_s的比值,当蜂窝壁厚δ远小于壁厚边长l时,为低相对密度蜂窝,双壁厚蜂窝相对密度η_p可表示为

$$\eta_p = \frac{\rho^*}{\rho_s} = \frac{\delta}{l} \frac{\dfrac{h}{l} + 1}{\cos\theta\left(\dfrac{h}{l} + \sin\theta\right)} \tag{5.5.23}$$

对于六边形蜂窝,可简化为

$$\eta_p = \frac{\rho^*}{\rho_s} = \frac{8\sqrt{3}}{9} \frac{\delta}{l} \tag{5.5.24}$$

蜂窝结构的异面力学性能优于共面力学性能。当蜂窝异面方向受载时,其动态压缩应力应变曲线见图 5.5.18,其压缩变形主要经历弹性阶段、平均峰应力阶段、密实化阶段。

在线弹性阶段,蜂窝铝受载发生弹性变形,异面法向方向上的弹性模量为E_3,与基材模量E_s和承载截面面积有关,对于双壁厚六边形蜂窝弹性模量可以表示为

$$E_3 = E_s \frac{\rho^*}{\rho_s} = E_s \frac{\delta}{l} \frac{\dfrac{h}{l} + 1}{\cos\theta\left(\dfrac{h}{l} + \sin\theta\right)} \tag{5.5.25}$$

对于异面x_3法向方向,其泊松比$\nu \approx 0$。由橡胶制蜂窝测试表明,当x_3方向受到压缩时,蜂窝结构会发生弹性屈曲,其屈曲载荷是各个孔壁所承载载荷的总和,对于双壁六边形蜂窝,弹性坍塌应力$\sigma_{el,3}^*$为

$$\sigma_{el,3}^{*} \approx \frac{5.73}{1-\nu_s^2} \frac{\frac{h}{l}+1}{\cos\theta\left(\frac{h}{l}+\sin\theta\right)} \left(\frac{\delta}{l}\right)^3 E_s \qquad (5.5.26)$$

式中，ν_s 为蜂窝基材泊松比。

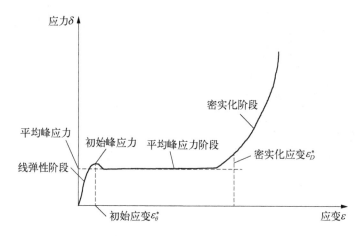

图 5.5.18　蜂窝铝异面压缩应力应变曲线

在平均峰应力阶段，x_3 方向净截面应力大于孔壁材料的屈服强度，蜂窝会发生轴向屈服。对于六边形蜂窝，压缩时坍塌强度 $\sigma_{pl,3}^{*}$ 的上限为

$$\sigma_{pl,3}^{*} \approx \frac{\rho^{*}}{\rho_s} \sigma_{ys} \qquad (5.5.27)$$

式中，σ_{ys} 为基体材料的屈服应力。该方程可以很好地应用于蜂窝材料受拉时的轴向强度描述，但在材料受压时，很少会达到该上限，蜂窝在压缩过程中首先会发生塑性坍塌。

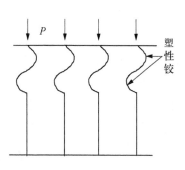

图 5.5.19　蜂窝异面受压塑性屈曲

在未考虑蜂窝壁面交会处变形的情况下，塑性屈曲过程中，孔壁按波长 λ 渐进折叠，λ 通常等于孔壁边长。孤立孔壁在坍塌时以产生塑性铰的方式吸能，每 $\lambda/2$ 深度的孔壁吸收塑性矩 M_p 做的功为 πM_p，相关联的孔壁长度为 $2l+h$，所以每个胞孔吸收的总功为 $\pi M_p(2l+h)$，即 $P\lambda/2 = \pi M_p(2l+h)$，其中 P 为异面方向蜂窝受到的压力载荷（图 5.5.19），$P = 2\sigma_3 l(h+l\sin\theta)\cos\theta$，每 $\lambda/2$ 深度的孔壁吸收的塑性矩为 $M_p = \sigma_{ys}\delta^2/4$，可得均匀壁厚六边形蜂窝的塑性屈曲应力 $\sigma_{pl,3}^{*}$ 的估算式为

$$\sigma_{pl,3}^{*} \approx \frac{\pi}{4} \frac{\frac{h}{l}+2}{\cos\theta\left(\frac{h}{l}+\sin\theta\right)} \left(\frac{\delta}{l}\right)^2 \sigma_{ys} \qquad (5.5.28)$$

考虑到蜂窝胞孔孔角处需要附加匹配塑性铰的坍塌模式和孔壁延伸量，对波长 λ 的

坍塌载荷进行最小化计算,均匀壁厚的正六边形蜂窝塑性屈曲坍塌应力为

$$\sigma_{pl,\,3}^{*} \approx 5.6 \left(\frac{\delta}{l}\right)^{\frac{5}{3}} \sigma_{ys} \tag{5.5.29}$$

对于双壁厚正六边形蜂窝,塑性屈曲坍塌应力可以简化为

$$\sigma_{pl,\,3}^{*} \approx 6.6 \left(\frac{\delta}{l}\right)^{\frac{5}{3}} \sigma_{ys} \tag{5.5.30}$$

在密实化阶段,蜂窝胞壁因屈曲被折叠挤压在一起,达到密实化应变 ε_{D}^{*} 后,应力随着应变的增加而迅速增大。

5.5.2 弹丸侵彻过程仿真分析

1. 弹丸侵彻理论分析

侵彻冲击是复杂的物理过程,除了有限元数值模拟之外还需要对其进行解析理论分析,用以验证模型的准确性。

侵彻过程中,靶体边界条件不同,靶体内应力波的传递情况也不同,根据应力波的不同情况,将靶体分为半无限厚靶和有界靶两类。半无限厚靶假定靶的平面和厚度都是无限的,靶体的四侧与底面边界对侵彻过程不产生影响;在有界靶中,靶体的四侧和底面边界对侵彻过程产生影响,当只有靶体四侧对侵彻破坏有影响时称为有限平面靶,当只有靶体底面边界对侵彻过程有影响时称为有限厚靶。

在侵彻过程的传统理论研究中,通常将靶体假设为无限大,认为靶体的侧面和底面边界不会对弹丸在靶体中的运动过程造成影响,在实验过程中也往往使靶体尺寸远大于弹丸尺寸,以减弱边界造成的影响。然而实际情况下,弹丸侵彻的靶板总是有边界并且其尺寸往往只有弹丸尺寸的数倍大小,此时边界对侵彻的影响不能忽略,有些靶体甚至对此十分敏感。Warren 等(2000)在对弹丸侵彻柱形 6061 铝靶的实验研究中发现,当靶弹直径比小于 20 mm 时,靶体尺寸对侵彻影响的效果十分明显,随着杜靶直径减小,弹头壁面的压力急剧减小,这一效应称为自由边界尺寸效应。并且随着侵彻速度的增大,自由边界尺寸效应会增大,现在已有许多学者意识到尺寸效应对侵彻过程的影响,并超前于试验进行了数值模拟与理论探究。

侵彻过程中,弹体可能会出现贯穿、嵌入、跳飞三种情况。对于厚度方向尺寸较小,通常出现穿透现象的靶体,往往忽略其厚度方向的应力变化情况,以靶板的整体变形和局部破坏模式分析抗侵彻性能,采用极限穿透速度理论描述其侵彻过程。对于厚靶,弹丸在侵彻的过程中因能量耗尽而停滞在靶中,称为嵌入。当弹丸速度较低,达不到开坑条件或者入射角较大时会发生跳飞。对于嵌入问题,学者们主要以侵彻深度、开坑情况表征靶体性能,采用空腔膨胀理论及半经验公式等近似描述弹丸运动动力学过程。

2. 铝合金弹体侵彻泡沫铝加速度仿真分析

1)几何模型

弹体材料为铝合金,结构分为三种,分别为:弹体质量 5 kg、直径 110 mm;弹体质量 10 kg、直径 110 mm;弹体质量 10 kg、直径 210 mm。对应的泡沫铝靶材尺寸分别为:

高能效宽脉冲强冲击试验与测试技术

$200 \text{ mm} \times 200 \text{ mm} \times 600 \text{ mm}$、$200 \text{ mm} \times 200 \text{ mm} \times 600 \text{ mm}$、$400 \text{ mm} \times 400 \text{ mm} \times 600 \text{ mm}$，具体结构如图 5.5.20～图 5.5.22 所示。

图 5.5.20　弹体质量 5 kg、直径 110 mm 几何模型

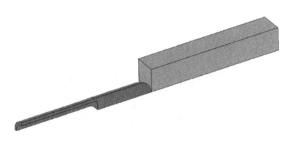

图 5.5.21　弹体质量 10 kg、直径 110 mm
几何模型

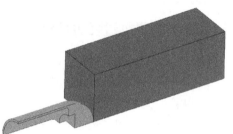

图 5.5.22　弹体质量 10 kg、直径 210 mm
几何模型

2）材料参数

弹丸材料属性如表 5.5.2 所示，泡沫铝材料属性如表 5.5.3 所示。

表 5.5.2　弹丸材料属性

材料牌号	密度	弹性模量	泊松比	屈服应力	切变模量
2A11	2.79 g/cm^3	68 GPa	0.33	215 MPa	26 GPa

表 5.5.3　泡沫铝材料属性

泡沫铝孔隙率	密度	弹性模量	泊松比	平台应力
81.5%	$0.499\ 5 \text{ g/cm}^3$	410.0 MPa	0.25	7.71 MPa

3）载荷及边界条件

采用总体模型的 1/4 进行计算，需要在对称面上添加位移和转角的对称约束，初始条件：弹丸的初始速度为 138 m/s。

4）模型验证

图 5.5.23 给出了质量 5 kg、直径 110 mm 弹体的侵彻加速度曲线计算结果与实验结果的对比。从图中可以看出：① 加速度峰值计算结果偏大，偏差约为 25%；② 在侵彻过程中加速度的变化规律一致，均与时间成比例减小。

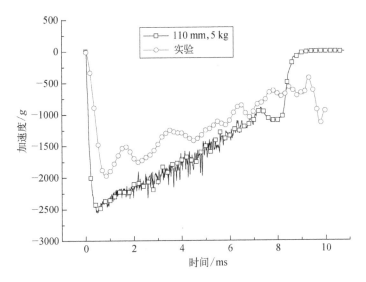

图 5.5.23 质量 5 kg、直径 110 mm 弹体的侵彻加速度曲线计算结果与实验结果对比

5）计算结果

（1）弹体质量 5 kg、直径 110 mm 时的计算结果如图 5.5.24~图 5.5.26 所示。

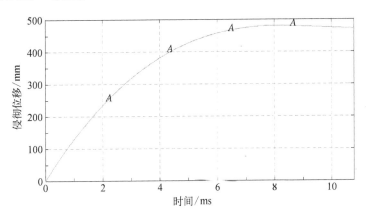

图 5.5.24 弹体侵彻位移曲线（弹体质量 5 kg、直径 110 mm）

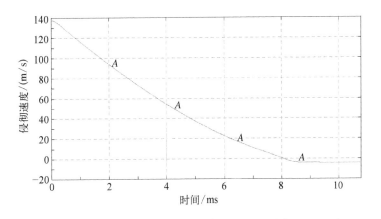

图 5.5.25 弹体侵彻速度曲线（弹体质量 5 kg、直径 110 mm）

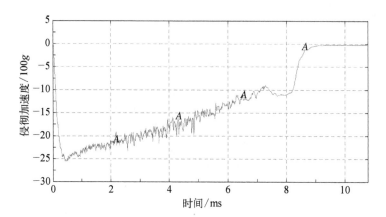

图 5.5.26　弹体侵彻加速度曲线(弹体质量 5 kg、直径 110 mm)

（2）弹体质量 10 kg、直径 110 mm 的计算结果,如图 5.5.27～图 5.5.29 所示。

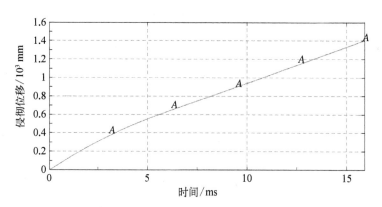

图 5.5.27　弹体侵彻位移曲线(穿透靶材,弹体质量 10 kg、直径 110 mm)

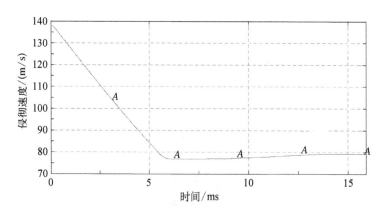

图 5.5.28　弹体侵彻速度曲线(穿透靶材,弹体质量 10 kg、直径 110 mm)

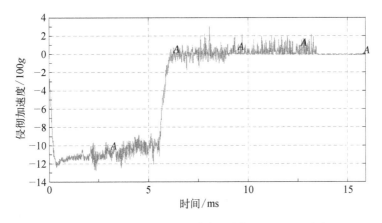

图 5.5.29 弹体侵彻加速度曲线(穿透靶材,弹体质量 10 kg、直径 110 mm)

(3)弹体质量 10 kg、直径 210 mm 计算结果如图 5.5.30~图 5.5.32 所示。

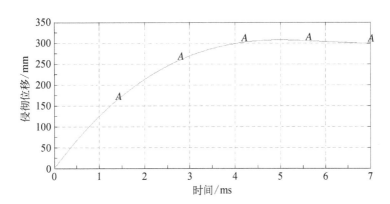

图 5.5.30 弹体侵彻位移曲线(弹体质量 10 kg、直径 210 mm)

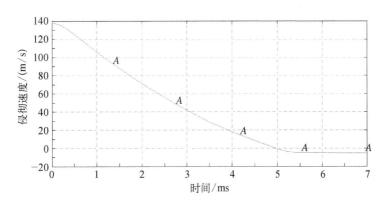

图 5.5.31 弹体侵彻速度曲线(弹体质量 10 kg、直径 210 mm)

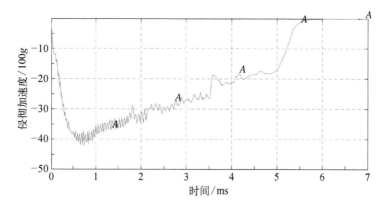

图 5.5.32　弹体侵彻加速度曲线（弹体质量 10 kg、直径 210 mm）

（4）弹体质量 10 kg、直径 210 mm 侵彻过程泡沫铝应力云图见图 5.5.33。

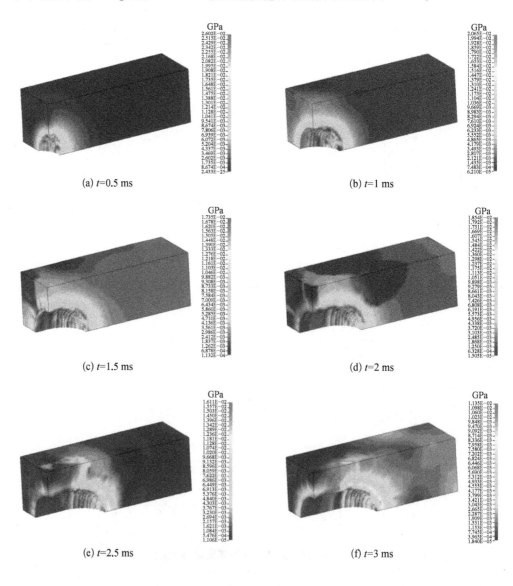

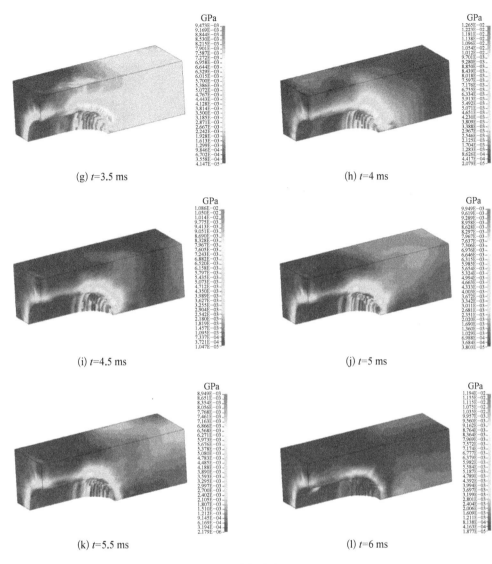

(g) t=3.5 ms   (h) t=4 ms

(i) t=4.5 ms   (j) t=5 ms

(k) t=5.5 ms   (l) t=6 ms

图 5.5.33　泡沫铝应力云图

6）结果分析

三种弹体的计算加速度和实验加速度曲线如图 5.5.34 所示,三种弹体的计算结果汇总见表 5.5.4。

表 5.5.4　三种弹体计算结果汇总(初始速度 138 m/s)

计 算 结 果	110 mm,5 kg	110 mm,10 kg	210 mm,10 kg
加速度峰值/g	2 523	1 207	4 170
脉宽时间/ms	8.8	6.0(穿透)	5.7
侵彻深度/mm	482	600(穿透)	308

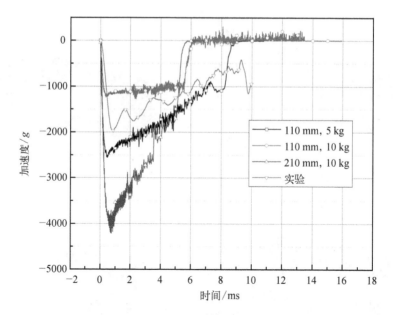

图 5.5.34　三种弹体的计算加速度曲线和实验加速度曲线

通过以上仿真计算得到以下结论：

（1）如图 5.5.34 和表 5.5.4 所示，在相同初始速度、相同弹径情况下，质量增大时，加速度峰值减小，侵彻持续时间增加，脉宽增加，加速度峰值近似与质量成反比；

（2）在相同初始速度、相同质量情况下，弹径增大时，加速度峰值增大，侵彻持续时间减小，脉宽减小。

3. 铝合金弹体侵彻蜂窝铝加速度仿真分析

1）几何模型

弹体材料为铝合金，弹体质量为 5 kg、直径为 110 mm。蜂窝铝模型结构尺寸：蜂窝窝孔为正六边形，蜂窝铝窝孔尺寸及单层蜂窝铝截面如图 5.5.35 所示，即边长比为 1，窝孔边长 $l=6.5$ mm，壁厚 0.20 mm。图 5.5.36 为单层蜂窝铝模型，图 5.5.37 为单层蜂窝铝夹心板模型。

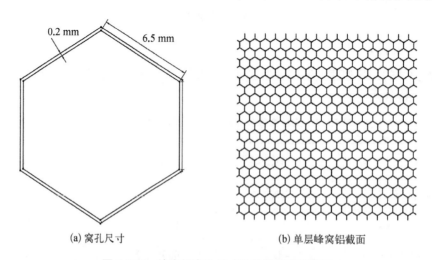

(a) 窝孔尺寸　　　　　　(b) 单层蜂窝铝截面

图 5.5.35　蜂窝铝窝孔尺寸及单层蜂窝铝截面

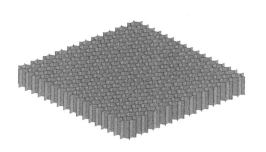

图 5.5.36 单层蜂窝铝模型

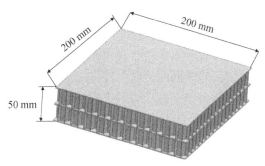

图 5.5.37 单层蜂窝铝夹心板模型

2）网格划分

模型单元和接触：利用 Belytschko – Tsay 壳单元划分网格,孔壁沿边缘划分为 3 个单元,在压缩过程中,蜂窝铝与刚性墙之间及蜂窝结构自身都会有接触,因此整个模型定为自动单面接触。单层蜂窝铝网格见图 5.5.38 ,单层蜂窝铝网格局部放大图见图 5.5.39。单层蜂窝铝夹心板网格见图 5.5.40,10 层蜂窝铝夹心板网格见图 5.5.41,弹体侵彻层蜂窝铝夹心板模型见图 5.5.42。

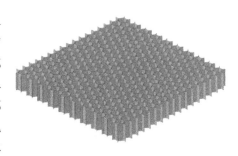

图 5.5.38 单层蜂窝铝网格

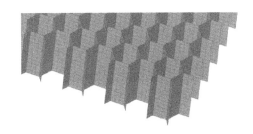

图 5.5.39 单层蜂窝铝网格局部放大图

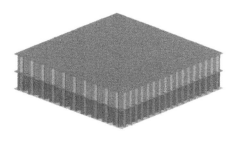

图 5.5.40 单层蜂窝铝夹心板网格

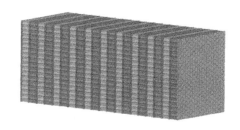

图 5.5.41 10 层蜂窝铝夹心板网格

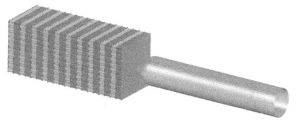

图 5.5.42 弹体侵彻层蜂窝铝夹心板模型

3）材料参数

基体材料为铝合金,选取双线性硬化材料本构,其力学参数为：弹性模量 68.97 GPa、屈服应力 292 MPa、正切模量 689.7 MPa、泊松比 0.35、密度 2 700 kg/m³。

　　4）载荷及模型边界

　　模型置于固定刚性墙和移动刚性墙之间,根据压缩方向调节刚性墙的位置。刚性墙与蜂窝铝的摩擦因子取 0.17,冲击初速度在 110~150 m/s 之间。

　　计算工况：初速度 110 m/s 和壁厚 0.2 mm,初速度 130 m/s 和壁厚 0.2 mm,初速度 130 m/s 和壁厚 0.4 mm,初速度 130 m/s 和壁厚 0.3 mm,初速度 150 m/s 和壁厚 0.3 mm,五种工况。

　　5）计算结果

　　(1) 以初速度 130 m/s 和壁厚 0.3 mm 为例,分析侵彻过程应力分布和侵彻深度随时间的变化过程,结果如图 5.5.43 所示。

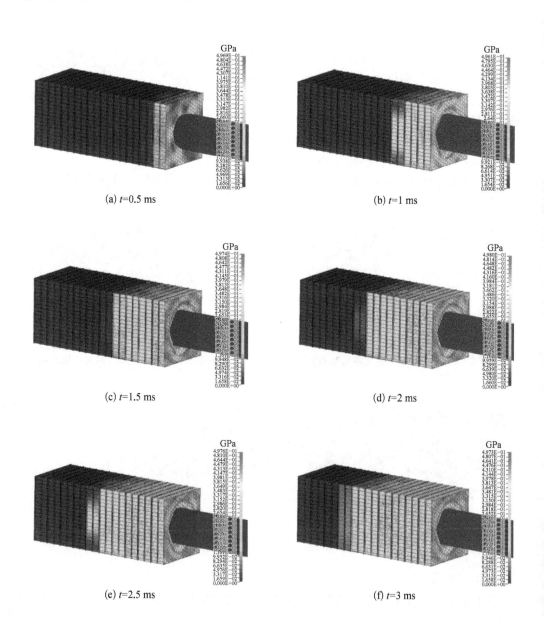

(a) t=0.5 ms

(b) t=1 ms

(c) t=1.5 ms

(d) t=2 ms

(e) t=2.5 ms

(f) t=3 ms

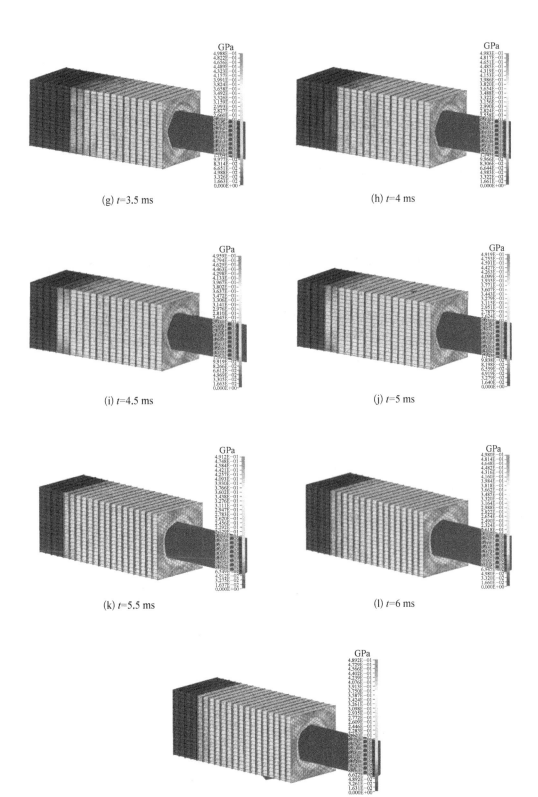

(g) t=3.5 ms

(h) t=4 ms

(i) t=4.5 ms

(j) t=5 ms

(k) t=5.5 ms

(l) t=6 ms

(m) t=6.5 ms

图 5.5.43　初速度 130 m/s 和壁厚 0.3 mm 时不同时刻侵彻过程的等效应力分布

（2）初速度 130 m/s 和壁厚 0.3 mm 侵彻深度变化过程，结果如图 5.5.44 所示。

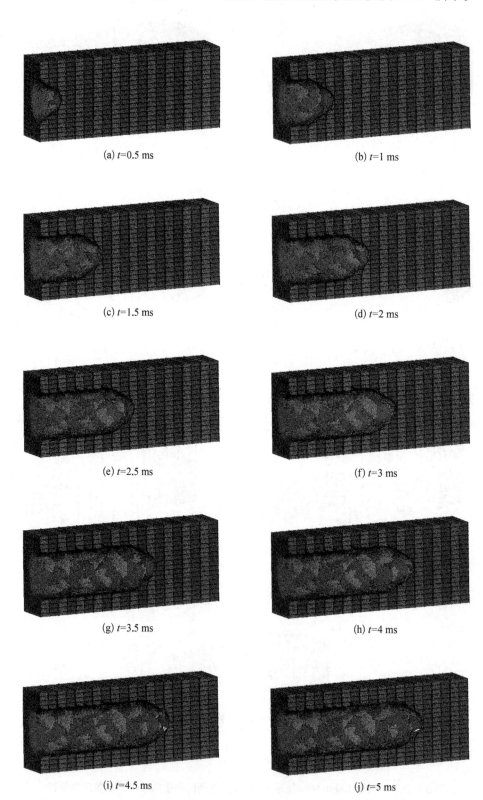

(a) $t=0.5$ ms

(b) $t=1$ ms

(c) $t=1.5$ ms

(d) $t=2$ ms

(e) $t=2.5$ ms

(f) $t=3$ ms

(g) $t=3.5$ ms

(h) $t=4$ ms

(i) $t=4.5$ ms

(j) $t=5$ ms

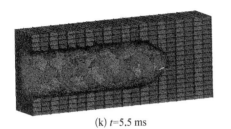
(k) t=5.5 ms

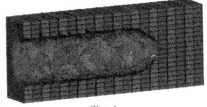
(l) t=6 ms

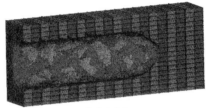
(m) t=6.5 ms

图 5.5.44　初速度 130 m/s 和壁厚 0.3 mm 不同时刻的侵彻深度

6）结果分析

分析了初速度 110 m/s 和壁厚 0.2 mm、初速度 130 m/s 和壁厚 0.3 mm、初速度 150 m/s 和壁厚 0.3 mm、初速度 130 m/s 和壁厚 0.2 mm、初速度 130 m/s 和壁厚 0.4 mm 五种工况，仿真加速度曲线如图 5.5.45 与图 5.5.46 所示。壁厚为 0.3 mm 时不同初速度的冲击加速度计算结果见图 5.5.45，由图可以看出，随着初速度从 110 m/s 增大到 150 m/s 时，加速度持续时间在增加，而峰值变化较小。初速度为 130 m/s 时不同壁厚的冲击加速度计算结果见图 5.5.46，从图中可以看出，随着壁厚从 0.2 mm 增大到 0.4 mm 时，加速度持续时间减小，而峰值增加。

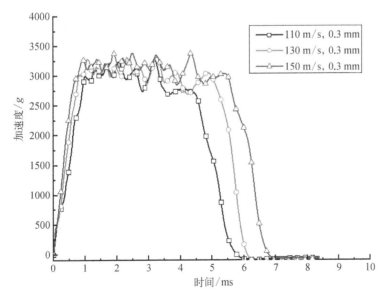
图 5.5.45　壁厚为 0.3 mm 时不同初速度的冲击加速度

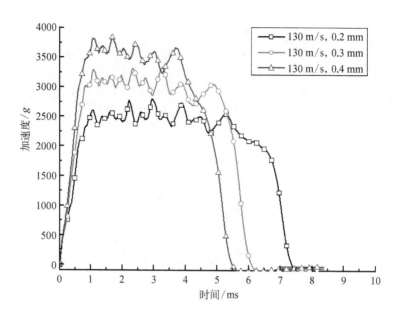

图 5.5.46　初速度为 130 m/s 时不同壁厚的冲击加速度

4. 不同缓冲材料强冲击验证试验

缓冲材料蜂窝铝及泡沫铝以不同的方式组合，波形发生试件分别进行冲击侵彻，通过基于高速摄像图像处理的测试方法获取冲击侵彻过程的宽脉冲高 g 值加速度波形。

如图 5.5.47 所示，进行炮射弹载仪器设备强冲击试验时，在高压气体的推动下，波形发生试件不断侵彻并深入缓冲材料内部，在冲击侵彻过程，获得幅值为 34 000 m/s²、脉宽在 5.8~7.1 ms 的宽脉冲强冲击加速度波形，可通过高速摄像机测量强冲击过程中的运动位移信号，经二次微分处理得出冲击加速度曲线。

图 5.5.47　宽脉冲强冲击波形发生装置实物图

如图 5.5.47 所示为试验装置图，身管上粘贴两个高速摄像识别标识作为标尺，两标记点之间的距离为 178.4 mm，弹丸上粘贴高速摄像识别标识作为跟踪点。在弹丸侵彻缓冲材料过程中,通过捕捉弹丸上粘贴的高速摄像识别标识的运动,来获取弹丸的位移曲线,进行二次微分即可得到弹丸的加速度值。缓冲材料位于身管左侧,具体设置摆放实物图如图 5.5.48 所示,规格如图 5.5.49 所示。

图 5.5.48　组合式缓冲材料(组合方式 1)实物图

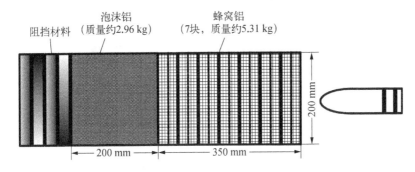

图 5.5.49　组合式缓冲材料(组合方式 1)组成图

缓冲材料受损状况如图 5.5.50 和图 5.5.51 所示。

图 5.5.50　缓冲材料受损状况 1

　　改变缓冲材料的组合,进行第二次试验,第二次试验的缓冲材料放置如图 5.5.52 所示。

　　改变缓冲材料的组合,进行第三次试验,第三次试验的缓冲材料放置如图 5.5.53 所示。

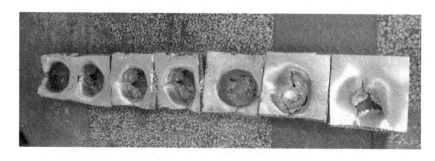

图 5.5.51　缓冲材料受损状况 2

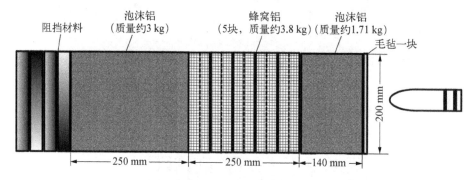

图 5.5.52　组合式缓冲材料(组合方式 2)组成图

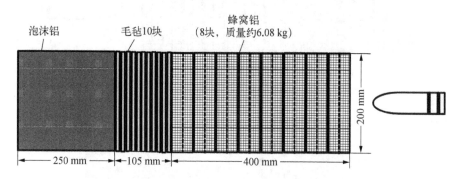

图 5.5.53　组合式缓冲材料(组合方式 3)组成图

改变缓冲材料的组合,进行第四次试验,第四次试验的缓冲材料放置如图 5.5.54 所示。

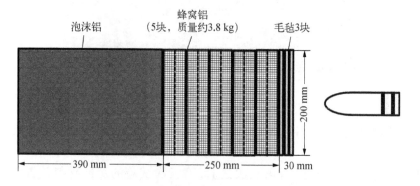

图 5.5.54　组合式缓冲材料(组合方式 4)组成图

各组试验条件及结果总结如表 5.5.5 所示。

表 5.5.5　试验条件及试验结果

试验序号	充气压力/ MPa	缓冲材料设置 （按弹丸侵彻方向排列）	加速度值/ （m/s²）	脉宽/ ms
组合方式 1	2.3	7 块蜂窝铝+200 mm 厚泡沫铝	38 046	5.87
组合方式 2	2.3	1 块毛毡+5 块蜂窝铝+250 mm 厚泡沫铝	36 612	7
组合方式 3	2.3	8 块蜂窝铝+10 块毛毡+200 mm 厚泡沫铝	29 364	8.4
组合方式 4	2.55	3 块毛毡+5 块蜂窝铝+390 mm 厚泡沫铝	40 764	6.6

从表 5.5.5 的数据看出,采用不同的充气压力及缓冲材料设置,所得到的冲击波形各不相同。经过数据分析及处理,各组试验冲击波形如下。

20180607－1 第一次试验的加速度曲线见图 5.5.55,该组曲线不符合技术指标中对脉宽的要求,不再进行下一步等效分析。

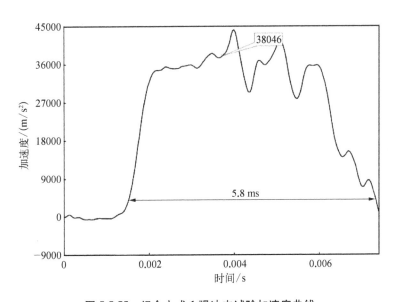

图 5.5.55　组合方式 1 强冲击试验加速度曲线

20180608－1 第二次试验的加速度曲线如图 5.5.56 所示,对图中的加速度波形进行半正弦波形等效,等效后的数据如图 5.5.57 所示。由图可知,该组加速度曲线经过等效后虽然没超过允差带范围,但波形不饱满,与标准半正弦相差较大。

20180608－2 第三次试验的加速度曲线见图 5.5.58,图中对应的加速度曲线脉宽较宽,不符合技术指标中对脉宽的要求,不再进行下一步等效分析。

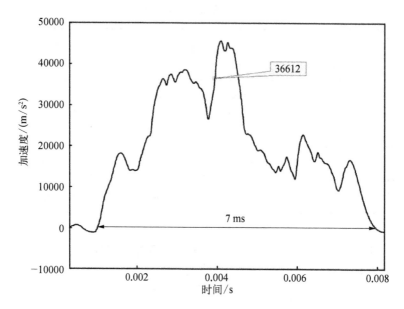

图 5.5.56　组合方式 2 强冲击试验加速度曲线

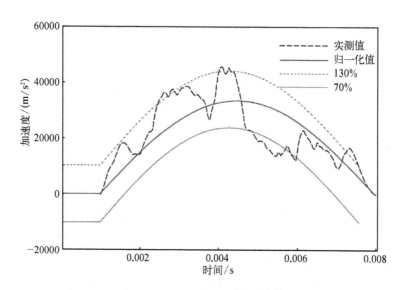

图 5.5.57　组合方式 2 强冲击试验加速度归一化结果

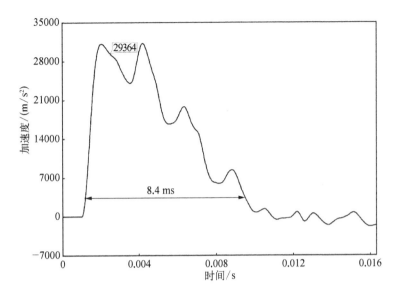

图 5.5.58　组合方式 3 强冲击试验加速度曲线

　　对图 5.5.59 对应的加速度曲线进行半正弦等效,等效后的结果如图 5.5.60 所示。由图 5.5.60 可知,该组数据归一化后,等效波形在技术指标规定允差带范围,但实际波形与标准半正弦波形差别较大。

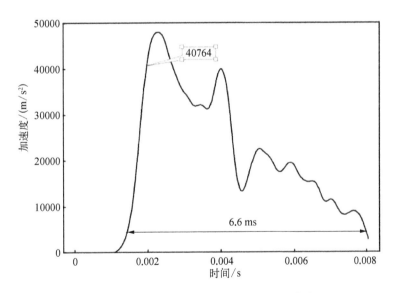

图 5.5.59　组合方式 4 强冲击试验加速度曲线

　　对本次试验数据进行分析,可以看出,采用蜂窝铝泡沫铝组合的方式进行宽脉冲强冲击波形发生试验时,部分能满足项目指标需求,但波形不饱满,与标准半正弦差别较大。需进一步对弹型参数、缓冲材料材质、不同缓冲材料组合进行调整优化,确保宽脉冲强冲击设备在试验过程中产生符合技术指标要求的强冲击波形。

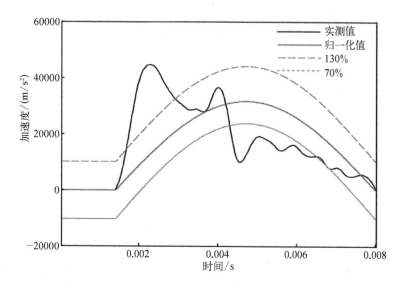

图 5.5.60　组合方式 4 强冲击试验加速度曲线归一化结果

5.5.3　弹型及弹丸参数力学性能仿真

1. 不同弹型力学性能仿真

以锥形弹丸与平头弹丸为例来建立弹丸侵彻泡沫铝材料的侵彻阻力公式,基于侵彻阻力公式来分析侵彻过程中影响弹丸冲击加速度的主要因素,并利用有限元方法研究各因素对冲击加速度峰值与脉宽的影响规律。

1) 冲击过程理论分析

基于动态空穴膨胀理论对不同弹头形状的弹丸垂直侵彻半无限泡沫铝靶板的问题进行了研究。考虑泡沫铝胞孔的剪切力对弹丸侵彻过程的影响,推导了不同侵彻阶段的阻力公式,得到了最终侵彻深度公式和侵彻时间公式。

a. 锥形弹丸侵彻泡沫铝介质的理论分析

针对锥形弹,分析了侵彻各个阶段的阻力公式,如图 5.5.61 所示为弹丸侵彻半无限泡沫铝靶板三个阶段的示意图,不考虑摩擦对侵彻过程的影响,则第三阶段的侵彻机理与第二阶段相同。图 5.5.61 中,Z 为侵彻深度,r 为弹丸半径,L_1 为锥形弹丸头部长度,L_2 为弹身长度。

弹丸在侵彻泡沫铝的过程中受到的侵彻阻力主要为泡沫铝靶体对弹丸的法向压力、剪切力与动态强化作用力,其中材料的动态强化作用主要是由压碎激振前沿的胞元材料引起的。

a) $0 \leqslant Z < L_1$

考虑泡沫铝胞孔的剪切应力、材料的动态强化作用,靶体对弹丸的侵彻阻力为

$$F_z = \pi \left(Z \tan\theta \right)^2 \sigma_{pl} + \pi Z^2 \tan\theta \frac{\tau}{\cos\theta} + \pi \left(Z \tan\theta \right)^2 \sin^2\theta \frac{\rho^*}{\varepsilon_D} v^2 \quad (5.5.31)$$

式中,θ 为半锥角;v 为弹丸速度;τ 为泡沫铝剪切应力。令

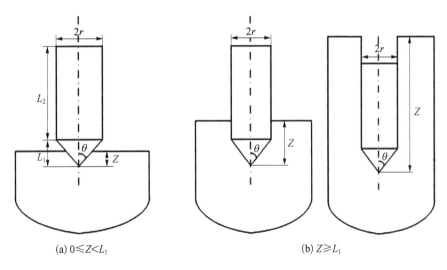

(a) $0 \leqslant Z < L_1$ (b) $Z \geqslant L_1$

图 5.5.61 弹丸侵彻半无限泡沫铝靶板的示意图

$$A = \pi\,(\tan\theta)^2\sigma_{pl} + \pi\tan\theta\,\frac{\tau}{\cos\theta} \qquad (5.5.32)$$

$$B = \pi\,(\tan\theta)^2\sin^2\theta\,\frac{\rho^*}{\varepsilon_D} \qquad (5.5.33)$$

则式(5.5.31)也可写为

$$F_z = Z^2(A + Bv^2) \qquad (5.5.34)$$

侵彻模型的初始条件为 $t = 0$ 时, $Z = 0$, $v = v_0$, 则侵彻阻力与弹丸速度的关系为

$$-F_z = m\,\frac{\mathrm{d}v}{\mathrm{d}t} \qquad (5.5.35)$$

由于 $\mathrm{d}v/\mathrm{d}t = (\mathrm{d}v/\mathrm{d}x)(\mathrm{d}x/\mathrm{d}t) = v(\mathrm{d}v/\mathrm{d}x)$, 弹丸速度与侵彻深度的关系为

$$v = \sqrt{v_0^2\exp\!\left(-\frac{2BZ^3}{3m}\right) - \frac{A}{B}\left[1 - \exp\!\left(-\frac{2BZ^3}{3m}\right)\right]} \qquad (5.5.36)$$

当 $Z = L_1$ 时, 弹丸速度 v_1 为

$$v = v_1 = \sqrt{v_0^2\exp\!\left(-\frac{2BL_1^3}{3m}\right) - \frac{A}{B}\left[1 - \exp\!\left(-\frac{2BL_1^3}{3m}\right)\right]} \qquad (5.5.37)$$

b) $Z \geqslant L_1$

当 $Z \geqslant L_1$ 时, 弹头已完全侵入泡沫铝靶板, 此时靶体对弹丸的阻力为

$$F_z = L_1^2(A + Bv^2) \qquad (5.5.38)$$

弹丸速度与侵彻深度的关系为

$$v = \sqrt{\left(v_0^2 + \frac{A}{B}\right)\exp\!\left[\frac{BL_0^2\left(\frac{4}{3}L_1 - 2Z\right)}{m}\right] - \frac{A}{B}} \qquad (5.5.39)$$

弹丸侵彻深度公式为

$$Z = \frac{m}{2BL_1^2}\ln\frac{A + Bv_0^2}{A + Bv^2} + \frac{2}{3}L_1 \qquad (5.5.40)$$

最大侵彻深度为

$$Z_{\max} = \frac{m}{2BL_1^2}\ln\left(1 + \frac{B}{A}v_0^2\right) + \frac{2}{3}L_1 \qquad (5.5.41)$$

将式(5.5.39)两边对时间 t 积分,得 $Z \geq L_1$ 时的速度–时间关系式:

$$v = \sqrt{\frac{A}{B}\tan\left[\sqrt{AB}L_1^2(t_1 - t) + \arctan\sqrt{\frac{B}{A}}v_1\right]} \qquad (5.5.42)$$

式中, t_1 表示侵彻深度为 L_1 时的冲击时间。

若设弹头侵彻靶板的过程为匀变速过程,则

$$t_1 \approx \frac{2L_1}{v_0 + v_1} \qquad (5.5.43)$$

当侵彻过程结束时, $v = 0$,则侵彻停止时间为

$$T = \frac{\arctan\sqrt{\frac{B}{A}}v_1}{\sqrt{AB}L_1^2} + t_1 \qquad (5.5.44)$$

由此可对侵彻过程中的加速度响应脉宽进行预测。

由以上理论公式分析可知,影响锥形弹丸侵彻半无限厚泡沫铝介质的弹丸加速度响应的因素有:弹丸质量、弹丸半径、弹丸头部锥顶角、弹丸速度、泡沫铝基体材料性质及泡沫铝孔隙率等。

b. 平头弹丸侵彻泡沫铝介质的理论分析

如图 5.5.62 所示为平头弹丸侵彻半无限泡沫铝介质的两个阶段的示意图,不考虑摩擦对侵彻过程的影响,则第二阶段的侵彻机理与第一阶段相同。基于 Lu 等(2010)的研究,认为平头弹丸侵彻无限厚泡沫铝靶板时,遵循以下侵彻阻力公式:

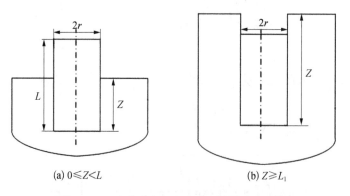

(a) $0 \leq Z < L$ (b) $Z \geq L_1$

图 5.5.62　平头弹丸侵彻半无限泡沫铝示意图

$$F_d = \sigma_{pl} \pi r^2 + 2\pi r \gamma + \frac{\pi r^2 \rho^*}{\varepsilon_d} v^2 \tag{5.5.45}$$

式中，ε_d 为泡沫铝致密化应变；γ 为单位面积上的剪切能量(单位为 kJ/m^2)，大小为

$$\gamma = 550.8 \left(\frac{\rho^*}{\rho_s}\right)^{1.8} \tag{5.5.46}$$

则平头弹丸的侵彻深度公式为

$$Z = \frac{M\varepsilon_d}{\pi r^2 \rho^*}\left(\ln\left\{1 + \frac{\rho^*}{\varepsilon_d[\sigma_{pl} + (2\gamma/r)]}v_0^2\right\} - \ln\left\{1 + \frac{\rho^*}{\varepsilon_d[\sigma_{pl} + (2\gamma/r)]}v^2\right\}\right) \tag{5.5.47}$$

最大侵彻深度为

$$Z_{max} = \frac{M\varepsilon_d}{\pi r^2 \rho^*}\ln\left\{1 + \frac{\rho^*}{\varepsilon_d[\sigma_{pl} + (2\gamma/r)]}v_0^2\right\} \tag{5.5.48}$$

侵彻速度 v 随时间 t 的变化关系式为

$$v = \sqrt{\frac{\varepsilon_d(r\sigma_{pl} + 2\gamma)}{r\rho^*}}\tan\left[\arctan\left(\sqrt{\frac{r\rho^*}{\varepsilon_d(r\sigma_{pl} + 2\gamma)}}v_0\right) - \sqrt{\frac{\pi^2 r^3 \rho^*(r\sigma_{pl} + 2\gamma)}{\varepsilon_d M^2}}t\right] \tag{5.5.49}$$

令

$$C = \sqrt{\frac{\varepsilon_d(r\sigma_{pl} + 2\gamma)}{r\rho^*}}, \quad D = \sqrt{\frac{\pi^2 r^3 \rho^*(r\sigma_{pl} + 2\gamma)}{\varepsilon_d M^2}}$$

则速度时间公式也可写为

$$v = A\tan\left[\arctan\left(\frac{v_0}{A}\right) - Bt\right] \tag{5.5.50}$$

侵彻结束($v = 0$ m/s)时的侵彻时间为

$$T = \frac{\arctan\left(\sqrt{\frac{r\rho^*}{\varepsilon_d M^2}}v_0\right)}{D} \tag{5.5.51}$$

以上理论分析均忽略了摩擦给弹丸侵彻过程带来的影响，分析了弹丸各侵彻阶段的受力情况，给出了弹丸侵彻深度和侵彻时间的计算公式。由以上理论公式分析可知，影响锥形弹丸侵彻半无限厚泡沫铝介质的弹丸加速度响应的因素有：弹丸质量、弹丸半径、弹丸速度，泡沫铝基体材料性质及泡沫铝孔隙率等。

2) 冲击过程力学仿真分析

宽脉冲、强冲击波形是通过波形发生试件在侵彻缓冲介质过程中产生的，在理想状况下，整个侵彻位移的长度约为 460 mm。为了直接测量整个的冲击位移行程，需要采用较长的波形发生试件，在冲击过程中，试件的尾部始终能够被观测到。因此，整个波形发生试件的长度设置应不小于 510 mm，以 110 mm 的圆筒外径为例，以最大质量 5 kg 为限，按

照侵彻过程中最大过载为 40 000 m/s² 进行计算,对波形发生试件的圆筒部分进行静态强度校核,以便于确定适宜的试件材料和结构尺寸。波形发生试件材料分别选择轻质材料铝合金、镁合金及碳纤维。

a. 波形发生试件几何模型

波形发生试件截面模型如图 5.5.63 所示,圆筒外半径 R,内半径 r,壁厚 $h = R - r$,波形发生试件的头部为半球体半径为 R,圆筒长度 L。以长度 $L = 480$ mm,$L_1 = 20$ mm,$R = 55$ mm 为例计算。

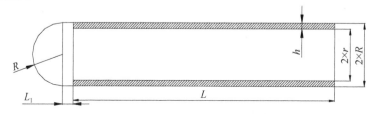

图 5.5.63　波形发生试件截面模型

对圆筒部分进行强度计算的模型如图 5.5.64 所示,波形发生试件实物如图 5.5.65 所示。

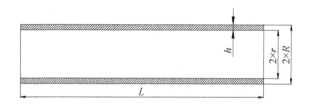

图 5.5.64　圆筒部分模型

图 5.5.65　波形发生试件实物(球头弹)

b. 材料参数

三种材料的力学参数如表 5.5.6 所示。

表 5.5.6　所选材料的力学参数

材料名称	密度 $\rho/(\mathrm{kg/m^2})$	杨氏模量 E/GPa	泊松比 ν	屈服强度 σ_s/MPa	极限强度/ MPa
铝合金	2 770	71	0.33	280	310
镁合金	1 800	45	0.35	193	255
碳纤维	1 760	228	0.3		3 200

c. 强度及变形计算

波形发生试件质量计算:

$$m = \rho\left\{\frac{2}{3}\pi R^3 + \pi R^2 L_1 + \pi\left[R^2 - (R-h)^2 L\right]\right\} \tag{5.5.52}$$

取加速度 a 为 40 000 m/s², 根据材料力学理论, 等截面圆筒在两端受压力 F 作用下可得如下计算公式。

轴向应力:

$$\sigma = \frac{F}{A} = \frac{ma}{\pi\left[R^2 - (R-h)^2\right]} \tag{5.5.53}$$

轴向变形:

$$\Delta L = \frac{FL}{EA} = \frac{maL}{E\pi\left[R^2 - (R-h)^2\right]} \tag{5.5.54}$$

径向变形:

$$\Delta R = \nu\frac{FR}{EA} = \frac{\nu maR}{E\pi\left[R^2 - (R-h)^2\right]} \tag{5.5.55}$$

d. 强度校核

a) 铝合金材料

波形发生试件质量与壁厚 h 的关系: 由 $m < 5$ kg, 可得 $h < 8.2$ mm; 轴向应力与圆筒壁厚 h 的关系: 由 $\sigma \leqslant \sigma_s$、$\sigma_s = 280$ MPa 可得 $h > 0.75$ mm。因此, 对于铝合金材料, 为了同时保证波形发生试件质量和强度要求, 圆筒壁厚应满足如下条件: 0.75 mm $< h <$ 8.2 mm。图 5.5.66~图 5.5.69 给出了铝合金材料波形发生试件质量、圆筒轴向应力、轴向变形、径向变形随圆筒壁厚的变化关系。

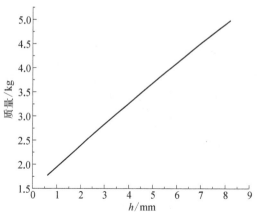

图 5.5.66 铝合金材料波形发生试件质量与壁厚的关系

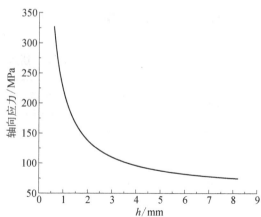

图 5.5.67 铝合金材料圆筒轴向应力与壁厚的关系

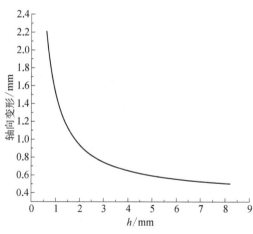

图 5.5.68 铝合金材料圆筒轴向变形与壁厚的关系

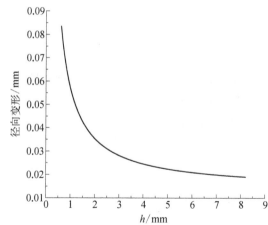

图 5.5.69 铝合金材料圆筒径向变形与壁厚的关系

由图 5.5.66~图 5.5.69 可知,在 0.75 mm<h<8.2 mm 范围内,质量范围为 1.2 kg<m<5 kg,轴向应力范围为 75 MPa<σ<330 MPa,圆筒的轴向变形范围为 0.5 mm<ΔL<2.2 mm,圆筒的径向变形范围为 0.02 mm<ΔR<0.085 mm。

b) 镁合金材料

波形发生试件质量与壁厚 h 关系:由 m<5 kg,可得 h<15.76 mm;轴向应力与圆筒壁厚 h 的关系:由 $\sigma \leqslant \upsilon_s$, σ_s = 193 MPa,可得 h>0.7 mm。因此,对于镁合金材料,为了同时保证波形发生试件质量和强度要求,圆筒壁厚应满足如下条件: 0.7 mm<h<15.76 mm。图 5.5.70~图 5.5.73 给出了镁合金材料波形发生试件质量、圆筒轴向应力、轴向变形、径向变形随圆筒壁厚的变化关系。

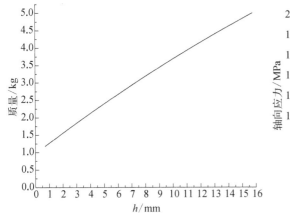

图 5.5.70　镁合金材料波形发生试件质量与
　　　　　壁厚的关系

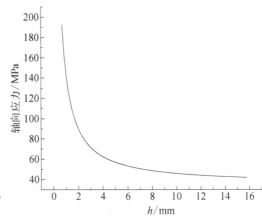

图 5.5.71　镁合金材料圆筒轴向应力与
　　　　　壁厚的关系

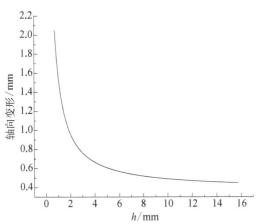

图 5.5.72　镁合金材料圆筒轴向变形与
　　　　　壁厚的关系

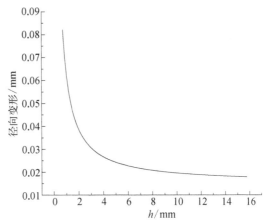

图 5.5.73　镁合金材料圆筒径向变形与
　　　　　壁厚的关系

由图 5.5.70~图 5.5.73 可知,在 0.7 mm<h<15.76 mm 范围内,波形发生试件质量 1.2 kg<m<5 kg,轴向应力 42 MPa<σ<193 MPa,圆筒的轴向变形 0.45 mm<ΔL<2.1 mm,圆筒的径向变形 0.018 mm<ΔR<0.083 mm。

c）碳纤维材料

波形发生试件质量与壁厚 h 的关系:由 m<5 kg,可得 h<16.3 mm;轴向应力与圆筒壁厚 h 的关系:由极限强度 3 200 MPa 可得,h>0.03 mm。因此,对于铝合金材料,为了同时保证波形发生试件质量和强度要求,圆筒壁厚应满足如下条件:0.03 mm<h<16.3 mm。图 5.5.74~图 5.5.77 给出了碳纤维材料波形发生试件质量、圆筒轴向应力、轴向变形、径向变形随圆筒壁厚的变化关系。

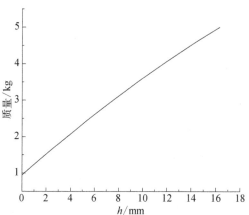

图 5.5.74 碳纤维材料波形发生试件质量与壁厚的关系

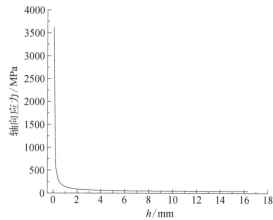

图 5.5.75 碳纤维材料圆筒轴向应力与壁厚的关系

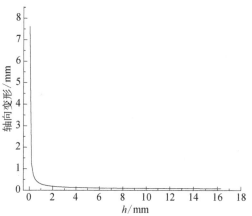

图 5.5.76 碳纤维材料圆筒轴向变形与壁厚的关系

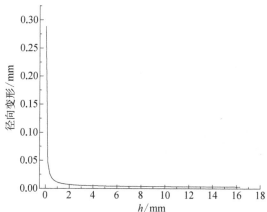

图 5.5.77 碳纤维材料圆筒径向变形与壁厚的关系

由图 5.5.74~图 5.5.77 可知,在 0.03 mm$<h<$16.3 mm 范围内,质量范围为 1 kg$<m<$5 kg,轴向应力范围为 41 MPa$<\sigma<$3200 MPa,圆筒的轴向变形范围为 0.09 mm$<\Delta L<$7.5 mm,圆筒的径向变形范围为 0.003 mm$<\Delta R<$0.29 mm。

通过对三种波形发生试件材料的静态强度进行计算,以过载达到 40 000 m/s^2 为例,为了同时满足波形发生试件质量要求和强度要求,可以得出圆筒壁厚 h 应满足如下条件:铝合金材料为 0.75 mm$<h<$8.2 mm,镁合金材料为 0.7 mm$<h<$15.76 mm,碳纤维材料为 0.03 mm$<h<$16.3 mm。在上述尺寸范围内,三种材料的波形发生试件的径向变形量均小于 1 mm。当圆筒壁厚≥3 mm 时,三种材料波形发生试件的轴向变形量均小于 1 mm。

为分析弹丸结构参数与泡沫铝材料参数对冲击波形的影响,本小节在上述数值模型的基础上分别通过改变泡沫铝孔隙率、靶板厚度及弹丸参数来进行计算,分析其参数对冲击过程及结果的影响。

2. 弹丸参数对弹丸冲击加速度的影响

1) 弹丸速度对弹丸冲击加速度的影响

为研究不同弹丸速度对泡沫铝冲击过程的影响,在基准模型基础上改变弹丸速度进行仿真计算并得出结果,图 5.5.78 为不同弹丸速度对泡沫铝缓冲性能的影响曲线,其中图(a)为不同速度的弹丸冲击加速度曲线,图(b)为不同弹丸速度对加速度峰值和脉宽的影响。

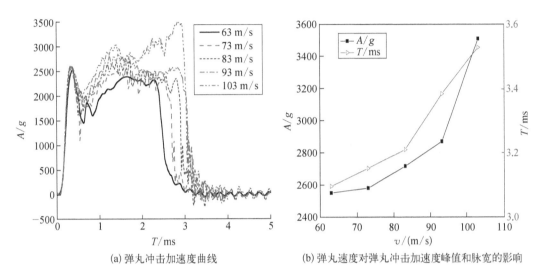

(a) 弹丸冲击加速度曲线　　　　(b) 弹丸速度对弹丸冲击加速度峰值和脉宽的影响

图 5.5.78　不同弹丸速度对弹丸冲击加速度的影响

图 5.5.78(a) 所示为弹丸冲击速度分别为 63 m/s、73 m/s、83 m/s、93 m/s、103 m/s 时的加速度时程曲线。相比加速度第一峰值,弹丸冲击速度对第二峰值的影响更为明显。图 5.5.78(b) 揭示了不同弹丸速度对加速度峰值和脉宽的影响,由图可知,弹丸速度越大,冲击加速度的峰值和脉宽越大。分析认为,弹丸速度增大时,冲击能量越大,泡沫铝的动态阻抗随之提高,导致冲击加速度的峰值和脉宽同时增大。

2) 弹头形状对弹丸冲击加速度的影响

为研究不同弹头形状对泡沫铝冲击过程的影响,在基准模型的基础上分别改变弹头形状(半球形与 45°锥形)进行计算,图 5.5.79 为半球形弹丸与 45°锥形头弹丸的结构示意图。图 5.5.80 即弹头形状对泡沫铝缓冲性能的影响曲线,其中图(a)为不同弹头形状的弹丸冲击加速度曲线,图(b)为弹头形状对加速度峰值和脉宽的影响。

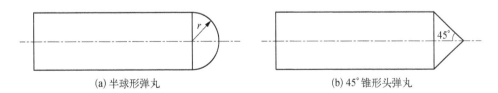

(a) 半球形弹丸　　　　　　　　(b) 45°锥形头弹丸

图 5.5.79　半球形弹丸与 45°锥形头弹丸的结构示意图

由图 5.5.80(a)可以看出,45°锥形头弹及半球形头弹在侵彻泡沫铝的过程中并未出现明显的"M"波现象,其中 45°锥形头弹的加速度时程曲线更为光滑平整,与半正弦波相

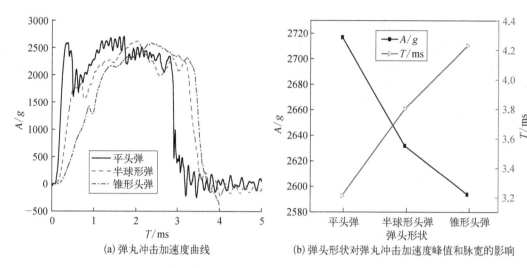

(a) 弹丸冲击加速度曲线　　　　(b) 弹头形状对弹丸冲击加速度峰值和脉宽的影响

图 5.5.80　不同弹头形状对弹丸冲击加速度的影响

近,计算结果表明,弹头形状对加速度时程曲线形状的影响较大。图 5.5.80(b)表明了弹头形状对加速度峰值和脉宽的影响,相比平头弹,45°锥形头弹及半球形头弹更易侵彻泡沫铝靶板,体现为加速度峰值的降低与脉宽的增大。

　　3)锥形弹丸头部锥角对弹丸冲击加速度的影响

　　前面研究了弹头形状对弹丸冲击加速度-时间曲线的影响,研究发现锥形头弹丸的侵彻加速度曲线最为平整,所以在以上研究的基础上进一步研究了锥形弹丸头部锥角对弹丸冲击过程的影响,以前面锥形弹丸模型为基础模型,改变弹丸头部的锥角并分别进行仿真计算,见图 5.5.81。

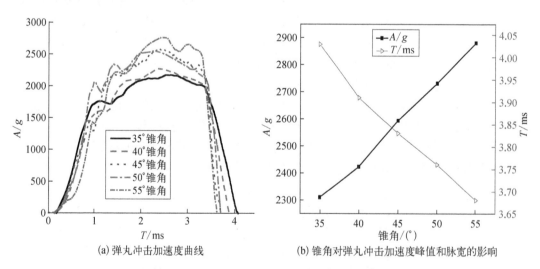

(a) 弹丸冲击加速度曲线　　　　(b) 锥角对弹丸冲击加速度峰值和脉宽的影响

图 5.5.81　不同锥角对弹丸冲击加速度的影响

　　图 5.5.81(a)所示为弹丸头部锥角分别为 35°、40°、45°、50°、55°时弹丸冲击泡沫铝的加速度时程曲线图。弹丸头部的锥角通过改变弹丸头部的长度而变化,不改变弹丸的直径。由图 5.5.81(b)可知,弹丸的冲击加速度峰值随着弹丸头部锥角的增加而增大,冲击

脉宽随着锥角的增大而减小。分析认为,随着弹丸头部锥角的增大,弹丸的开坑难度增大,弹丸受到的泡沫铝介质的阻力增大,侵彻过程的加速度增大,冲击脉宽减小。

4) 弹丸质量对弹丸冲击加速度的影响

为研究不同弹丸质量对泡沫铝冲击过程的影响,在基准模型的基础上改变弹丸质量进行仿真计算并得出结果,图 5.5.82 为不同弹丸质量对泡沫铝缓冲性能的影响曲线,其中图(a)为不同质量的弹丸冲击加速度曲线,图(b)为不同弹丸质量对加速度峰值和脉宽的影响。

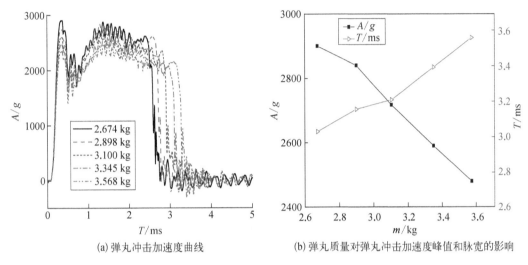

(a) 弹丸冲击加速度曲线   (b) 弹丸质量对弹丸冲击加速度峰值和脉宽的影响

图 5.5.82　不同弹丸质量对弹丸冲击加速度的影响

图 5.5.82(a)所示为弹丸质量分别为 2.674 kg、2.898 kg、3.100 kg、3.345 kg、3.568 kg 时弹丸冲击泡沫铝的加速度时程曲线图。由图 5.5.82(b)可知,弹丸质量增加时,弹丸的冲击加速度峰值随着弹丸质量的增加而减小,冲击脉宽宽度随着弹丸质量的增加而增大。分析认为,弹丸质量增大时,冲击能量增大,由 $a = F/m$ 可知,在泡沫铝法向阻抗力一定的条件下,弹丸质量增大,冲击加速度减小,且冲击脉宽随之增加。

3. 弹型设计与波形参数调整验证试验

本小节试验中,将原有的直径 109 mm(ϕ109)球头波形发生试件进行更换,使用半径分别为 30 mm 和 20 mm(R30 和 R20)的 60°锥形波形发生试件进行试验。波形发生试件见图 5.5.83,试验所用缓冲材料组成示意图见图 5.5.84,本小节试验数据结果见表 5.5.7。

表 5.5.7　验证试验数据结果

序号	发射压力/ MPa	速度/ (m/s)	缓冲材料 规格	脉冲宽度/ ms	加速度幅值/ g	备 注
1	2.5	132	10 块蜂窝铝, 壁厚为 0.3 mm	—	2 400	R20 锥头弹, 速度未到 0
2	2.7	149		—	2 400	
3	2.5	139		6.7	3 350	R30 锥头弹
4	2.7	145		6.7	3 502	

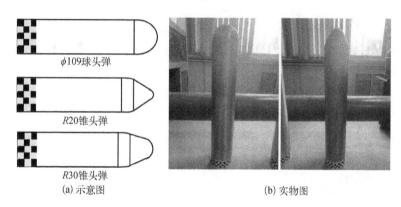

(a) 示意图　　　　　　　　(b) 实物图

图 5.5.83　波形发生试件不同弹型示意图及实物

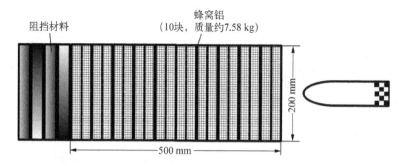

图 5.5.84　试验所用缓冲材料组成示意图

　　从表 5.5.7 的数据看出,随着发射压力的提升,冲击载体速度提升,根据目标波形参数计算,当冲击载体速度达到 140 m/s,冲击能量满足要求,使用 R20 锥头弹时,加速度幅值无法达到指标要求,但脉冲宽度大于指标要求,由于高速摄像拍摄距离限制,波形采集不完整;使用 R30 锥头弹时,加速度波形满足加速度幅值为 3 400 g、脉冲宽度为 6.5 ms 及波形允差的技术指标要求,且波形饱满,直接对加速度原始曲线进行波形评价或波形等效后进行波形评价,均可满足波形允差小于 30% 指标要求。1~4 试验波形分别如图 5.5.85~图 5.5.100 所示。

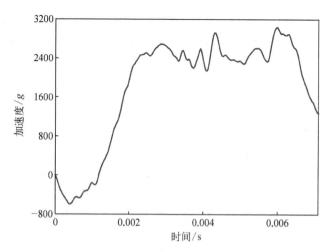

图 5.5.85　20180712 − 1 加速度曲线

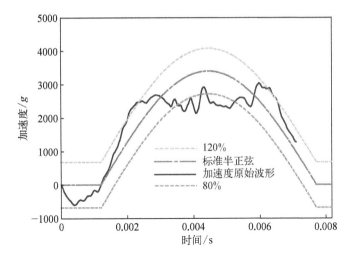

图 5.5.86 20180712－1 加速度波形容差

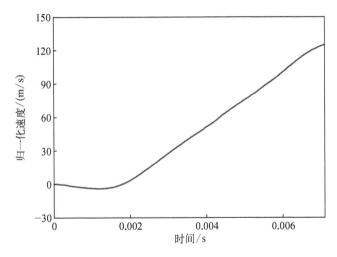

图 5.5.87 20180712－1 速度波曲线

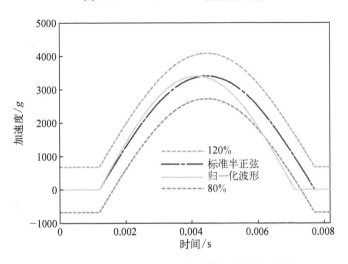

图 5.5.88 20180712－1 加速度等效后的波形容差

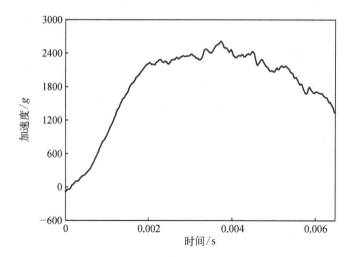

图 5.5.89　20180712－2 加速度原始曲线

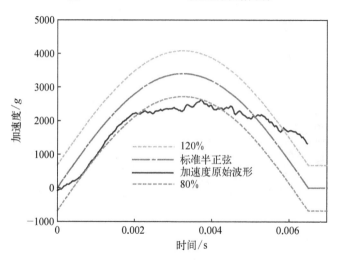

图 5.5.90　20180712－2 加速度波形允差

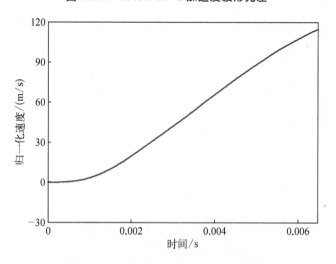

图 5.5.91　20180712－2 归一化速度曲线

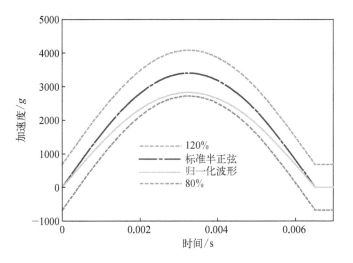

图 5.5.92　20180712‒2 加速度等效后的波形允差

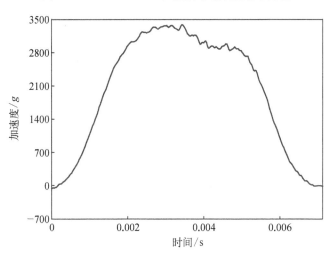

图 5.5.93　20180712‒3 加速度曲线

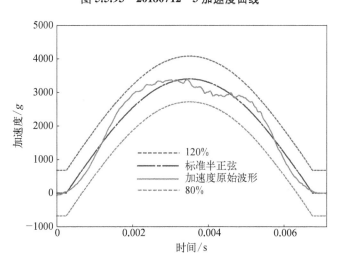

图 5.5.94　20180712‒3 加速度原始波形允差

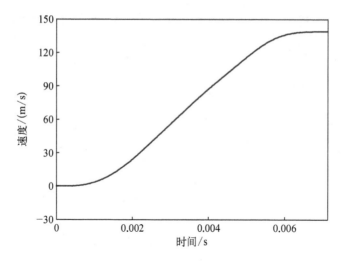

图 5.5.95 20180712 – 3 速度波曲线

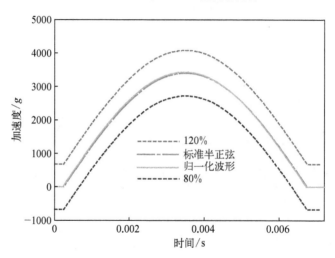

图 5.5.96 20180712 – 3 加速度等效后的波形允差

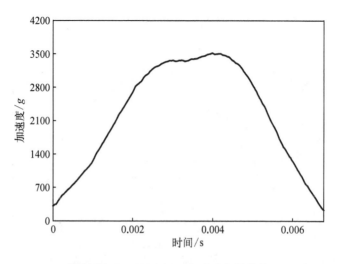

图 5.5.97 20180713 – 1 加速度原始曲线

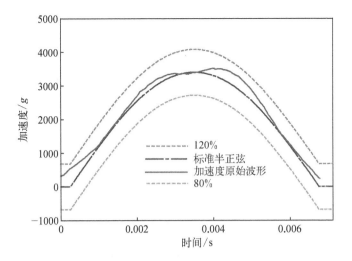

图 5.5.98　20180713－1 加速度原始波形允差

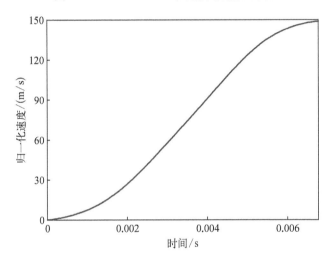

图 5.5.99　20180713－1 速度波曲线

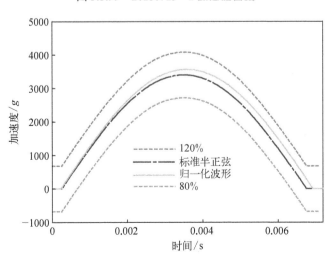

图 5.5.100　20180713－1 加速度等效后的波形允差

5.6 空气炮宽脉冲强冲击试验方法及步骤

空气炮强冲击试验系统涉及的测试参数主要有气压室气路环节压力测试、弹丸和试件(或模拟件)加速度测试、速度或位移量测试。

5.6.1 压力测试

压力测试常采用压电式压力传感器、压阻式压力传感器、应变式压力传感器。压电式压力传感器量程分布范围固定、频响高,具有很高的输出阻抗,配用高输入阻抗的电荷放大器,测量电路具有很大的时间常数,使用的下限频率非常低,测试系统可以进行静态标定。压阻式压力传感器采用锰铜线圈,线圈浸泡在脂化传压液中,当受到压力作用时,锰铜丝线圈的电阻值产生变化,将锰铜线圈接入电桥实现压力信号测量。这种传感器测试量程系列化、频响高、低频响应好、性能稳定可靠。应变式压力传感器利用被测压力作用于管形弹性敏感元件的管孔中,经管内传压液体而使粘贴在管外的电阻应变片产生应变,应变片接入电桥与动态应变仪连接实现压力信号测量。这种传感器量程相对较低,静态指标较优,但动态指标相比前两种传感器较差。

压力信号测量包括传感器及测试系统的选择、测试部位及传感器的安装、测试系统设置、调试、系统标定等。一般的测量步骤如下:

(1)根据气压室压力大小,气路各环节压力大小选择压力传感器及测试系统,使测试系统满足测试要求;

(2)测试系统需定期进行标定,对于重要试验,在测试之前要进行标定;

(3)合理选择传感器的安装部位,安装部位应能代表待测部位的典型压力值,传感器安装位置的选择要综合考虑;

(4)根据测试要求设置好测试系统各部件的各类参数,如幅值范围、频响、灵敏度等旋钮位置;

(5)对安装好的传感器及连接线进行适当保护,以保证测试工作正常进行;

(6)每发射击之后,要仔细检查测试系统,观察分析压力信号是否正常。

5.6.2 加速度传感器测试

加速度传感器有压电型、压阻型、应变型、电容型多种。压电式加速度传感器结构简单、牢固、体积小、重量轻、频率响应范围宽、动态范围大、性能稳定,输出线性好。按压电晶体的工作方式,压电式加速度传感器的结构可分为三种形式:压缩型、弯曲型和剪切型。其中,压缩型又分为周边压缩式、中心压缩式、倒装中心压缩式和基座隔离压缩式。

周边压缩式加速度传感器的弹簧与传感器外壳相连,预压在质量块上。这种形式的传感器灵敏度高、固有频率高、可测频率范围宽,但易受基座应变的影响;中心压缩式传感器的弹簧、质量块和压电片牢固地固定在传感器基座的中心杆上,质量块受到预紧力,而不与外壳直接接触,外壳仅起保护作用,这种传感器具有较高的固有频率和较宽的动态范围,但仍受到安装表面基础应变的影响;倒装中心压缩式传感器的敏感元件固定在外壳的顶部,离基座较远,受基座变形的影响较小,又保持了中心压缩式传感器频响宽、动态范围大的优点,是近年来比较新的一种结构形式。

弯曲型加速度传感器是利用压电体在外力作用下产生弯曲变形而产生电荷输出。通常是把压电体粘贴在悬臂梁上,上下各一片,灵敏度高,但因受梁的刚度限制,固有频率较低,频响范围较窄,一般适用于较低加速度和较低频率信号的测量。

剪切型加速度传感器的压电元件是圆筒形的,圆筒内、外表面沉积金属电极,套在壳体的轴心上,极化方向平行于圆筒的轴向,轴心和基座成一起。惯性质量环套在压电元件上,作用原理是利用压电元件的切变压电效应。这种传感器结构的特点是压电元件只有受到质量环作用的剪切力时才能在圆筒内外表面电极上产生电荷,这种剪切力只在测量方向上才能产生,其他方向的作用力都不会在电极上产生电荷,加之质量-弹簧系统与外壳隔开,这种结构的传感器有很好的环境隔离效果,其基础应变灵敏度、声灵敏度都很小,并有很高的固有频率,频响范围很宽,横向灵敏度也很小。

压阻加速度传感器是利用半导体压敏电阻材料作为敏感元件来测量加速度,这种传感器的低频响应好,具有测量零频响应的能力,灵敏度高,频响范围固定。

应变式加速度传感器利用电阻应变片作为敏感元件测量加速度,这种传感器结构简单、使用可靠、横向效应小,可以实现零频响应测量,适用于低频加速度信号测量。

电容式加速度传感器是利用变电容敏感元件测量加速度,这种传感器尺寸小、重量轻、结构牢固,一般采用气体阻尼,内部装有过量程限制器,具有零频响应,线性好。

以上类型加速度传感器都可供选择使用,试验时可根据已有的传感器种类进行选择,只要满足测量要求即可。

加速度测量包括传感器及测试系统的选择,测试部位及传感器的安装,测试系统设置、调试、系统标定等,具体的测量方法如下。

(1)根据强冲击试验目的选择传感器及测试系统。要侧重考虑传感器的灵敏度、动态范围、工作频率范围、动态线性度、动态重复性等主要性能指标。

(2)充分考虑测试对象的结构特点、工况特点、测量现场的环境条件、测量位置、传感器安装方式、信号传输及引线方式、电缆及传感器保护措施等因素,选择适当的测试方法,以保证正常测试工作进行及获取准确的测量数据。例如,对于试件(或模拟件)的加速度,可以采用实时在线测量方法;而对于弹丸的加速度,宜采用存储测量方法。

(3)传感器及整个测试系统经国家计量部门标定校准,标定证书齐全并在计量的有效期内。

(4)传感器及引线要采取有效的保护措施,以防止在强冲击过程中引起电缆损坏或接头松动,造成侧视信号失真。

(5)根据测试信号特征设置好测试系统的各类系数,如灵敏度、动态范围、频响范围等。

(6)每次射击后,要仔细检查测试系统,观察分析加速度信号是否正常、有无异常现象,以决定测试系统是否要重新设定。

5.6.3 速度测试

速度信号测试相对比较简单,一般要对弹丸的出炮口速度和试件(或模拟件)撞击后

高能效宽脉冲强冲击试验与测试技术

的速度进行测试。通常采用激光靶测试方法,即在炮口前端和试件撞击结束位置各布置两套激光管装置,激光管发射出两束激光,测量出两束激光束的距离,当弹或试件高速运动通过两束激光位置时给出两个信号,该信号由接收端测出,通过信号指标测出通过两束激光所需要的时间,由此即可测量出弹丸的炮口速度和试件撞击后获得的速度。有些试验要求测量弹丸在发射管内的运动速度,这种一般采用微波测速系统或激光测速系统,即采用多普勒频移原理进行测量。

5.6.4 基于高射摄像的减速式宽脉冲强冲击试验方法步骤

(1)被试品的检查:对被试品的外观、电性能、机械性能进行检查,并记录检查结果。

(2)模拟件准备:准备与被试品结构相近、材质相同、重量相同的模拟件。

(3)跟踪标识固定:在试验弹体的尾部周向固定跟踪标识,作为高速摄像图像分析的跟踪点。

(4)识别标识固定:在导向管上边缘中点左右两侧 75 mm 处对称固定一对识别标识作为标尺,在 200 mm 处对称固定一对识别标识作为辅助标尺,使用游标卡尺测量标尺及辅助标尺的距离,并记录测量结果。四个识别标识应位于同一直线上,且与导向管轴向平行,标尺及辅助标尺的固定如图 5.6.1 所示。

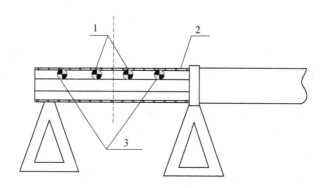

图 5.6.1 标尺及辅助标尺的固定

1—标尺;2—导向管;3—辅助标尺

(5)波形测试系统布置:在波形发生装置导向管的侧面架设高速摄像机和照明灯,将高速摄像机和图像采集与处理系统连接。

(6)系统检查:对波形发生装置、波形测试系统进行通电检查,确保系统工作正常。

(7)冲击波形调校:

① 将模拟件刚性固定在试验弹体内,试验弹体的载荷应分布均匀;

② 将试验弹体放置于波形发生装置发射管内的起点部位;

③ 布置缓冲材料;

④ 打开高速摄像机和照明灯,调节高速摄像机架设位置、俯仰角、方位角、横滚角,使高速摄像机的镜头对准标尺中心,同时确保高速摄像机画面的 x 轴与标尺及辅助标尺平行;

⑤ 根据标尺实测距离用高速摄像图像法推算出辅助标尺的距离,与辅助标尺距离实

测值对比,二者相对偏差应不大于 0.5%;

⑥ 设置高速摄像帧频不小于 40 000 f/s,设置触发方式为"后触发",开始循环采集;

⑦ 高压室充气,达到气压设定值时,停止充气;

⑧ 启动"发射"按钮,发射试验弹体,试验弹体飞出发射管之后进入缓冲区域与缓冲材料发生侵彻冲击并减速;

⑨ 启动"发射"按钮约 2 s,停止高速摄像机循环采集,并进行图像存储;

⑩ 进行图像处理,若测试结果满足近似半正弦冲击脉冲波形,幅值范围为 27 000~42 000 m/s^2,脉冲宽度为 5.8~7.1 ms 的要求,则波形调校完成,否则调整缓冲材料组合、高压室冲压设定值、试验弹体弹型,重复①~⑨,直至图像处理结果满足上述的要求。

将被试品刚性固定在试验弹体内,试验弹体的载荷应分布均匀,重复②~⑨。

(8)数据处理。使用图像采集与处理系统处理高速摄像机拍摄的强冲击试验过程图像,获取试验弹体的时间-位移数据,通过插值、滤波、微分等处理过程得到试验弹体在冲击过程中的时间-加速度曲线,读取冲击波形的幅值和脉冲宽度,并记录数据处理结果。数据处理流程如图 5.6.2 所示。

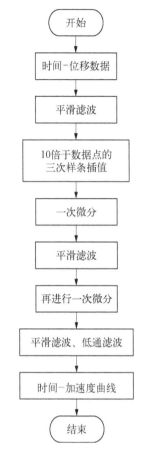

图 5.6.2 数据处理流程图

第6章 宽脉冲强冲击环境试验参数测试及校准方法

在宽脉冲强冲击试验过程中,至关重要的一点是确定强冲击试验设备所产生的强冲击过载的脉宽、幅值及波形等参数。只有获得准确的强冲击过载参数,才能判断被考核试件是否受到准确、有效的强冲击过载考核。因此,本章主要内容为宽脉冲强冲击环境试验所需关键参数测试方法及相应校准方法。

6.1 宽脉冲强冲击环境试验参数测试方法

6.1.1 宽脉冲强冲击过载参数直接测试方法

在试验过程中,强冲击试验设备所产生的冲击过载直接作用在被考核试件上。因此,目前最常用的方法是:将加速度等传感器直接安装在被考核试件表面或与其固定在一起,使得传感器受到与被考核试件相同的冲击过载,该方法十分高效、便捷,得到了广泛使用。但随着强冲击试验设备的种类越来越丰富及冲击过载指标要求逐渐增加,直接安装传感器的方式适用环境受限,且可靠性也同时降低。所以,基于弹载存储式的测量方法成为极端冲击过载工况下的可靠测量方法。下面介绍加速度传感器直接测试方法和弹载存储式测试方法两种主流的冲击过载参数测试方法。

1. 加速度传感器直接测试方法

为获得被考核试件所受的冲击过载参数,最直接的测量方法是直接将加速度传感器与被考核试件连接在一起,使得加速度传感器与被考核试件处在同一冲击过载环境下,被考核试件所受到的冲击过载与加速度传感器所测得的加速度参数相同,该方法也是目前加速度参数测量的主要测试手段。

加速度传感器直接测试方法的关键因素主要有三个:一是加速度传感器的型号及量程选择;二是传感器的安装方向;三是传感器与被考核试件间的连接方法。

加速度传感器安装时要尽可能保证与被考核试件所受的冲击过载方向一致,才能尽量减少传感器安装所带来的人为测试误差。在安装过程中,若被考核试件的表面与冲击过载方向垂直,则可直接通过粘接、螺纹等方式直接安装加速度传感器。若方向不是垂直,则需通过连接工装来调整传感器与被考核试件之间的安装方向,如图6.1.1所示。在被考核试件表面找到合适的安装位置,并计算该表面与冲击过载方向之间的夹角 α,根据夹角 α 设计相应的连接工装,使得加速度传感器的测量方向与冲击过载方向平行,设计如

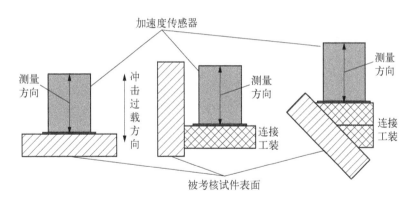

图 6.1.1 加速度传感器安装方向示意图

图 6.1.2 所示。

　　加速度传感器直接安装在被考核试件上,根据被测物的冲击状态,需选择合适的安装方法。安装方法主要有两种,一种主要针对被测物冲击加速度在 500 g 以下的情况,同时要求被测目标为刚性金属材质,使粘合剂粘接在被考核试件表面,在安装前,通常使用 0 号或 1 号砂纸对被考核试件粘贴处和传感器粘贴面进行打磨,保证平整及平滑,同时使用酒精、120 号汽油或醋酸乙酯等对打磨处进行擦拭,将油渍、打磨残渣处理干净,之后将粘合剂少量、均匀地涂抹在传感器粘贴面上,若涂抹不均匀,则会有脱落风险,而粘合剂涂

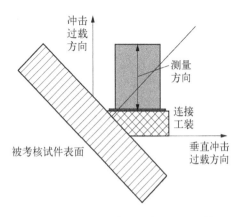

图 6.1.2 加速度传感器安装角度计算方法设计示意图

抹过多则会导致一些高频冲击过载信号丢失或测量数据失真。另一种方法为无法使用粘接方法时,需通过螺纹连接的方式将加速度传感器与被考核试件连接在一起,使得加速度传感器能在上万 g 至十几万 g 的冲击过载环境下与被考核试件牢固连接。两种安装力法如图 6.1.3 所示。

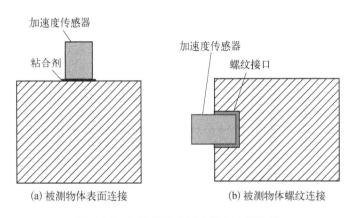

图 6.1.3 加速度传感器安装方法示意图

根据传感器粘接面积和加速度传感器质量,即可用式(6.1.1)得到该传感器所能承受的最大冲击加速度数值:

$$a = \frac{CS}{m} \tag{6.1.1}$$

式中,a 为加速度传感器所能承受的最大冲击加速度数值;C 为粘合剂的粘接强度;S 为传感器的粘接面积;m 为传感器质量。

常规使用的 502 胶水,其在 25℃ 环境室温下的粘接强度为 5 MPa,常规的单向传感器质量为 20 g,粘接面积为 1 cm²,则可承受的最大冲击加速度为 500 g 左右。同时,在使用粘合剂时,除了考虑被测冲击加速度数据外,还需要考虑环境温度、空气湿度等因素,保证粘接剂在使用要求范围内。

2. 弹载存储式测试方法

随着强冲击试验设备的种类越来越丰富及冲击过载指标需求逐渐增加,加速度传感器直接测量方法因供电和数据传输线的存在制约了其在狭小、半封闭、高速运动等特殊、极端试验场景下的使用。同时,伴随着大规模可编程逻辑器件和半导体存储技术的迅猛发展,电子元器件的可靠性不断增强,为弹载存储测量技术的发展奠定了基础。

弹载存储式测试技术是获取被测目标在极端复杂工况下的工作状态及重要信息的一种测试技术,其可以看作加速度传感器直接测量方法的优化改进。将各型传感器、信号调理器、数据采集器、存储器等部件组成微型测试系统,从而实现相对独立的测量环境。在使用过程中,将其与被测目标固定连接在一起,在测量过程中需要承受与被考核试件相同的高温、高压、冲击振动和高过载等恶劣环境,同时还可将转速、压力等其他极端参数的测量传感器都集成到一起,实现多参数测试。

弹载存储式测试方法的核心为弹载存储记录仪,其一般由信号采集模块(传感器)、信号调理电路、中央控制模块、数据存储模块、数据传输模块(外部接口)、电源模块及外部抗缓冲结构 7 部分组成,如图 6.1.4 所示。通过信号采集模块实现被测对象的各种动态参数的采集;通过信号调理电路实现对传感器采集的模拟信号进行转换/滤波处理;通过中央控制芯片控制各模块的运行和采集数据的存储;数据存储模块具备存储容量大、读写速度快、存储信息非易失等性能;电源模块用来为各个模块的正常运行提供所需电能;外部接口电路与外部上位机相连,进而完成指令输入、数据读取等操作;外部抗缓冲结构主要用于保护内部电路在极端工况下的正常工作。

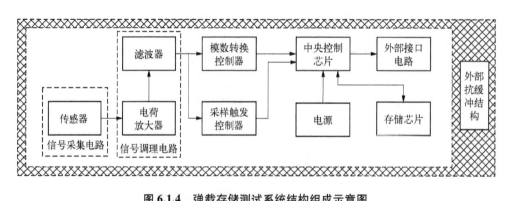

图 6.1.4 弹载存储测试系统结构组成示意图

虽然弹载存储式测试技术目前已经成为一个较成熟技术,但由于其工作环境处于一个高过载、强冲击的恶劣环境下,可靠性成为衡量该技术的重要指标,也成为该技术目前有待突破的技术瓶颈。目前,该技术依然存在很多有待解决的问题,现介绍如下。

(1) 使用次数有限。大部分弹载存储记录仪在多次,甚至在一次试验后都会出现故障,导致无法继续使用,因其大部分抗冲击设计在第一次使用后都会出现不可逆的形变、电路损坏等,即使通过冗余设计也无法实现可靠的冲击过载测量。

(2) 试验操作复杂、成本较高。由于使用次数的限制,在导出数据时需要从弹体内将弹载设备取出,若重新使用则需要再次填充安装,操作复杂烦琐,且在强冲击过载影响下,弹体外壳易出现形变,导致弹载记录仪无法取出,工程代价较高;同时,弹载存储测试系统设计时针对特定的使用环境,并不能直接用于其他类型的场景,导致其设计成本和加工费用高。

(3) 一致性和测量精度较差。弹载存储式测试系统由传感器直接测量动态参数,但其信号传输电路、数模转换电路等都工作在一个强冲击环境下,极易因过载冲击产生噪声及突变干扰信号,使得测量的一致性和测量精度较差。

因此,弹载储存式测试方法的核心问题为:如何保障弹载存储记录仪采集到可靠、有效的测试数据。目前,主要通过以下几种方式来尽可能提高可靠性能:① 硬件电路抗冲击设计;② 各模块抗冲击性能选型;③ 易损部件结构冗余设计;④ 缓冲结构设计。

弹载存储式测试方法将传感器所采集的数据全部存储在内部的存储器上,试验完成后再通过数据接口将测试数据导出进行后续处理,操作流程较为烦琐,因此衍生出了另一种基于无线遥测功能的弹载存储式测试方法。无线电遥测是将数据存储模块单独取出,传感器采集的数据通过无线传输模块传输至外部的无线接收模块,通过无线传输的方式交换数据,即将无线电传输装置和信号采集模块放置在飞行器的内部,采集到的信号经无线电传输到外部接收装置。无线电遥测技术凭借其采集和存储模块在物理结构上相互隔离的优点,广泛应用于航天器发射和飞行过程中动态信息的采集。但是,由于无线电遥测技术需要采用无线电的方式传输数据,在弹载数据的存储测试过程中容易受到外界电磁波干扰,会极大地影响到系统的精度。

6.1.2 多点激光测速法

1. 多点激光测速技术原理

多点激光测速技术的原理是利用试验弹依次将激光光束遮挡,使得光电接收装置产生光电信号的变化,从而实现速度的测量。该技术不需要测量装置与被测目标试验弹接触,同时响应速度快、测量精度高,对被测目标的种类、形状无要求,可满足各类轻气炮试验中对弹速的测量需求。激光测速系统的基本组成结构如图6.1.5所示。

在垂直试验弹运动方向上将多组激光器和光敏二极管布置在弹道两侧,光敏二极管用来接收激光器发出的激光光束,并将产生的高电平信号传输给数据采集电路。多点激光测速装置的工作原理是:当试验弹飞出炮管时,依次遮挡激光光束,使得光敏二极管(光电转换电路)输出的低电平信号变为高电平信号,使用数据采集系统采集各路光电转换电路的信号并进行数据处理,获得的各个光敏二极管的高低电平上升沿时刻 t_1、t_2、t_3、t_4,即

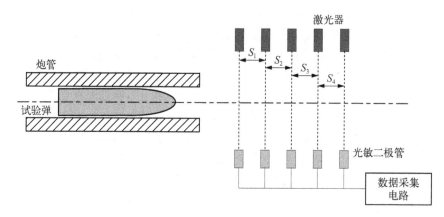

图 6.1.5　激光测速系统的基本组成结构示意图

可得到试验弹穿过两条激光光束的时间。

根据式(6.1.2)即可计算出运动体穿过两条激光束的平均速度:

$$v_i = S_i / (t_{i+1} - t_i), \quad i = 1, 2, 3, 4 \tag{6.1.2}$$

式中, v_i 为试验弹穿过第 i 条和 $i+1$ 条激光光束的平均速度; S_i 为第 i 条和 $i+1$ 条激光光束的间距; t_i 为试验弹穿过第 i 条狭缝对应的时刻。

2. 多点激光准直光路

多点激光器及接收装置结构如图 6.1.6 所示。

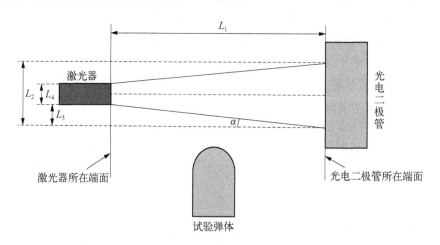

图 6.1.6　多点激光器及接收装置结构示意图

激光器的激光光束在空气中发生折射,导致激光并不是按直线传播的,激光光束与轴线可能产生的最大夹角为 α ,使得试验弹体穿过激光器与光电二极管之间时无法立刻将激光光束完全遮挡,由前后两个光电二极管在试验弹通过时产生的高低电平上升沿时刻所计算出的位移,与实际位移并不完全相同,从而在计算平均速度时产生误差。因此,为尽可能控制激光光束的照射范围,应对激光光路进行准直,从而减少因光路偏移所造成的误差。多点激光准直结构如图 6.1.7 所示。

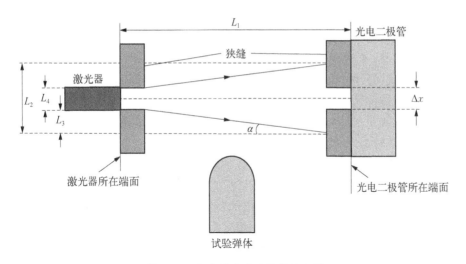

图 6.1.7　多点激光准直结构示意图

在激光器和光电二极管端面处安装两组平行狭缝,为保证产生足够的光强,光缝宽度 Δx 设计为 0.5 mm,这样测量误差只受狭缝的影响,激光光路不再会对测量结果引入误差。由图 6.1.7 可知,狭缝间距产生的最大误差 e_d 为

$$e_d = \frac{2\Delta x}{S} \tag{6.1.3}$$

3. 隔振缓冲平台

在进行强冲击试验过程中,强冲击装置会对周围产生冲击振动,在多点激光测速装置的测速过程中,轻微的振动都会使测速时间产生误差,影响实验结果的测量。因此,可以通过以下方法减少冲击振动的影响。

(1)安装独立光学平台,使激光测速装置隔绝或减轻强冲击装置的直接冲击振动作用。

(2)在光学平台上加装橡胶垫、缓冲机构。

(3)对于气炮类强冲击装置,因激光测速装置要安装在炮口正前方,所以会受到气炮装置发射出的高压高速气体的冲击,需要精简激光测速装置的结构,减少迎风面,并使用强度较高的材料作为支撑结构。

6.1.3　高速摄像动态标尺测试法

近年来,随着高速摄像机性能的大幅度提升,基于高速图像采集和处理的动态目标捕获技术成为国内外研究的热点。高速摄像是综合利用光、机、电与计算机等技术,曝光时间在千分之一秒到几十万分之一秒之间的特殊摄影。高速摄像是一种记录高速运动过程某一瞬态的有效技术手段,基于光学的非接触式测量技术,能够在不接触待测物体的情况下完成测量。高速摄像技术提供了一种耦合的时空信息系列,其中空间信息用图像来表达,时间信息用拍摄帧频来表达。高速摄像技术实际上可归结为目标空间位置和时间的测量。采用高速摄像技术测量的信息最接近被摄对象的真实运动状态,能直观、形象地反映出高速运动物体的时空特性。

目前,基于高速图像采集和处理的动态目标捕获技术已广泛应用于军事研究领域,如爆炸爆破、机构规律、火炮发射等领域。因此,针对某些强冲击环境下被考核试件所受的冲击过载缺乏测量手段的问题,若被考核试件在冲击过载过程中是从外部可观测或间接可观测的,则可通过高速摄像从外部拍摄被考核试件的冲击过载发生过程,获得被考核试件的时空信息,从而进一步解算得到被考核试件的位移、速度、加速度等动态参数。但由于对使用环境要求较为严苛,该测试方法的应用局限性较大。

1. 基于高速图像采集和处理的动态目标捕获技术

虽然基于高速图像采集和处理的动态目标捕获技术已经逐渐成为一种在军事领域得到广泛应用的测量手段,但也因其光学成像的特性和高速摄像机的拍摄性能导致其在使用过程中存在诸多限制和干扰。在高速图像数据采集过程中,常会因诸多因素导致拍摄效果不理想,图像干扰多、质量低,达不到高精度的图像处理要求。但当规避或排除了影响高速摄像使用的影响因素后,高速摄像的测量精度将得到极大提升。目前,随着高速图像采集和处理技术的发展,甚至能通过双目视觉对被摄区域和目标进行三维空间重构,进而可以测量炮口跳动、身管应变等高精度动态参数。

某高速摄像拍摄目标运动情况如图 6.1.8 所示,由图可知,被摄目标运动过程为从位置 1 运动至位置 2,再由位置 2 运动至位置 3。若被摄目标运动速度过快,使得高速摄像机无法捕获被摄目标在位置 2 时的图像,则高速摄像机记录的被摄目标的运动过程则为从位置 1 直接运动至位置 3,丢失了中间处于位置 2 时的过程,处理得到的位移方向、速度、加速度等参数都与实际结果有较大差距。因此,在使用高速摄像记录高速运动目标的运动过程中,需要保证几个关键因素:高速摄像机的拍摄帧频需满足被摄目标的运动速度、被摄目标在运动过程中始终保持在高速摄像机的拍摄视场内。

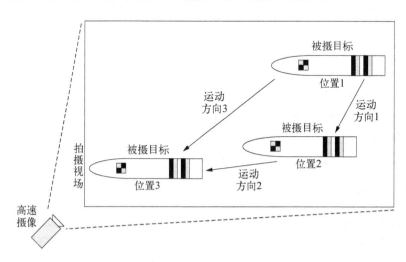

图 6.1.8 某高速摄像拍摄目标运动情况示意图

因此,基于高速图像采集和处理的动态目标捕获技术,需要对被摄目标的运动特性进行分析,获得被摄目标的尺寸大小、外部特征、运动方向、运动速度、周围环境等参数,进而确定高速摄像的拍摄视场、拍摄视距、拍摄帧频等参数。

2. 基于动态标尺的冲击过载测试方法

本小节主要以侵彻式强冲击波形发生过程中的冲击过载测试需求为背景。侵彻减速式强冲击波形发生方法是通过空气炮将波形发生试件以一定的初速度发射后,撞击并开始侵彻缓冲介质,从而产生一个减速式的强冲击波形,其强冲击加速度波形发生阶段为从波形发生试件侵彻缓冲材料时开始,在停止侵彻时结束。侵彻式强冲击波形发生过程如图 6.1.9 所示,其产生的强冲击过载由波形发生试件形状、重量,以及缓冲介质材质、密度、体积等参数共同决定,只有测得冲击过载波形的脉宽/幅值才能实现对被考核试件的精确冲击过载考核。弹载存储测试方法是一种可靠高效的测试方法,但从试验成本、可重复性的角度出发,通过外部的基于高速图像采集和处理的动态目标捕获技术的间接测量方法均优于前者。

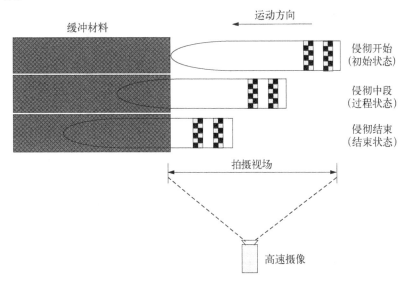

图 6.1.9 侵彻式强冲击波形发生过程示意图

基于动态标尺的冲击过载测试方法通过高速摄像机在侧方拍摄波形发生试件侵彻缓冲靶板材料的全过程来解算其产生的冲击过载。通过高速摄像记录波形发生试件在高速摄像视场中空间位置的变化情况,解算得到波形发生试件的时间-相机空间位移数据,再通过数据解算最终得到时间-加速度数据,即波形发生试件的冲击过载数据,数据获取过程如图 6.1.10 所示。

图 6.1.10 基于动态标尺的冲击过载数据获取过程示意图

波形发生试件在高速摄像视场中的位置是不断变化的,所以影响时间-相机空间位移数据精度的因素主要有两点,一是波形发生试件在高速摄像视场中的定位精度,二是像素转长度的比例尺精度。

　　波形发生试件在高速摄像视场中的定位精度主要由定位算法、跟踪标识和图像质量决定。目前,常用的定位算法主要为模板匹配和特征点匹配法,模板匹配的定位精度一般为像素级,常用于流水线的物品、零件筛检。而特征点匹配法则常通过角点等明显特殊特征定位,定位精度较高,同时配合选择合适的跟踪标识来人为引入易于跟踪定位的特征,进一步提高定位精度,若没有跟踪标识,则只能根据被摄目标的轮廓、灰度等特征来定位,误差较大;同时,要保证被摄目标的图像质量清晰,这也是至关重要的一步,图 6.1.11 为某动态跟踪标识清晰与否示意图,其中图(a)为清晰的标识图像,图(b)为失焦状态下的标识图像,图(c)为亮度过低的标识图像图,图(d)为过曝状态下的标识图像,通过对比可以发现,图像清晰度受多种因素影响,即使安装了易于跟踪定位的标识,若无法通过高速摄像对其进行清晰地观测,定位精度也无法得到保障。

(a) 对焦状态　　　　(b) 失焦状态　　　　(c) 过暗状态　　　　(d) 过曝状态

图 6.1.11　动态标识清晰与否示意图

　　在获得高精度的时间-相机空间数据后,得到被测目标在相机视场中的像素位移数据。如图 6.1.12 所示,根据相机成像原理可知,被测目标分别在相机视场中间位置与两端位置时与相机感光元件的距离为 $x_1 = x_3 > x_2$,即被测目标在相机视场中不同位置所成的像的大小是不同的,距离相机越远,成像越小。

　　然而,目前大部分的图像跟踪只是在开始跟踪前需要先在第一幅图像中给出某两个像素点之间的像素距离对应的实际长度,作为像素与实际长度的一个比例尺(即转换关系),并将该比例尺用于被摄目标的整个运动阶段,但对于这种相对镜头存在明显远近和角度变化的运动目标,一个固定的比例尺或者一个大区域比例尺并不能满足高精度定位需求。

　　在侵彻式强冲击波形发生过程中,波形发生试件从拍摄场景右侧运动到左侧,其尾端标记相对于高速摄像是一个由远及近再到远的过程,如图 6.1.13 所示。同时,通过跟踪标识所确定的位置是其在整幅图

图 6.1.12　相机视场中不同位置参数示意图

像坐标系下的像素坐标位置,需要根据其像素所代表的实际长度进行比例转换,其实际长度与像素之间的比例关系是一个动态变化的过程,为保证测量的精度,需要一个已知的动态目标来进行动态的比例尺标定。

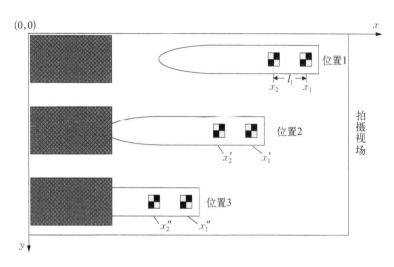

图 6.1.13　波形发生试件侵彻缓冲材料过程中的动态标识示意图

本节所提出的基于动态标尺的冲击过载测试方法,其在被测目标上安装两处跟踪标识,如图 6.1.13 所示,根据标识 x_1 和 x_2 来定位被测目标在高速摄像视场中位置的同时,将标识 x_1 和 x_2 之间的距离作为已知量,可以将该已知量作为当前帧的比例尺。动态比例尺标定流程如图 6.1.14 所示:首先通过高精度角点定位获得标识 x_1 和 x_2 在相机视场中的坐标和之间的像素距离 $|x_2' - x_1'|$,并根据两标识之间的实际长度 l_1 获得比例尺 $m = l_1 / |x_2' - x_1'|$,进而获得跟踪目标前后两帧在图像中的像素位置坐标变化值 $|x_1' - x_1''|$,结合当前帧的比例尺得到被测目标的实际位移量 $m |x_1' - x_1''|$,最终得到被测目标的时间位移数据。

基于动态标尺的冲击过载测试方法为侵彻式强冲击过载试验提供了一种可靠有效的测试手段,相较于传统的弹载存储式测试方法,其具有试验成本低、无接触(对被测对象影响小)、试验效率高等优点,但是通过该方法直接测量得到的是被测目标的时间位移数据,最终要处理得到所需的冲击过载加速度数据还需要通过两次微分处理,但数据处理过程中微分引入的误差还需要进行滤波、平滑等去噪处理,将在下节展开详细论述。

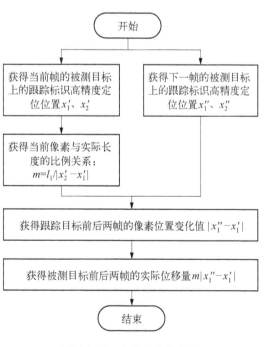

图 6.1.14　位移标定流程图

6.2 宽脉冲强冲击参数信号数据处理方法

6.2.1 宽脉冲强冲击加速度数据测量方法

1. 宽脉冲强冲击参数分析

6.1 节通过基于动态标尺的非接触式冲击过载测试方法测得的数据为被试件的时间位移数据。在测得该数据前,需要先分析被摄目标的运动特性,便于明确测量平台在搭建过程中的需求及相关参数设置,才能保证测得的原始数据有效。

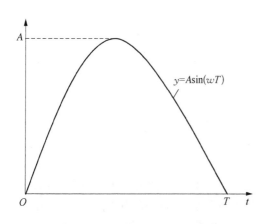

图 6.2.1 强冲击加速度波形测量模型

本章以基于空气炮原理的侵彻式强冲击波形发生装置为讨论对象,其侵彻式强冲击波形发生过程是在外部可观察的情况下发生的。试验弹(波形发生试件)通过空气炮发射获得一定的初速度后飞出身管后,撞击并开始侵彻缓冲材料,产生强冲击波形。强冲击加速度波形发生阶段从波形发生试件撞击并侵彻缓冲材料开始,到停止运动时结束。试验弹沿身管轴线方向做变加速减速运动。测量系统在设计时要满足的测量要求,需要根据缓冲材料位置、侵彻深度等共同确定,其产生的强冲击加速度波形为标准半正弦波形,如图 6.2.1 所示。

产生强冲击过载加速度波形的被测目标的运动特性如下。

(1)高速。波形发生试件以每秒上百米的运动速度侵彻缓冲材料,对高速摄像的性能提出了很高要求,要保证采集的图像不会出现拖影等降低图像质量的情况。

(2)瞬态。波形发生试件从侵彻开始到侵彻结束的时间为毫秒级别,是一种瞬时信号,为了捕获到波形发生的整个过程,对高速摄像的拍摄帧频的要求极高,在毫秒级别的时间内拍摄一个运动过程,至少需要上万帧的拍摄帧频,即对采样率有一定要求。

(3)单向减速运动。从侵彻缓冲材料开始直至结束,波形发生试件都在做单方向减速运动,其运动位移数据中包含所需的冲击加速度波形数据,同时确定被测目标的运动方向和大致的位移距离,也更加便于测试系统的布设。

因此,根据待测的强冲击加速度波形指标和被测试验弹的运动特性,可得本节所设计的强冲击加速度波形测量系统的测量指标要求:类半正弦波加速度波形的波峰损失率小于0.5%,可测量的加速度波形脉冲宽度大于毫秒级;同时,通过图像预处理尽可能提高被摄目标图像的图像质量,并在保留被摄目标关键特征的基础上尽可能减少图像的数据量级,提高图像处理速度;在冲击位移数据处理过程中,要选择合适的滤波方式对信号中的噪声进行抑制,避免在微分计算过程中因噪声信号放大而影响原始信号。

2. 基于高速图像采集和处理测量系统参数分析

本节所讨论的基于高速图像采集和处理的强冲击加速度波形测量系统的测量方法

为通过高速摄像机获取完整冲击过程图像,经处理后得到强冲击参数。由于光学成像的特殊性,其主要用于实验室类的强冲击试验测量,而外场或复杂环境下的强冲击类试验受到的限制较多;同时,受限于高速摄像机本身的拍摄性能和图像记录目标位移变化状态的数据特性,导致其适用范围进一步受限。影响本节设计的强冲击加速度波形测量系统应用范围的因素主要有四个:一是高速摄像机的拍摄视场;二是高速摄像机的最小曝光时间;三是相机可达到的拍摄帧频;四是目前实验室定向运动机构所能产生的最大冲击加速度幅值(最大不超过 1 000 000 m/s²)。因此,本节以约克 V1610 型高速摄像机(图 6.2.2)为讨论对象,来对被测目标、相机性能指标等对测量系统的各关键参数进行分析。

图 6.2.2　约克 V1610 型高速摄像机实物图

1) 最大拍摄视场

目前,国内常用的超高速摄像机的拍摄画幅为 1 280 像素×800 像素左右。同时,因强冲击试验的波形发生装置的运动方向为单方向,所以在满足拍摄画幅、冲击方向两端留有足够的观察余量的前提下,实际有效冲击位移所对应的像素最大可达 1 000,同时高速摄像机的每个像素对应的实际长度≤2 mm,这样才能保证强冲击极端环境下定位标识的清晰度。因此,基于高速图像采集和处理的强冲击加速度波形测量系统的实际最大拍摄视场为 2 m。

2) 最大可测强冲击速度

在工程应用中,被测目标在一个曝光时间内走过的位移量不能超过最大冲击位移的 1%,即 20 mm。同时,在实验室通过补光灯等进行补光操作后,在保证拍摄图像亮度的情况下所能达到的最小曝光时间为 10 μs。因此,在 2 m 的拍摄视场中,可测目标的最大冲击速度为 2 000 m/s。

3) 最小可测强冲击加速度波形脉宽

由于整个测量系统的采样率直接由高速摄像机的性能决定,本节所谈论的高速摄像机的性能为在满画幅(1 280 像素×800 像素)下的最大拍摄帧频可达 16 000 帧/s,使相机画幅满足测量所需条件,其拍摄帧频一般最大可达 50 000 帧/s,即每秒可采集 50 000 幅图像。在保证强冲击加速度正弦波波形的峰值损失率在 0.1% 以内时,得到拍摄所需最小帧频 f 计算公式(6.2.1),即 50 000 帧的拍摄帧频可采集的最小强冲击加速度波形脉宽为 0.001 4 s。

$$f \geqslant \frac{\pi}{T_x \times \left[\dfrac{\pi}{2} - \arcsin(1 - 0.1\%)\right]} \tag{6.2.1}$$

式中,T_x 为当前高速摄像机拍摄帧频 f 下所能测量的最小强冲击速度波形的脉冲宽度。

已知所测得冲击加速度波形为类半正弦波,如图 6.2.1 所示,在计算过程中以标准正弦波计算,则加速度波形公式直接表示为

$$a = A\sin(wT) \tag{6.2.2}$$

式中,A 为加速度波形的最大脉冲幅值;T 为加速度波形的脉冲宽度。

根据式(6.2.2)可得速度公式和最大冲击速度公式：

$$v = -\frac{A}{\omega}\cos(wT) - \frac{A}{\omega} \tag{6.2.3}$$

$$v_{max} = \frac{2AT}{\pi} \tag{6.2.4}$$

根据式(6.2.4)可得最大冲击位移公式：

$$S_{max} = -\frac{AT^2}{\pi} \tag{6.2.5}$$

根据式(6.2.4)和式(6.2.5)可以发现,当限制了相机的拍摄帧频、最大拍摄视场和最小曝光时间时,冲击加速度波形的幅值 A 和脉宽 T 的范围就确定了。冲击加速度波形的脉宽 A 和幅值 T 的约束公式如下：

$$\begin{cases} 0 \leqslant \dfrac{2AT}{\pi} \leqslant 2\,000 \\ 0 \leqslant \dfrac{AT^2}{\pi} \leqslant 2 \end{cases} \tag{6.2.6}$$

式中, $T \geqslant 0.001\,4$ s, $0 \leqslant A \leqslant 1\,000\,000$ m/s^2。

因此,本节所提出的基于高速图像采集和处理的冲击加速度波形测量技术的适用范围为冲击加速度幅值 A 和脉宽 T 满足式(6.2.6)的约束范围。

3. 基于高速图像采集和处理测量系统搭建

加速度测量系统组成如图 6.2.3 所示,主要由数据采集控制上位机、高速摄像机、补光光源、高速摄像识别标识等组成。在波形发生试件侵彻缓冲材料的过程中,通过数据采集上位机控制高速摄像对波形发生试件上高速摄像标识的整个运动过程进行拍摄。其中,拍摄现场光线强度不足的问题主要通过加装恒流补光灯解决,因实验室的室内照明用灯较暗,亮度完全无法满足高速摄像在高帧频下的光线亮度需求,加之为保证采集的高速运动的波形发生试件不会出现拖影情况,曝光时间应尽可能控制得较短,所以在没有额外补光的情况下,相机进光量不足,图像画面过暗,需通过安装高功率恒流照明灯来提高拍摄

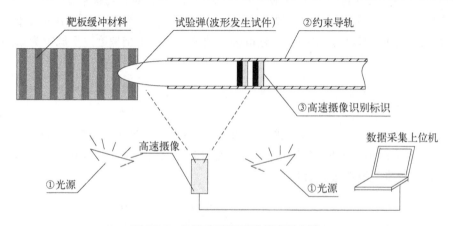

图 6.2.3　加速度测量系统搭建示意图

现场的目标亮度。在相机两侧安装布置照明灯,正对波形发生试件的侵彻区域,保证被摄目标的亮度,从而提高图像采集的质量,同时要避免照明灯离相机过近导致相机出现两侧过曝的情况。试验现场布设如图6.2.4所示。

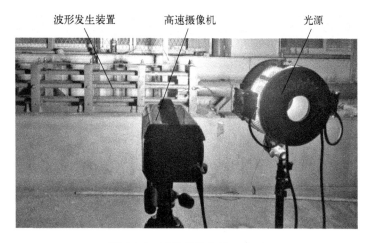

图 6.2.4 试验现场布设示意图

下面针对基于高速图像采集和处理的测量系统的各关键参数进行量化研究。

1)物距

物距是由物体运动区域范围、拍摄画面大小、镜头参数、相机感光元件互补金属氧化物半导体器件(complementary metal oxide semiconductor, CMOS)等参数共同决定的。相机物距如图6.2.5所示。根据被摄目标区域(即波形发生试件侵彻区域)、拍摄画幅大小、镜头参数(主要是焦距f)、相机感光元件的尺寸,可获得各个参数之间的关系公式:

$$\mathrm{WD} = \frac{f \times \mathrm{FOV}(H)}{\mathrm{Sensor\ Size}(H)} \tag{6.2.7}$$

其中,WD为镜头距离目标物体的工作距离;f为镜头的焦距;FOV(H)为水平视场范围;Sensor Size(H)为感光传感器水平长度。

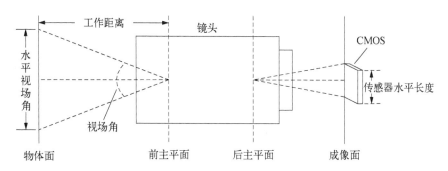

图 6.2.5 相机物距示意图(俯视)

2)光圈选择

镜头的光圈大小直接决定相机的进光量,进光量越多,图像越明亮,则相机的曝光时间可以调节。同时，又要求相机的曝光时间越短越好，所以将光圈选择到最大位置，画面亮度由曝光时间控制。

3）拍摄帧频

相机的拍摄帧频就是相机的数据采样率，为获得一个完整的强冲击试验产生的强冲击加速度波形，根据冲击波形的脉冲宽度，保证强冲击加速度正弦波波形的峰值损失率在 $x\%$ 以内，得到拍摄所需最小帧频 f 的计算公式：

$$f \geqslant \frac{\pi}{T \times \left[\dfrac{\pi}{2} - \arcsin(1 - x\%) \right]} \tag{6.2.8}$$

式中，T 为强冲击加速度波形的脉冲宽度。

4）补光设置

由于是实验室试验，光线较暗，需要进行补光来保证画面的图像亮度，需要考虑灯光强度和频闪问题。灯光强度越强越好，光照越强，进入镜头中的光线越多，可以缩短曝光时间；传统日光灯使用 50 Hz 的电感式镇流器，导致每秒钟会出现 100 次频闪，当相机拍摄帧频高于频闪次数时，则会出现明暗闪烁情况，所以在满足光照强度的情况下数量还需要满足一定条件；而发光二极管（light-emitting diode，LED）灯使用恒流电源，频闪可达 5 000 Hz以上，无须考虑频闪影响。

5）曝光时间

曝光时间的长短控制每帧画面进光量的多少，若曝光时间过长，则会使图像过曝，而曝光时间过短会使图像过暗；同时，在拍摄高速运动目标时，曝光时间过长会导致目标运动过程的各个位置的像都进入相机中，并使其叠加在一起，被摄目标将出现拖影现象，所以曝光时间的长短直接影响图像的成像效果。为了获得最佳的曝光时间参数，需通过一些方法判断不同曝光时间下图像的成像质量，从而选择出最优参数，操作流程如图 6.2.6 所示。

曝光时间选择范围的上限和拍摄帧频有关，下限和相机的自身性能有关。先在被摄区域位置摆放一块分辨标识，将不同曝光时间下分辨标识的像拍摄下来进行分析；为提高处理速度，一般从曝光时间可选范围内等间隔地取曝光时间；为了更加准确地判断图像质量，将图像中的分辨标识从整幅画面中分割出来进行单独处理，避免无关区域影响图像分析；对比不同曝光时间下标识边界的灰度变化率，灰度变化率最大值对应的曝光时间即认为是最佳曝光时间。可选曝光时间 Et 为

$$Et_{\min} \leqslant Et < \frac{1}{f} \tag{6.2.9}$$

式中，f 为相机拍摄帧频；$Et_{\min}$ 为最小曝光时间。f 直接

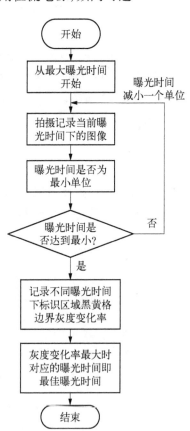

图 6.2.6　最佳曝光时间确定操作流程

决定了 Et 的上限,而 Et_{min} 与相机的自身性能有关。

6) 最佳对焦

对焦的好坏直接决定图像的质量,调整对焦的方法有两种,一种是通过相机的自动对焦功能,但因其调焦结果比较注重整体画面或局部较大的画面质量,在很多场景下并不能着重关注目标区域;同时,很多高速摄像并不支持自动调焦功能,需要通过另一种调焦方式,即手动调整调焦环进行实时对焦。手动调焦需要通过转动调焦环来调整,调焦环并没有一个具体的数值,只能通过肉眼观看拍摄画面的状态来调整,因此为了获得最佳的调焦值,还是需要通过对不同对焦值下的图像进行对比分析,操作流程如图 6.2.7 所示。

为了提高对焦的速度,先通过手动调焦的方式将画面调整为一个在肉眼观感下比较清晰的状态,并将此刻的调焦环位置作为初始位置,同时记录下当前画面图像。使用高速摄像机控制软件控制调焦值的变化,由于调焦值并没有一个确切值,以控制软件的最小调焦单位对调焦值进行量化。以初始状态为 0 值,相机最小曝光时间作为调整的最小单位,将初始位置正负 5 个最小单位的图像都记录下来进行对比评价。

完成整个强冲击加速度测量平台的搭建和系统内各仪器参数的最佳设置后,开始测量波形发生试件侵彻缓冲材料过程的高速连续帧图像。将高速摄像设为持续拍摄状态,等待终止信号的输入(后触发状态);通过高速摄像控制软件实时检测拍摄区域的情况,当波形发生试件停止侵彻缓冲材料时,立刻触发终止信号,高速摄像中存储的视频为触发时间往前一段时间的图像,保证能采集到完整的强冲击波形发生过程。并将视频数据转存入个人计算机中,图像采集流程如图 6.2.8 所示。

高速摄像的特点就是可在一秒内拍摄上万张甚至数十万张的图像,但相比于目前主流的相机,其像素分辨率只有不到百万像素,图像的清晰度并不理想。为了提高测量精度,需要通过对后期图像进行预处理和分析,从低分辨率图像中挖掘更多的可用信息。同时,高速摄像的超大数据量也是之后图像处理的重难点之一,通过实现自动连续处理来提高处理速度是处理大量连续帧图像的可行方法。

6.2.2 高速摄像采集图像数据预处理

高速摄像采集到的图像数据具有数据量较大的特点,为从大量的图像数据中高效快速地挖掘出所需信息,需通过各种图像操作,如灰度化、二值化等降低原始图像的数据量级,以提高处理速度;同时,通过分析导致图像质量退化的相关因素,从而通过图像处理算法进一步提高图像质量,提高数据挖掘的数据可信度。

1. 图像灰度化处理

一般相机拍摄的视频图像都为真彩色图像,真彩色图像又称为 RGB 图像,RGB 分别对应光的三原色红(red)、绿(green)、蓝(blue),每个分量的取值范围都为 0~255,三个分量按不同值叠加共可以表示 2^{24} 种颜色,但每个分量都占用 1 个字节,一个像素就需 3 个字节存储颜色数据,所以一幅真彩色图像所需的存储空间极大。如果对其直接处理,需占用大量的处理时间。因此,从提高系统处理性能上考虑,在对图像进行处理前将真彩色图像通过灰度化变换为灰度图像,从而有利于图像处理速度的提高。

灰度图像与彩色图像相似,但其只有一个分量,0 表示纯黑色,255 表示纯白色,中间值则为介于黑白之间深浅不一的灰色。彩色图像灰度化的本质即将三维空间降低到一维

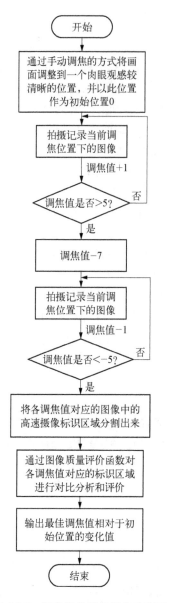

图 6.2.7　图像最佳调焦操作流程图

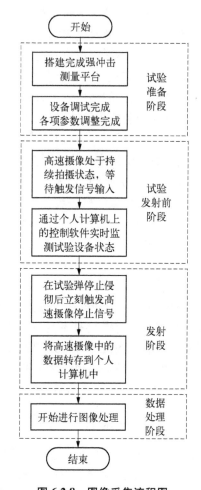

图 6.2.8　图像采集流程图

空间,而降维操作一定会导致原始数据的部分损失,但灰度图像的数据量会减少为彩色图像的三分之一,面对一些色彩单一的图像或目标,如波形发生试件的尾部黑黄格标记,其损失的数据并不是关心的数据,同时处理量成倍减少。

彩色图像转化为灰度图像主要有以下 3 种方法。

(1) RGB 单通道法。将 RGB 图像中的任意一个分量取出作为灰度图像,其灰度输出结果如式(6.2.10)所示:

$$\begin{cases} g_1(x, y) = R(x, y) \\ g_2(x, y) = G(x, y) \\ g_3(x, y) = B(x, y) \end{cases} \tag{6.2.10}$$

（2）RGB 最大通道法。将 RGB 彩色图像三通道中的最大值作为灰度输出值,其灰度输出结果如式(6.2.11)所示:

$$g(x,y) = \max[R(x,y), G(x,y), B(x,y)] \tag{6.2.11}$$

（3）RGB 通道加权法。给 RGB 彩色图像的三个颜色通道分别赋予不同的权重比后作为灰度结果输出。例如,人眼对红、黄、蓝三个通道的敏感程度不同,对蓝色的敏感度最低,对绿色的敏感度最高,通过对 RGB 分量加权平均后得到灰度图像,输出结果如式(6.2.12)所示:

$$H = 0.229R + 0.587G + 0.114B \tag{6.2.12}$$

图 6.2.9 中黄格的三通道值均值分别为 255、236、150,黑格的三通道均值分别为 75、50、44。

图 6.2.9　高速摄像标识示意图

通过上述三种将彩色图像转化为灰度图像的方法,得到黑黄格差值,见表 6.2.1。

表 6.2.1　三种彩色图像转化为灰度图像方法所得黑黄格差值

灰　度　值	黄格区域	黑格区域	差　值
RGB 单通道法	236	50	186
RGB 最大通道法	255	75	180
RGB 通道加权法	214	52	162

根据表 6.2.1 可知,RGB 单通道法将 G 通道作为灰度图像时,其差值相比于 RGB 最大通道法和 RGB 通道加权法的差值更大,更有利于高速摄像标识边界的定位,所以本节以 RGB 单通道法作为彩色图像灰度化的方法。

2. 图像二值化处理

在数字图像处理中,二值化处理便于对图像的一些特殊特征数据进行提取。一般图像的灰度值在 0~255 之间,图像的二值化即将 256 个亮度等级通过适当的阈值选取获得只有 0 或 255 的图像,使图像只呈现黑白两种颜色,二值化后的图像仍然可以反映图像整体和局部特征。因图像的集合性质只与像素值为 0 或 255 的点的位置有关,之后的数据处理过程会变得简单且有效。图像二值化过程需要选择合适的阈值进行判定,以保证目标区域分割的准确度。二值化过程表达式如下:

$$g(x, y) = \begin{cases} 0, & f(x, y) \leqslant T \\ 1, & f(x, y) > T \end{cases} \tag{6.2.13}$$

式中,$f(x, y)$ 表示处理灰度图像的像素灰度值;$g(x, y)$ 表示二值化后图像的像素灰度值;T 表示分割阈值。当像素点 (x, y) 的灰度值小于等于阈值 T 时,将该点像素值设为 0,图像中呈现黑色;若像素点 (x, y) 的灰度值大于阈值 T 时,将该点像素值设为 1,图像中呈现白色。由于本节主要关心图像中高速摄像标识的位置,图像二值化的阈值由边缘检测算法来确定。

3. 图像去噪处理

在图像获取、传输和存储的过程中因各种因素的干扰,常常导致图像质量的下降。通过分析图像质量退化原因,进而选择合适的图像处理方法,使得通过人眼能直观感受到图像质量的上升。图像降噪作为一种重要的图像预处理技术,其作用有两个:一是使图像利于编码优化、数据提取;二是使图像达到更适合人眼观看的效果。噪声对视频图像信号的幅度和相位都有影响,有些噪声对视频图像信号来说是相互独立的,有些则是与视频图像信号相关的,并且有些噪声本身也可能是相关的。因此,必须针对噪声的特性采用不同方法来去除视频图像中的噪声。

在实际拍摄过程中,通过在实验室布置高亮度补光灯等方法,可保证采集图像的质量,无须再对图像进行去噪处理。但在实际试验中发现对图像质量干扰严重的情况,干扰情况如图 6.2.10 所示,其主要原因是强冲击波形发生试件在空气炮身管内运动时与身管壁摩擦产生碎屑、涂抹的机油汽化及空气炮压缩的气体中的杂质,导致在强冲击波形发生试件侵彻过程后半段出现灰尘、杂质等雾状物质遮挡在标记前部,影响标记的观测,进而影响亚像素拟合和目标跟踪,所以需要通过一定的图像去噪方法来尽可能减少这些雾状杂质对图像质量的干扰。

图 6.2.10　图像受干扰退化图像

强冲击波形发生试件侵彻过程后半段出现的灰尘、杂质等雾状物质遮挡情况如图 6.2.10 所示,通过对图像退化原因进行分析,发现图 6.2.10 中的暗通道与有雾图像的暗通道相同,如图 6.2.11 所示。因此,采用暗通道图像去雾算法去除观测标记表面的灰尘、杂质等雾状物质的遮蔽,可提高图像质量。

图 6.2.11　干扰图像的暗通道

通过分析图像退化原因,发现其与有雾图像的退化原因相同,所以采用暗通道图像去雾算法来去除灰尘遮挡,提高图像质量。雾图形成模型如下:

$$I(x) = J(x)t(x) + A(1 - t(x)) \qquad (6.2.14)$$

式中,I 为相机拍摄到的图像;J 为无雾图像;t 为大气透射率;A 为全球大气光成分。由于 A 和 t 都为未知,全球大气光 A 通过求取有雾图像的暗通道 J^{dark}(暗原色先验原理),选取其中亮度前 0.1% 的像素,然后输入图像中,与以上这些像素对应的像素中取亮度最大的像素作为大气光成分 A。

在 A 作为已知条件下,对式(6.2.14)两边在 (x, y) 领域范围内取最小值,且在 (x, y) 领域范围内大气光透射率均为 $t(x, y)$。最后将已知的有雾图像 I、大气光成分 A 和透射率 t 代入由式(6.2.14)变形得到的式(6.2.15),即可得到无雾图像 J:

$$J(x, y) = \frac{I(x, y) - A}{t(x, y)} + A \qquad (6.2.15)$$

基于上述暗通道图像去雾算法对图像进行去灰尘、杂质等雾状物质遮挡操作,可得如图 6.2.12 所示的处理结果。

图 6.2.12　处理后的图像

(a) 处理前　　(b) 处理后

图 6.2.13　处理前后目标标记对比

将图 6.2.10 和图 6.2.12 中关心的部分拿出来进行对比分析,如图 6.2.13 所示,发现处理前后标记部位的对比度提高,通过人肉眼判断,黑黄格的边界轮廓更加清晰,提高了图像信息提取的精度。

在图像去噪处理后,除通过人肉眼判断图像的清晰度变化程度外,还可以通过图像质量客观评价方法,如梯度函数、拉普拉斯算子、Vollaths 函数(自相关函数)和信息熵等对处理前后的图像进行定量分析,根据不同的图像质量提升需求,选择适当的图像质量评价函数对图像进行评价,来快速高效地分析当前图像去噪处理的效果。

1) Tenengrad 函数(梯度函数)

Tenengrad 函数是一种基于梯度的函数,提取水平和垂直方向的梯度值并经过索贝尔(Sobel)算子处理,值越大,代表图像边界越清晰。Tenengrad 函数公式如下:

$$D(f) = \sum_y \sum_x |G(x, y)|, \quad G(x, y) > T \qquad (6.2.16)$$

式中,T 为给定的边缘检测阈值;$G(x, y)$ 为 Sobel 算子在像素点 (x, y) 处水平和垂直方向的边缘检测算子的卷积值。

2）拉普拉斯函数

采用拉普拉斯函数,对被评价图像中的像素在其 3×3 领域内使用拉普拉斯算子进行计算,然后将计算出的值求和再取平均,平均值越大,说明被评价的图像越清晰,质量越好。拉普拉斯函数如式(6.2.17)所示:

$$D(f) = \sum_y \sum_x \mid G_L(x, y) \mid, \quad G_L(x, y) > T \tag{6.2.17}$$

式中,T 为给定的边缘检测阈值;$G_L(x, y)$ 为拉普拉斯算子在像素点 (x, y) 处水平和垂直方向的边缘检测算子的卷积值。

3）Vollaths 函数

Vollaths 函数又称自相关函数,反映空间两点的相似性,正焦图像边缘清晰锐利,像素点之间相关程度低,离焦图像像素点相关程度高。Vollaths 函数公式如下:

$$D(f) = \sum_y \sum_x f(x, y)f(x + 1, y) - MN\mu^2 \tag{6.2.18}$$

式中,μ 为整幅图像的平均灰度值;M 和 N 分别为图像的宽度和高度。

4）信息熵函数

信息熵函数用来描述信息的丰富程度,获得图像中每个灰度在整幅图像中出现的概率,最终获得灰度值的总期望,熵值大,说明图像色彩越艳丽,图像轮廓越清晰。信息熵函数公式为

$$D(f) = \sum_{i=0}^{L-1} p_i \ln(p_i) \tag{6.2.19}$$

式中,p_i 为图像中灰度值为 i 的像素出现的概率;L 为灰度级总数(本小节为 256 级)。

对图 6.2.13(a)、(b)两幅图进行客观评价,得到表 6.2.2。

表 6.2.2　处理后的图像质量与原图像质量评价

评价函数	Tenengrad 函数	拉普拉斯函数	Vollaths 函数	信息熵函数
处 理 前	5.262×10^7	6.410×10^5	8.162×10^6	6.083
处 理 后	1.372×10^8	2.090×10^6	1.252×10^7	6.704
提升比例	160%	226%	53%	10%

6.2.3　图像目标跟踪定位方法

本节主要实现从高速摄像拍摄的连续帧图像中获得被测目标的高精度定位冲击位移数据。处理如此大量的数据,要实现数据的自动连续处理,需要通过边缘检测、模板匹配、特征匹配等算法来实现被测目标的高精度连续自动跟踪。

1. 图像目标标记边缘检测处理

一幅图像中的低层次特征是不需要依靠任何形状或空间关系的信息就可以从图像中

自动提取的基本特征,而低层次特征提取函数的目的通常都是为更高级的分析提供信息。低层次特征提取方法应用于高层次特征提取,从而实现更快、更简单地找到图像中所需的目标。通过对被摄目标的图像数据进行低层次特征提取,快速高效地在图像中获取被摄目标的位置、状态、形状等基本信息,为之后的目标图像处理提供基础信息。

图像边缘是图像灰度值在某点突变所造成的结果,图像灰度值突变一般可分为阶跃型突变和线条型(渐变型)突变:阶跃型突变指图像灰度值在突变点的两侧有着明显的差异;线条型(渐变型)突变指图像灰度值在突变点缓慢变化。图像边缘是由边缘的幅度和方向两个特性来决定的,具体的表现形式是沿边缘方向上像素的灰度值缓慢变化,而在边缘方向的垂直方向上,像素的灰度值快速变化。边缘检测的实质是采用某种算法来提取图像中对象与背景间的交界线,常用的边缘检测算子:Prewitt 算子(交叉微分算子)、Sobel 算子、Roberts(罗伯茨)算子、LoG(Laplacian-Gauss,拉普拉斯-高斯)算子、Canny(坎尼)算子等。

1) Prewitt 算子

Prewitt 算子利用特定区域内像素灰度值产生的差分实现边缘检测。边缘检测一般采用一组 3×3 方向算子对区域内的像素进行计算,一个检测水平边缘,另一个检测垂直边缘,取最大值作为输出值。

一般定义 3×3 图像模板如图 6.2.14(a) 所示,3×3 算子模板如图 6.2.14(b) 所示。

根据图 6.2.14 得算子卷积公式为

$$G = o_1z_1 + o_2z_2 + o_3z_3 + o_4z_4 + o_5z_5 + o_6z_6 + o_7z_7 + o_8z_8 + o_9z_9 \qquad (6.2.20)$$

式中,o_i 为算子模版不同位置;z_i 为图像模版不同位置。

z_1	z_2	z_3
z_4	z_5	z_6
z_7	z_8	z_9

(a) 3×3图像模板

o_1	o_2	o_3
o_4	o_5	o_6
o_7	o_8	o_9

(b) 3×3算子模板

图 6.2.14　图像及算子模板

1	1	1
0	0	0
−1	−1	−1

(a) G_x

−1	0	1
−1	0	1
−1	0	1

(b) G_y

图 6.2.15　Prewitt 算子的卷积模板

Prewitt 算子的两个卷积模板如图 6.2.15 所示。

2) Sobel 算子

Sobel 算子是在 Prewitt 算子的基础上改进的,Sobel 算子在 Prewitt 算子的两个卷积模板的基础上进行了进一步的改良,使得 Sobel 算子在横纵方向上的像素灰度的变化有更高的权重比,其卷积模板如图 6.2.16 所示:Sobel 算子模板中各点的权重不同,在中心系数上的权值为 2,加强了中心像素上下左右 4 个方向像素的权重,降低了边缘模糊程度,对

(a) G_x　　(b) G_y

图 6.2.16　Sobel 算子的边缘检测模板

于灰度渐变和噪声较多的图像,其处理效果较好,所以本节选择 Sobel 算子进行边缘检测。

根据式(6.2.20)和图 6.2.16 所示的 Sobel 算子边缘检测模板得到分别表示横向及纵

向边缘的图像灰度值 G_x 和 G_y，表示为

$$G_x = (z_7 + 2z_8 + z_9) - (z_1 + 2z_2 + z_3)$$
$$G_y = (z_3 + 2z_6 + z_9) - (z_1 + 2z_4 + z_7) \tag{6.2.21}$$

梯度幅度表示为

$$|\nabla f| \approx |G_x| + |G_y| \tag{6.2.22}$$

图 6.2.17 为某跟踪区域使用 Sobel 边缘算子处理过后获得的二值化边缘图像。从图中可以清晰地看出黑黄格标记的轮廓在图中所对应的位置，通过调整阈值函数对 Sobel 算子处理后的图像进行筛选并二值化，超过阈值的像素点设为 1，未超过的设为 0。

(a) 边缘检测图像

(b) 阈值为0.05   (c) 阈值为0.1   (d) 阈值为0.15   (e) 阈值为0.2

图 6.2.17 使用 Sobel 算子对跟踪区域处理得到的二值化轮廓图

3）Roberts 算子

Roberts 算子利用局部差分算子寻找边缘，Roberts 算子是 2×2 算子模板，由图 6.2.18 所示的 2 个卷积核形成 Roberts 算子，图像中的每一个点都通过该卷积核作卷积运算。

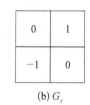

(a) G_x (b) G_y

图 6.2.18 Roberts 算子的边缘检测模板

$$g(x, y) = \left[\sqrt{f(x, y)} - \sqrt{f(x + 1, y + 1)} \right]^2$$
$$+ \left[\sqrt{f(x, y + 1)} - \sqrt{f(x + 1, y)} \right]^2 \tag{6.2.23}$$

式中，$f(x, y)$、$f(x + 1, y + 1)$、$f(x, y + 1)$、$f(x + 1, y)$ 分别为 4 领域的坐标。

4）LoG（Laplacian-Gauss）算子

LoG 算子基于 Laplacian 算子，因 Laplacian 算子没有对图像作平滑处理，所以对噪声很敏感，可以先对图像进行高斯平滑处理，再与 Laplacian 算子进行卷积。LoG 算子的表达式为

$$\text{LoG} = \nabla G_\sigma(x, y) = \frac{\partial^2 G_\sigma(x, y)}{\partial x^2} + \frac{\partial^2 G_\sigma(x, y)}{\partial y^2} = \frac{x^2 + y^2 - 2\sigma^2}{\sigma^4} e^{-\frac{x^2+y^2}{2\sigma^2}} \tag{6.2.24}$$

Laplacian 算子的边缘检测模板见图 6.2.19。

5）Canny 算子

Canny 算子首先利用高斯函数对图像进行低通滤波，然后对图像中的每个像素进行处理，寻找边缘的位置及在该位置的边缘法向，并采用非极值抑制的方法在边缘法向寻找局部最大值，最后对边缘图像作滞后阈值化处理，消除虚假响应。

0	1	0
1	-4	1
0	1	0

1	1	1
1	-8	1
1	1	1

0	-1	0
-1	4	-1
0	-1	0

-1	1	-1
1	8	-1
-1	1	-1

  (a) Laplacian模板   (b) Laplacian扩展模板   (b) Laplacian其他模板

图 6.2.19　Laplacian 算子的边缘检测模板

对图像通过高斯滤波器进行滤波,选择不同尺寸的滤波器得到的计算结果也不相同,$(2k+1) \times (2k+1)$ 滤波器的计算公式如下:

$$G(x, y) = \frac{1}{2\pi\sigma^2} e^{-\frac{(x-k-1)^2 + (y-k-1)^2}{2\sigma^2}} \tag{6.2.25}$$

其中,5×5 的卷积核 $k = 2$。滤波器卷积核越大,检测器对噪声的敏感度越低,按边缘检测定位误差也将略微增大,通常 5×5 大小的卷积核效果较好。

计算图像的梯度幅值和方向一般采用 Sobel 算子进行计算。计算完成后,在梯度方向连线与邻域角点进行插值,通过单线性插值公式可进行插值运算:

$$y = \frac{x_1 - x}{x_1 - x_0} y_0 + \frac{x - x_0}{x_1 - x_0} y_1 \tag{6.2.26}$$

将当前像素的梯度值与沿正负梯度方向上的两个梯度插值点进行比较,若当前像素的梯度值大于两个梯度插值,则将该像素点的梯度值作为边缘点进行保留,否则该像素点的梯度值将被抑制,这样可以抑制非极大值,保留局部梯度最大的点的梯度值,以得到细化的边缘。

2. 图像中的目标模板匹配定位

模板匹配即在一幅图像中寻找与待匹配模板相似的位置,作为使用较多的图像定位算法,其逻辑简单、易于实现且精度较高。模板匹配在大模板下的匹配过程非常耗时,其匹配过程主要受限于计算效率,同时在匹配过程中只能进行平移运动,若图像中的匹配对象发生旋转或大小变化,则无法应用,该方法的自身局限性较大。

模板匹配技术有着非常广泛的运用,如工件识别、人脸识别、指纹识别、车牌识别等众多领域。图像的模板匹配过程具有多个步骤,采用不同算法的步骤也有些许不同。对于物体,采用模板匹配方式进行识别有多种方式,一般分为以下两种。

(1) 基于灰度值的模板匹配,其原理是通过设定固定区间的灰度阈值,将模板图像与待识别物体图像的灰度值进行比对,如果灰度差值在所设定的阈值范围内,则认为匹配成功;如果灰度差值超出了所设定的阈值范围,则判定该区域与模板不同。然后在一定空间内采取预先设定的搜索方式在待识别物体图像中进行搜寻,直至寻找到灰度相似性最大的区域。模板匹配流程如图 6.2.20 所示,常用的基于灰度值的模板匹配算法有平均绝对差(mean absolute differences, MAD)算法、归一化积相关算法(normalized cross correlation, NCC)等。

(2) 基于形状的模板匹配,其原理是将图像中的物体轮廓特征与模板特征进行对比,这些形状特征包括物体的拐角、弧度、点、区域等。首先从模板和待识别物体中分别提取形状特征,然后利用特征匹配算法计算出对应的几何变换模型,寻找模板与待识别物体之间的形状特征相似点进行匹配,基于形状特征的模板匹配流程如图 6.2.21 所示。

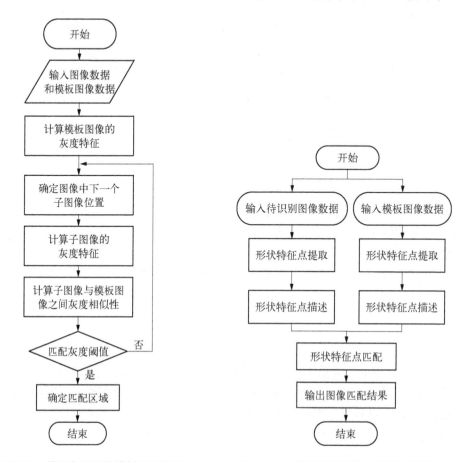

图 6.2.20　基于灰度值的模板匹配流程　　　图 6.2.21　基于形状特征的模板匹配流程

　　基于灰度值的模板匹配算法和基于形状特征的模板匹配算法各有其优点,应根据模板的特征,进而选择合适的模板匹配算法。基于灰度值的模板匹配算法过程简单、精度较高,不需要对目标模板进行特别处理,但其对画面亮度变化很敏感,外界干扰因素过大会大大增加计算量,同时也会提高匹配失败率。基于形状特征则保留了原图像上的一些特征信息,去除了一些不必要的次要信息,大大减少了图像信息的处理量,且该方法对于物体的平移、缩放、旋转等动作都有着良好的适用性,对于画面亮度变化等噪声也不敏感,且可以同时进行多模板匹配,因此其在工业生产方面的应用较广。获得跟踪区域中黑黄格标识轮廓情况后,对其进行模板匹配,得到如图 6.2.22 所示的结果。

　　3. 图像中的目标特征角点定位

　　在提高获取的数据精度并对标记进行定位后,需要对大量的连续帧图像进行处理,如果采用手动的方式来一帧一帧地进行标定,难度较大且工作量巨大,需要通过图像目标自动识别跟踪来实现大量的图像数据处理。

　　目标跟踪一般由特征提取和运动模型组成,跟踪的目标为波形发生试件上的黑黄格标识,其特征简单且易辨识;而波形发生试件在侵彻靶板的过程中是约束在导轨内的,其

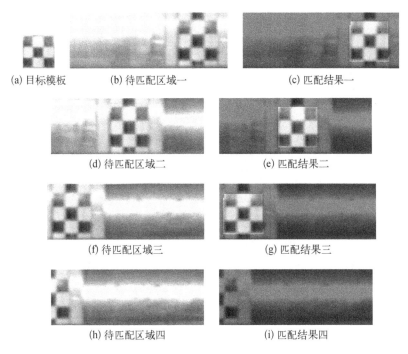

(a) 目标模板　　　　　(b) 待匹配区域一　　　　　　　(c) 匹配结果一

(d) 待匹配区域二　　　　　　　(e) 匹配结果二

(f) 待匹配区域三　　　　　　　(g) 匹配结果三

(h) 待匹配区域四　　　　　　　(i) 匹配结果四

图 6.2.22　模板匹配处理结果

运动模型为单方向的变加速直线运动,可通过特征点定位和连续跟踪算法实现目标的像素级连续定位跟踪。而为了进一步提高图像的定位精度,需通过算法实现亚像素级定位。

1) 针对大量图像数据的连续自动跟踪算法

通过给定第一帧图像中一个包含目标标记的区域,根据对该区域进行特征提取及识别来确定跟踪目标,跟踪区域的选择如图 6.2.23 所示。由于波形发生试件做单方向变速直线运动,且没有发生旋转,整个黑黄格标识在整幅图像上做向右水平运动,通过固定初始区域来进行目标跟踪,跟踪过程中已知黑黄标识运动状态,其可以作为跟踪区域的先验知识。

图 6.2.23　跟踪区域选择示意图

基于目标运动特性的跟踪处理算法流程如图 6.2.24 所示,其主要过程如下。

(1) 手动选择第一帧原始图像 $f(x, y)$ 中的初始跟踪区域 $h(x, y)$。

(2) 将目标模板 $g(x, y)$ 在跟踪区域 $h(x, y)$ 上进行灰度模板匹配,即将 $g(x, y)$ 在 $h(x, y)$ 上进行匹配遍历,获得 $h(x, y)$ 在各点模板的匹配阈值并判断最大匹配阈值是否大于设定阈值,如式(6.2.27)所示,若满足则进行下一步;若不满足则将跟踪区域 $h(x, y)$

高能效宽脉冲强冲击试验与测试技术

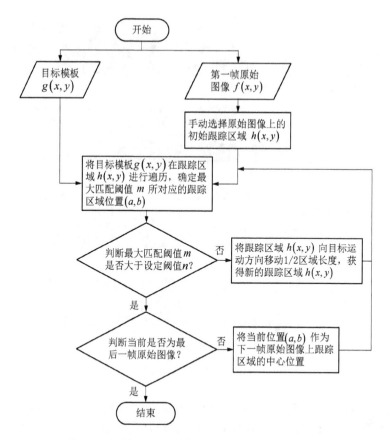

图 6.2.24　基于目标运动特性的跟踪处理算法流程

向已知的目标运动方向移动跟踪区域长度的 1/2,获得新的跟踪区域 $h(x, y)$ 并重新进行步骤(2):

$$\begin{cases} \mathrm{tra}[g(x, y), h(x, y)] = A(x, y) \\ \max[A(x, y)] = (a, b) \end{cases} \qquad (6.2.27)$$

式中,tra 表示遍历操作;$A(x, y)$ 为遍历后的结果矩阵。

(3)当最大匹配阈值大于设定阈值时,将最大匹配阈值对应在跟踪区域 $h(x, y)$ 上的位置 (a, b) 作为成功匹配的位置,并判断当前是否为最后一帧图像,若是,则结束匹配;若不是,则将位置 (a, b) 作为下一帧图像跟踪区域 $h(x, y)$ 水平方向的中心,重复步骤(3)。

本节提出的快速目标跟踪算法有时间优势,采用传统跟踪算法确定下一帧图像的跟踪区域需要从整幅图像来匹配寻找跟踪区域,耗时较长。

2)亚像素高精度定位算法

目标定位至像素级无法满足冲击位移的精度需求,因此需要通过特征辨识算法来提高定位精度。角点是最常见的一类点特征,其灰度在邻域变化较大,局部特征显著,作为特征点提取的优势显著。一般情况下,提高定位精度的方法为插值法,通过插值来提高定位精度,但插值法有一定的局限性,在插值到 3 倍后,继续插值的实际意义不大,以识别角点特征为主,结合亚像素算法可进一步提高定位精度。本节以 Harris 角点检测算法为定位算法,通过在试验弹尾部安装黑黄棋盘格跟踪标识,用以实现试验弹的运动过程跟踪,安装实物图如图 6.2.25 所示。无论是灰度特征还是形状特征,棋盘格标识都易于通过算法辨识,同时更易于高精度的亚像素算法处理。

图 6.2.25 波形发生试件上的棋盘格跟踪标识实物图

波形发生试件在运动过程中,棋盘跟踪格标识也随之运动,而棋盘跟踪格标识的一个突出特征即棋盘格角点。本节基于 Harris 算法,在像素级定位的基础上,通过基于棋盘格边缘特性实现其亚像素级别的角点定位。Harris 角点检测算法通过计算像素点梯度的二阶矩阵来检测图像兴趣点。对于图像中的任意一点,若其水平曲率和垂直曲率值都高于局部邻域中的其他点,则认为该点是特征点。设平移量为 $(\Delta x, \Delta y)$,用图像的自相关函数表示窗口内灰度值的变化为

$$E(\Delta x, \Delta y) = \sum_{x_i, y_i} w(x_i, y_i) \left[I(x_i + \Delta x, y_i + \Delta y) - I(x_i, y_i) \right]^2 \quad (6.2.28)$$

通过泰勒级数展开,得到自相关函数及自相关矩阵:

$$E(\Delta x, \Delta y) \approx \begin{bmatrix} \Delta x & \Delta y \end{bmatrix} M \begin{bmatrix} \Delta x \\ \Delta y \end{bmatrix} \quad (6.2.29)$$

$$\begin{aligned}
M &= \begin{bmatrix} A & C \\ C & B \end{bmatrix} \\
A &= \sum_W \left[I_x(x_i, y_i) \right]^2 \\
B &= \sum_W \left[I_y(x_i, y_i) \right]^2 \\
C &= \sum_W I_x(x_i, y_i) I_y(x_i, y_i)
\end{aligned} \quad (6.2.30)$$

式中,W 为高斯窗口,角点响应函数为

$$\mathrm{CRF} = \det(M) - k \left[\mathrm{trace}(M) \right]^2 \quad (6.2.31)$$

式中,k 为经验值;$\det(M) = \lambda_1 \lambda_2 = AB - C^2$;$\mathrm{trace}(M) = \lambda_1 + \lambda_2 = A + B$。

当一幅图中所有位置的角点响应函数值都计算出来之后,设定阈值 T 并寻找局部最大值。只有某点同时满足是局部最大值和角点响应函数值大于阈值 T 时,该点才是角点。

但 Harris 算法只能定位到像素级,无法满足高速目标跟踪定位所需的定位精度。根据在被摄目标上安装的棋盘格跟踪标识,而棋盘格图像如图 6.2.26 所示,角点附近的点可分为在边缘上的点和不在边缘上的点两类。点 B 上的梯度方向与 OB

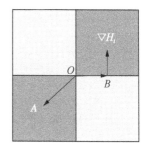

图 6.2.26 棋盘格图像角点特性示意图

垂直,而点 A 处的灰度梯度为 0,可见在角点 O 附近点的灰度梯度均垂直于该点与角点的连线。

$$\nabla H_i^{\mathrm{T}} \cdot (\alpha - \beta) = 0 \tag{6.2.32}$$

式中,∇H_i^{T} 为灰度梯度向量;α 为图像原点指向点 O 的坐标;β 为图像原点指向第 i 点的坐标。对式(6.2.32)两端同时乘以 ∇H_i,将角点邻域内的所有点分别代入式(6.2.32),把所有结果求和后可得

$$\sum_i \nabla H_i^k \cdot \nabla H_i^{k\mathrm{T}} \cdot \alpha^k = \sum_i \nabla H_i^k \cdot \nabla H_i^{k\mathrm{T}} \cdot \beta^k \tag{6.2.33}$$

对所有角点进行优化,得到其更精确的坐标位置,其中本节选择的邻域为5×5,改进后的角点提取效果更加明显。图 6.2.27 为 Harris 角点检测算法和 Harris 亚像素级角点检测算法结果,其定位精度对比见表 6.2.3。

(a) 定位原图

(b) 像素级角点定位结果

(c) 亚像素级角点定位结果

(d) 像素级和亚像素级角点定位结果对比

图 6.2.27　Harris 角点检测算法和 Harris 亚像素级角点检测算法结果示意图

表 6.2.3　Harris 角点检测算法和 Harris 亚像素级角点检测算法的定位精度对比

序　号	去噪前中间列左侧定位角点横向像素坐标	去噪前中间列右侧定位角点横向像素坐标	去噪后中间列左侧定位角点横向像素坐标	去噪后中间列右侧定位角点横向像素坐标
1	42	51	42.12	52.99
2	41	52	42.11	52.97
3	41	52	42.03	52.85
4	42	52	41.92	52.74
标准差	0.500	0.433	0.093	0.116

图 6.2.27(b)为像素级角点定位结果,图 6.2.27(c)为亚像素级角点定位结果,为了能更直观地看出亚像素级定位效果,将像素级和亚像素级定位的角点坐标都放在一起,可以看出绿色的亚像素级定位点比红色的像素级定位点更靠近棋盘格边缘。但由于波形发生试件高速运动的影响,棋盘格的边缘轮廓相对模糊,并不能十分精准地定位。

6.2.4 冲击位移信号数据处理

通过图像处理得到了波形发生试件侵彻过程中的单位时间冲击位移数据,但最终需要的是加速度冲击波形,所以需要通过进一步数据处理,对获得的冲击位移数据进行二次微分后获得冲击加速度时间数据,但在处理过程中需要通过平滑、滤波等处理,以尽可能减少噪声带来的干扰。

1. 信号数据分析

对高速摄像拍摄的连续帧图像进行处理得到的运动位移数据中不可避免会含有噪声信号,而在二次微分求得加速度数据的运算中,将大幅扩大高频噪声的信号幅值,最后导致微分得出的加速度信号被噪声信号所淹没,如图 6.2.28 所示。为了将表示波形发生试件运动的加速度信号从被放大的噪声信号中有效提取出来,需要在微分运算的过程中进行信号平滑与滤波处理。由于微分运算不仅会放大噪声信号的幅值,而且还会扩展其带宽,在对导函数信号进行滤波运算时,不同的滤波参数(拐点频率、阶次)会对滤波结果产生很大影响。从图 6.2.29 可以看出,二阶导函数的噪声频谱是个连续谱,而强冲击加速度信号的频谱也是一个连续谱,二者在频率段上会有重叠,如何确定滤波运算的特征参数需要一个合理而客观的选择判据。

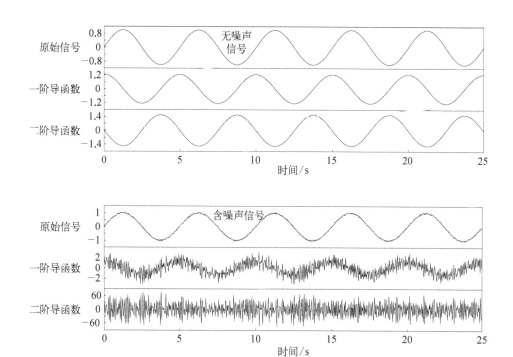

图 6.2.28 微分运算后噪声信号急剧扩大示意图

高能效宽脉冲强冲击试验与测试技术

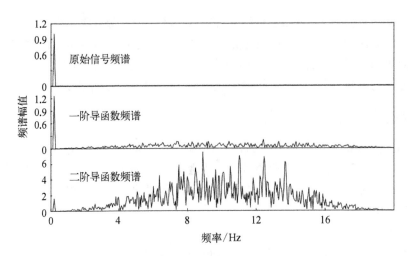

图6.2.29 微分运算激增噪声信号带宽示意图

图6.2.30所示的是没有噪声的位移信号及其一、二次微分得到的速度与加速度信号。

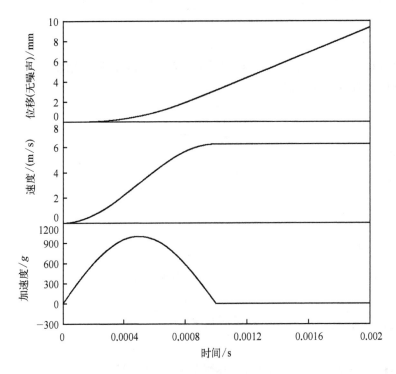

图6.2.30 无噪声位移信号的微分曲线

图6.2.31所示的是含随机噪声的位移信号及其一、二次微分得到的速度与加速度信号。

如图6.2.32所示,"微分加速度1"为无噪声位移曲线二次微分获得的加速度,"微分加速度2"为含噪声位移曲线二次微分获得的加速度。

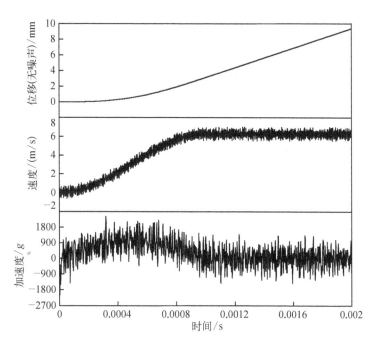

图 6.2.31　含随机噪声位移信号的微分曲线

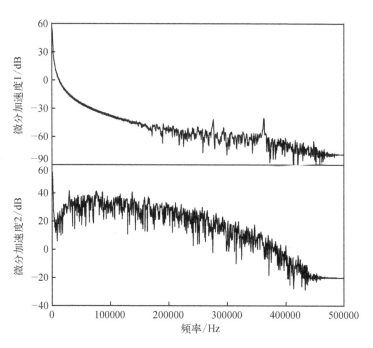

图 6.2.32　微分运算激增噪声信号带宽示意图

2. 等时段同相零位抑制积分法

本小节利用等时段同相零位抑制积分法处理信号,该方法有两个要点:其一是等时段零位积分补偿,其二是等时段零位信号的相位一致,最终目的都是有效抑制低频干扰信号对积分结果的影响。利用实验初步验证了等时段同相零位抑制积分法对低频干扰信号的抑制效果。将带有弹性安装夹具的加速度传感器安装于单向冲击滑台的滑块上,使其加速度敏感方向与滑块冲击运动方向一致。滑块的限定滑动距离为 120 mm,冲击加速度设定为 2 800 g,滑块受冲击后的滑动时间(加速度传感器的积分时段)约为 65 ms。图 6.2.33 所示的是在单向冲击滑台上得到的一组冲击加速度波形。

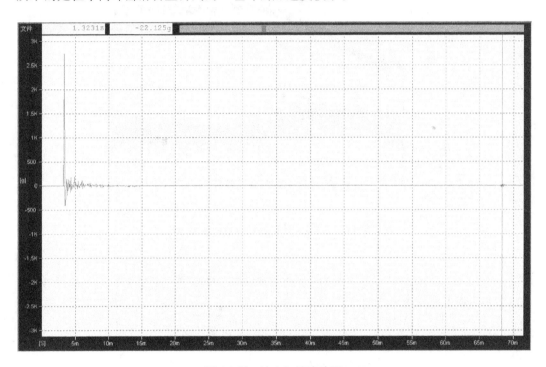

图 6.2.33　冲击加速度波形

在该加速度信号中,夹杂有 50 Hz 工频(工作频率)干扰。由于冲击加速度信号的幅值高达 2 800 g,工频干扰加速度信号的量级仅为 10 g,在加速度冲击波形中不易察觉。对于这个正弦工频干扰信号,如果按一个整周期来进行二次积分的话,积分起始点不同,则积分结果也会不一样。因此,当对该信号进行积分处理时,若不采用同相零位抑制,即同相超前间隔的数值,不为工频干扰信号的周期(20 ms)的整数倍,而恰恰为奇数倍时,积分得到的位移与速度波形见图 6.2.34。

由图 6.2.34 可知,积分得到的速度信号中含有一个明显的 50 Hz 干扰信号,其量级约为 1.0 m/s。同时,位移的积分值为 144.9 mm,这与滑块的实际滑动距离 120 mm 相比,其误差为 20.8%。在靶场试验中,较常遇到的就是这种 50 Hz 工频干扰,此外有时在火炮随动系统加电时,也会出现 400 Hz 干扰。对于恒定周期的干扰信号,在每一个完整周期内,对干扰信号进行二次积分,积分的起始点不同,积分结果就会不一样。若从间隔一个周期整数倍的两个起始点分别进行等时段积分,积分结果相同。因此,如若将同相超前间隔 τ_1 取为 100 ms,以此进行等时段积分消零,则可有效消除该工频干扰加速度信号的积分误差,经一、二次积分运算后得到的速度与位移波形见图 6.2.35。

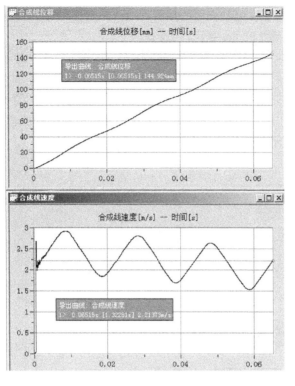

图 6.2.34　非同相消零积分的位移与速度波形

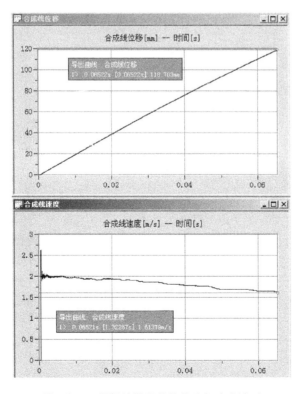

图 6.2.35　同相消零积分的位移与速度波形

由图 6.2.35 可知,速度信号中无明显的 50 Hz 干扰信号,位移的积分值为 118.7 mm,与滑块的实际滑动距离 120 mm 相比,其误差为 1.1%。

本节通过等时段同相零位抑制积分法来解决上述问题,该方法的原理框图见图 6.2.36,示意图见图 6.2.37。采用该算法可有效消除由加速度信号中的零偏移误差带来的积分误差,尤其是当该零偏移误差信号不单单是一直流偏量,而是在某一直流偏量上又叠加有低频干扰信号时,可利用该方法,在等时段的基础上进一步作等相位积分抵消,以有效提高积分精度与位移分辨率。

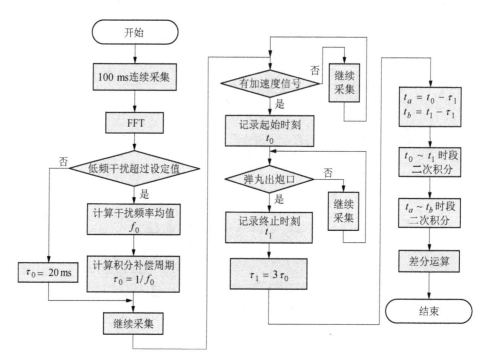

图 6.2.36　等时段同相零位抑制积分法原理框图

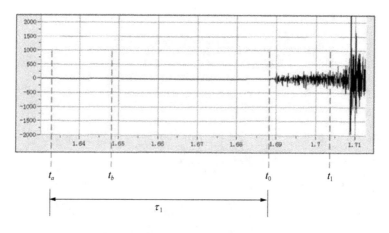

图 6.2.37　等时段同相零位抑制积分法示意图

二次积分运算的方程见式(6.2.34)：

$$S(t_0 \sim t_1) = K\left[\int_{t_0}^{t_1}\int_{t_0}^{t_1} a(t)\,\mathrm{d}t^2 \int_{t_a}^{t_b}\int_{t_a}^{t_b} a(t)\,\mathrm{d}t^2\right] \tag{6.2.34}$$

$$t_b - t_a = t_1 - t_0 \tag{6.2.35}$$

$$\tau_1 = t_0 - t_a \tag{6.2.36}$$

$$\tau_0 = t_1 - t_0 \tag{6.2.37}$$

式中，K 为标定系数；a 为带有零偏移误差的加速度信号；τ_0 为积分时段；τ_1 为同相超前间隔；S 为积分位移。

该方法实施的关键措施有如下两点。

(1) 等时段积分消零。待积分的加速度信号出现在 $t_0 \sim t_1$ 时段，而在时间间隔与其相同的 $t_a \sim t_b$ 时段，没有有效的加速度信号，出现的只是测量系统的基础零位信号(包括系统的零位偏移及可能存在的静态加速度)。等时段积分消零是指，将 $t_0 \sim t_1$ 时段的加速度信号进行二次积分运算后，减去该加速度信号在 $t_a \sim t_b$ 时段的二次积分值。

(2) 同相抵消。在零偏移误差信号不单单是夹杂有随机噪声的一个直流偏量电压，而且又叠加有低频干扰信号(例如，在试验测量时经常遇到的 50 Hz 工频干扰)的情况下，当采用等时段积分消零时，式(6.2.36)中的同相超前间隔 τ_1 必须是该低频信号周期的整数倍，而且 $\tau_1 > \tau_0$。

3. 滤波参数优化

为了合理地确定滤波参数与滤波步骤，最为直观的方法是采用一标准加速度传感器同时测量试件的冲击加速度，以此信号作为标准参照，将图像法求导得到的冲击加速度信号经不同滤波方式处理后，分别与标准参照波形进行比较，求取代表波形相似程度的相关值，以二者波形相似程度最大(即相关值取值最大)的滤波方式作为最优化方法。

在强冲击试验中，一方面，限于试件尺寸结构，不便于安装存储式加速度测试系统；另一方面，滤波参数的确定需要多次实验，工程代价过大。因此，比较可行的方法是在低 g 值且同等脉宽的冲击波形发生装置上进行参数调试。

图 6.2.38 所示的是两个具有相同脉冲宽度的半正弦冲击脉冲的时域曲线和频谱。虽然两个脉冲波形的幅值相差一倍，但二者在频域上的分布规律是一样的，即它们的归一化频谱图是完全一样的。而在对波形进行低通滤波处理时，在滤波通带内并不改变原始信号的幅值，只是在设定的阻带上根据滤波参数的设定对原始信号进行噪声抑制。

采用在低 g 值且同等脉冲宽度的冲击波形发生装置上进行参数优化选择。图 6.2.39 和图 6.2.40 所示的是两个具有相同脉冲宽度的半正弦冲击脉冲的时域曲线和频谱。虽然两个脉冲波形的幅值相差 10 倍，但二者在频域上的分布规律是一样的，即它们的归一化频谱图是完全一样的。而在对波形进行低通滤波处理时，在滤波通带内并不改变原始信号的幅值，而只是在设定的阻带上，根据滤波参数的设定对原始信号进行噪声抑制，如图 6.2.41 所示。

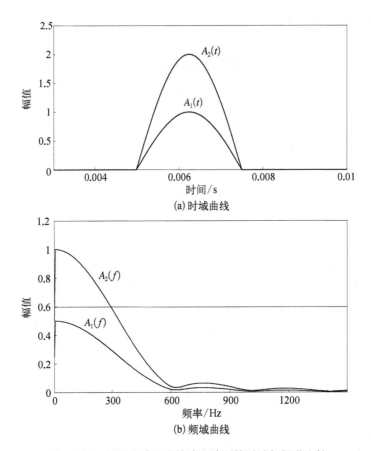

图 6.2.38　相同脉冲宽度的冲击波形的时域与频谱比较

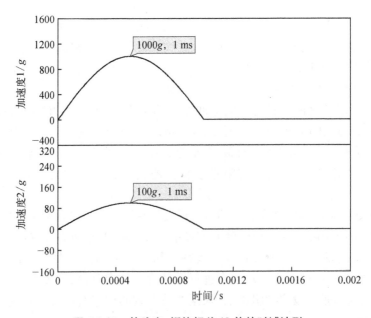

图 6.2.39　等脉宽、幅值相差 10 倍的时域波形

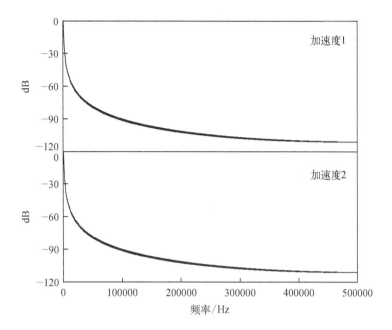

图 6.2.40　等脉宽、幅值相差 10 倍的冲击波形的归一化频谱

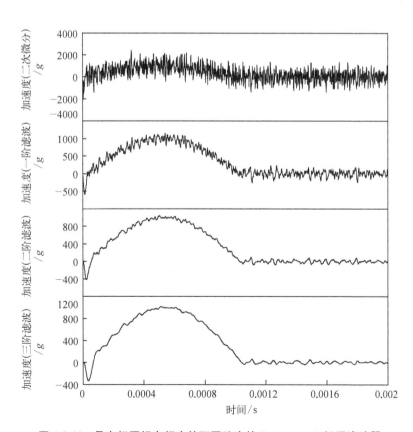

图 6.2.41　具有相同拐点频率的不同阶次的 Butterworth 低通滤波器

因此，只要在低 g 值大脉宽的冲击试验中，采用与高 g 值强冲击试验相同的缓冲介质，并且在高低 g 值的冲击波形调试中都以规则对称的钟形波作为目标参照，那么在低 g 值大脉宽的冲击波形中得到的滤波参数，同样也适用于高 g 值等脉宽的冲击波形。而在低 g 值大脉宽的冲击试验中可以通过标准加速度传感器直接获取其冲击波形。

采用本节提出的冲击波形测量方法测量冲击滑台产生的低 g 值宽脉冲冲击波形，其产生的冲击加速度波形与强冲击试验的冲击加速度波形都为相同脉宽、规则对称的钟形波，测试现场布置方式与基于空气炮的强冲击波形发生装置类似，如图 6.2.42 所示。不同之处在于，在冲击滑台的正后方布置了一台激光测振仪，激光测振仪直接从正后方照射冲击滑块，当滑块运动时，能测得滑块的位移、速度及加速度曲线。激光测振仪测量原理为单频激光干涉法，因其在振动和冲击测量方面的优势，已普遍应用于对振动发生装置和传感器的加速度、位移和速度等的校准。

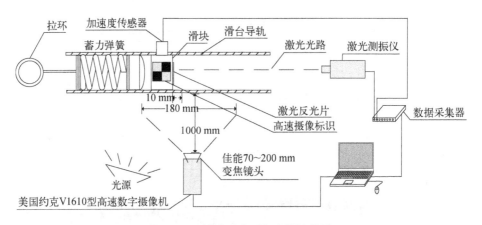

图 6.2.42　冲击滑台现场布置结构图

冲击滑台现场布置见图 6.2.43，高速摄像拍摄冲击滑台视场如图 6.2.44 所示。

图 6.2.43　冲击滑台现场布置图

图 6.2.44　采用高速摄像拍摄冲击滑台视场示意图

通过试验,获得了高速摄像拍摄的冲击滑块的冲击位移数据,通过激光测振仪获得了冲击滑块的速度和加速度数据,通过不断改变滤波参数,对经冲击位移处理后得到的速度和加速度波形与激光测振仪测得的结果进行对比,直到得到对比相关系数最优的滤波参数。获得最优滤波参数的流程如图 6.2.45 所示。

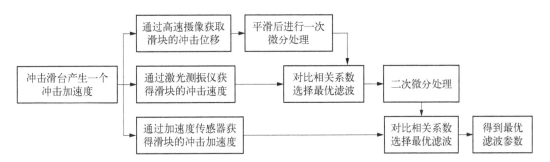

图 6.2.45　数据对比获取最优滤波参数过程

最优滤波参数算法流程如图 6.2.46 所示,对于两种测试方式获得的数据进行数据处理,获得最优化的滤波参数,如图 6.2.47 所示。

首先,输入加速度传感器测试数据 x_n 和冲击位移经过二次微分后得到的加速度数据 y_m。设定处理算法窗口宽度应大于强冲击试验所产生的强冲击加速度脉冲宽度,对加速度数据求窗口宽度内的能量,逐点计算,求出能量数组 Q_x,并记录此时的编号,从加速度传感器测试数据 x_n 提取新的数据组 x_{n1}。对于高速摄像测量的测试数据 y_n,使用巴特沃斯低通滤波器从 1 阶 50 Hz 开始滤波,使用宽度大于强冲击加速度脉冲宽度的窗口计算 Q_y,提取出数据组 y_{m1}。对 x_{n1} 和 y_{m1} 进行相关运算,记录相关值 r。以 50 Hz 为步长,从 1~5 阶,循环计算,求出最大相关值,此时滤波频率及阶次为最优化滤波参数。

数据处理算法窗口宽度取决于脉冲信号的脉宽,根据测得的信号宽度选定窗口宽度,以标准加速度传感器测试数据为目标曲线,对高速摄像测试数据进行滤波处理及对标准加速度信号进行相关运算,数据处理结果见图 6.2.48。

从图 6.2.48 可以看出,经过基于低 g 值等脉宽滤波参数优化后的滤波参数处理得到的加速度曲线和直接用加速度传感器测得的加速权限有较高的相似度。因此,在低 g 值大脉宽的冲击试验中,采用与高 g 值强冲击试验相同的缓冲介质,并且在低 g 值的冲击波形调试中都以规则对称的钟形波作为目标参照,那么由低 g 值大脉宽的冲击试验可得到有效的滤波参数。

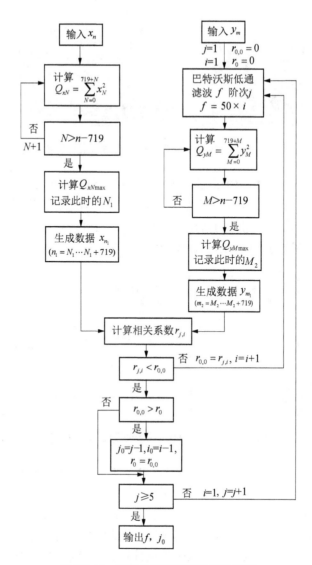

图 6.2.46 获取最优滤波参数算法流程

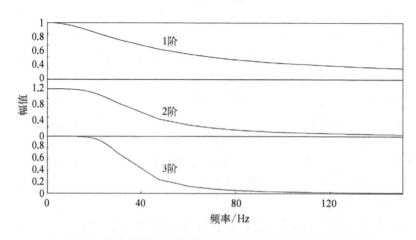

图 6.2.47 具有相同拐点频率的不同阶次的巴特沃斯低通滤波器

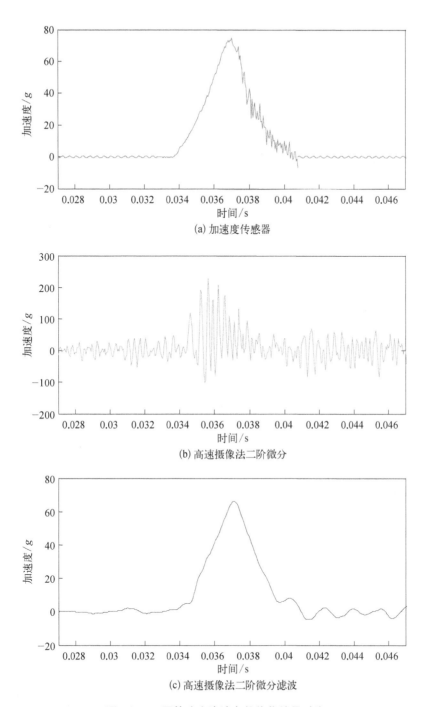

(a) 加速度传感器

(b) 高速摄像法二阶微分

(c) 高速摄像法二阶微分滤波

图 6.2.48   同等脉宽滤波参数优化结果对比

6.3   宽脉冲强冲击参数校准方法

宽脉冲强冲击参数测试系统校准方法主要包括校准原理和测量不确定度评价两部

分。本节基于侵彻式的强冲击波形发生方法开展校准原理及不确定度评价的论述,其他强冲击试验系统可参考本节内容。

6.3.1 校准原理

1. 宽脉冲、强冲击的准确测量

为了获得清晰、对比度好的图像,需要保证整个视场内的光照均匀,拟采用一组聚光灯组成的光源阵列对拍摄对象实施照明,在高速摄像机的架设调试中,将位移测量轴调节至与冲击运动方向平行。为防止冲击过程中波形发生试件的姿态出现较大变化,在身管的出口接设有导向管以限制波形发生试件的横向移动。为避免静态标尺所造成的测量误差,将位移标尺直接绘制在波形发生试件上,通过逐帧标定的方式来提高测量精度。

2. 宽脉冲、强冲击波形的评价

1) 标准半正弦波形参数确立

标准半正弦波参数评价分以下两种情况:

(1) 在强冲击设备能够产生较为理想的半正弦波时,则参照 JJG 541—2005《落体式冲击试验台》中对冲击台所产生的半正弦冲击波形的评价要求,按照图 6.3.1 所示的标准允差范围进行波形评价。

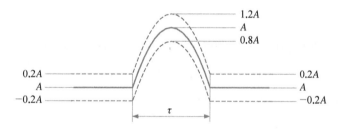

图 6.3.1 标准允差范围

(2) 强冲击设备所产生的冲击加速度脉冲的形状与理想半正弦波存在较大差距,即无法进入理想半正弦波的标准允差带,则对具体波形进行归一化数据处理,再进行允差判别。

2) 强冲击波形的归一化数据处理

对不规则的冲击加速度脉冲信号波形进行归一化处理的原则为:对不规则的脉冲加速度信号进行半正弦波形等效,然后按照半正弦波制定的允差带进行波形评价。某试验强冲击波形原始信号曲线如图 6.3.2 所示。

先对原始曲线进行滤波,如图 6.3.3 所示。

再对强冲击加速度曲线进行积分得到速度曲线,如图 6.3.4 所示。由图 6.3.4 可知,$v_{max} = 148 \text{ m/s}$, $\tau = 0.006\,5 \text{ s}$,再根据公式(6.3.1)得到等效峰值加速度 $A_{max} = 35\,800 \text{ m/s}^2$。

$$A_{max} = \frac{v_{max}}{0.636\tau} \tag{6.3.1}$$

则可以得到某强冲击试验等效标准半正弦波曲线如图 6.3.5 所示。

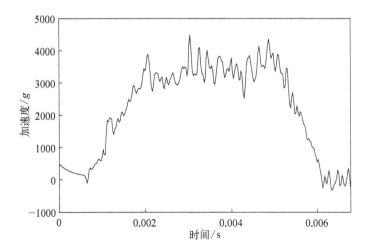

图 6.3.2　某试验强冲击波形原始信号曲线

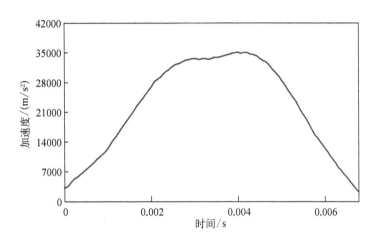

图 6.3.3　经过滤波后强冲击加速度曲线

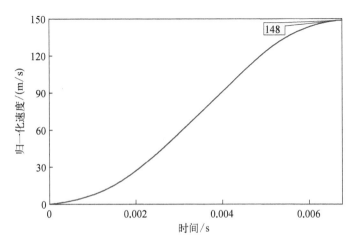

图 6.3.4　某强冲击试验速度曲线

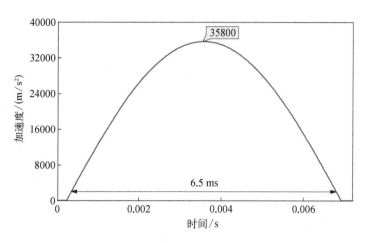

图 6.3.5　某强冲击试验等效标准半正弦波曲线

3）强冲击波形的参数评价

（1）波形允差。

强冲击波形的参数评价分两种情况：第一种情况,强冲击设备能够产生较为理想的半正弦波,则直接按照半正弦波制定的允差带进行波形评价,见图 6.3.6。需要指出的是,图 6.3.6 所示的半正弦冲击信号的允差范围是根据现行的落体式冲击试验台的允差参数得到的,而宽脉冲、强冲击设备的冲击环境要比前者严酷得多,仅波形的速度变化量就是前者的数十倍,因此,实际的允差范围需要酌情放宽。

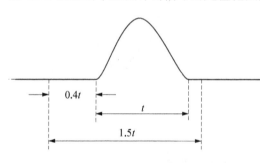

图 6.3.6　速度变化量的积分时间

第二种情况,统一对强冲击设备所产生的冲击加速度脉冲进行归一化处理,得到等效的理想半正弦波,然后参照图 6.3.6 所示的标准允差带,并将幅值冗余统一放宽至 ±20%,进行允差判别。

（2）速度变化量。

根据宽脉冲、强冲击波形的特点,确定波形积分的具体时段。当统一采用归一化等效半正弦波进行参数评价时,总的积分时段为 t。当强冲击设备能够产生较为理想的半正弦波时,总的积分时段为 $1.5t$,具体包括主脉冲的持续时间 t,以及该脉冲之前的 $0.4t$ 和脉冲结束后的 $0.1t$,见图 6.3.6。

（3）波形重复性。

考虑宽脉冲、强冲击设备的实际波形重复再现能力,确定其波形允差的重复性应满足本节波形允差的指标要求,而速度变化量的重复性应确定在 20%~30%。

（4）强冲击极限参数的确定。

当需要对具体波形进行归一化数据处理,再进行允差判别时,由于归一化的数据处理会消减原波形的极限幅值,还要根据被试品的具体耐受能力确定波形发生时需要控制的极限参数。

3. 溯源方法

本小节基于西北机电工程研究所现有的侵彻式强冲击波形发生装置开展溯源方法论述。在整个冲击过程中,波形发生试件不断侵彻并深入波形缓冲材料内部,获得幅值为 34 000 m/s^2、脉宽在 5.8~7.1 ms 之间的宽脉冲强冲击加速度波形。通过高速摄像机测量强冲击过程中运动位移信号,经二次微分得到加速度曲线,运动位移值溯源至几何量的长度。通过高速摄像机进行运动位移标定,实现冲击加速度的量值溯源,由高速摄像机获得波形发生试件在冲击过程中运动位移的方法如图 6.3.7 所示,校准系统现场布置如图 6.3.8 所示。主要通过在波形发生试件上刻制标准位移标尺,高速摄像机测量试件侵彻全过程时,同时跟踪测量标准位移标尺,进行全过程位移量对比,实现冲击加速度的量值溯源,强冲击效果如图 6.3.9 所示。

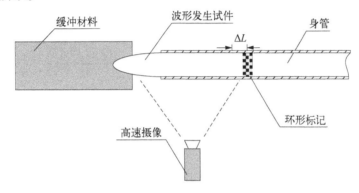

图 6.3.7　校准原理框图

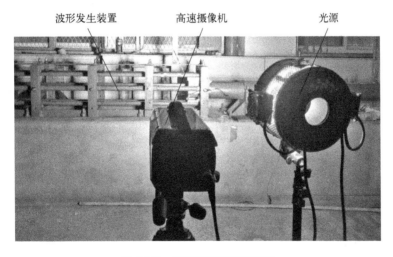

图 6.3.8　校准系统现场布置图

在波形发生试件上有黑黄相间的彩色标记环,以标记环之间的两根标记分界线之间的距离作为高速摄像的图像分析的位移参考标尺。两条标记线保持平行,且标记线平面与波形发生试件的轴向垂直。

采用游标卡尺对两条标记线之间的距离进行测量,应沿标记环一周对该距离进行多次测量,以确定平均距离及最大偏差,量值溯源图见图 6.3.10。

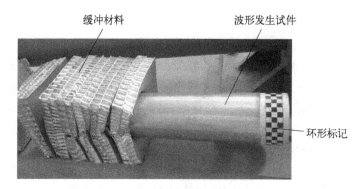

缓冲材料　　　　　　　　　波形发生试件

环形标记

图 6.3.9　强冲击效果

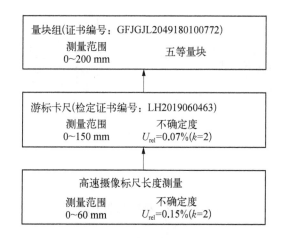

图 6.3.10　量值溯源图

6.3.2　测量不确定度评定

通过高速摄像机测量强冲击过程中的运动位移信号,经二次微分得到宽脉冲强冲击加速度波形的幅值,引入标准不确定度分量的主要影响因素如下:

(1) 高速摄像标识点距离测量引入的相对标准不确定度分量 $u_r(L)$;

(2) 微分环节引入的相对标准不确定度分量 $u_r(\omega)$;

(3) 高速摄像横向坐标与波形发生试件运动方向的水平方向不一致引入的相对标准不确定度分量 $u_r(T)$;

(4) 高速摄像最小分辨率引入的相对标准不确定度分量 $u_r(\varepsilon)$;

(5) 测量重复性 $u_r(\delta_s)$。

测量不确定度评定模型为

$$u_{cr}^2(s) = \frac{u_c^2(s)}{s^2} = u_r^2(L) + u_r^2(\omega) + u_r^2(T) + u_r^2(\varepsilon) + u_r^2(\delta_s) \qquad (6.3.2)$$

1. 标准不确定度分量

1) 高速摄像标识点距离测量引入的相对标准不确定度分量 $u_r(L)$

采用游标卡尺对两高速摄像标识点之间的距离进行测量不确定度分析:由于是直接

测量,两高速摄像标识点单次测量的相对标准不确定度 $u_r(L)$ 的分量(B 类评定)包括以下两个方面。

(1) 游标卡尺的误差。

采用 150 mm 量程的游标卡尺,其最大允差为±0.02 mm,两标识之间距离为 144 mm,为均匀分布,则该项引入的不确定度为

$$u_{r1} = \frac{0.02}{144 \times \sqrt{3}} = 0.008\% \tag{6.3.3}$$

(2) 人为读物误差。

连续 7 次读取高速摄像标识点距离,取平均值并采用贝塞尔法计算其标准不确定度,结果见表 6.3.1 和式(6.3.4)。

表 6.3.1 游标卡尺测量结果

	1	2	3	4	5	6	7
读值/mm	144.02	144.04	144.02	144.06	144.00	144.06	144.04
均值/mm	144.03						

$$u_{r2} = \frac{1}{\bar{x}} \times \sqrt{\frac{\sum\limits_{i=1}^{7}(\bar{x}-x_i)^2}{7\times(7-1)}} = 0.006\% \tag{6.3.4}$$

两高速摄像标识点之间的距离 L 测量总的相对标准不确定度为

$$u_r(L) = \sqrt{u_{r1}^2 + u_{r2}^2} = 0.01\% \tag{6.3.5}$$

2) 微分环节引入的相对标准不确定度分量 $u_r(\omega)$

通过高速摄像机测量强冲击过程中的运动位移信号,经二次微分得到加速度原始信号冲击加速度幅值,位移信号中夹杂白噪声,经过两次微分之后,白噪声将会被放大。设位移信号中附加的白噪声为

$$f(t) = m_1\sin(\omega_1 t) + m_2\sin(\omega_2 t) + m_3\sin(\omega_3 t) + \cdots + m_n\sin(\omega_n t) \tag{6.3.6}$$

进行二次微分后,加速度信号中的白噪声为

$$f''(t) = m_1\omega_1^2\sin(\omega_1 t) + m_2\omega_2^2\sin(\omega_2 t) + m_3\omega_3^2\sin(\omega_3 t) + \cdots + m_n\omega_n^2\sin(\omega_n t) \tag{6.3.7}$$

可认为 $\omega_n^2\sin(\omega_n t)$ 为加速度噪声中影响最大的量,假设最终得到的加速度幅值为 a,则由微分环节引入的误差为

$$\omega = \frac{m_n\omega_n^2}{a} \tag{6.3.8}$$

炮射弹载仪器设备强冲击试验幅值为 34 000 m/s², 对高速摄像位移信号进行截止频率为 1 kHz 的低通滤波, 白噪声在 1 kHz 处的值 $m_n = 0.00010$ m, 则由微分环节引入的误差为

$$u_r(\omega) = \frac{0.0001 \times (2\pi \times 1000)^2}{34\,000 \times \sqrt{3}} = 6.7\% \tag{6.3.9}$$

3) 高速摄像横向坐标与波形发生试件运动方向的水平方向不一致引入的相对标准不确定度分量 $u_r(T)$

波形发生试件不断侵彻并深入波形缓冲材料内部过程, 理想中, 高速摄像横向坐标与波形发生试件运动方形保持平行, 但是波形发生试件在身管中运动时会有上下和左右方向的晃动, 会给测试结果引入误差。假设高速摄像横向坐标与波形发生试件之间的夹角为 θ, 则误差为 $1 - \cos\theta$。在试验过程中, 导向筒直径 112 mm, 波形发生试件直径为 109 mm, 则波形发生试件发生的最大的晃动位移为 3 mm, $\theta = \arctan(3\sqrt{2}/460)$, 则由于波形发生试件的晃动所引入的误差值为 $\delta_T = 1 - \cos\theta = 0.00001\%$, 此项引入的不确定度分量可忽略不计。

4) 高速摄像最小分辨率引入的相对标准不确定度分量 $u_r(\varepsilon)$

高速摄像机的图像分辨率为 1 mm, 高速摄像标识点之间的距离为 144 mm, 为均匀分布, 则该项引入的相对标准不确定度分量为

$$u_r(\varepsilon) = \frac{1}{2 \times 144 \times \sqrt{3}} = 0.2\% \tag{6.3.10}$$

5) 测量重复性 $u_r(\delta_s)$

冲击波形测量的重复性引入的标准不确定度分量 $u_r(\sigma_s)$ 用 A 类方法评定。在一组强冲击波形发生试验后, 连续 7 次进行图像处理得到相应的冲击加速度幅值, 采用贝塞尔法计算单次测量的标准不确定度, 结果见表 6.3.2 和式(6.3.11)。

表 6.3.2 强冲击波形幅值测量结果

	1	2	3	4	5	6	7
读值/mm	34 471	35 327	34 935	34 919	34 885	35 695	36 136
均值/mm				35 196			

$$u_r(\sigma_s) = \frac{1}{\bar{x}} \times \sqrt{\frac{\sum_{i=1}^{7}(\bar{x} - x_i)^2}{(7 - 1)}} = 1.6\% \tag{6.3.11}$$

因此, 强冲击波形测量重复性 $u_r(\sigma_s)$ 的标准不确定度分量为 1.6%。

2. 合成标准不确定度

则合成标准不确定度 $u_c(s)$ 为

$$u_c(s) = \sqrt{u_r^2(L) + u_r^2(\omega) + u_r^2(T) + u_r^2(\varepsilon) + u_r^2(\delta_s)} = 6.8\%$$

3. 相对扩展不确定度

取 $p = 0.95$，$k = 2$，因此相对扩展不确定度为

$$U_{p,r} = ku_c(s) = 13.6\%$$

第7章　宽脉冲强冲击试验典型工程应用

7.1　弹载/机载数据记录仪强冲击试验

各种机载事故记录仪在正式装机前都需要按照飞行参数记录器坠毁幸存环境试验大纲中的冲击试验规范进行考核,西北机电工程研究所研制成功了加速度幅值为 3 400 g、脉冲持续时间为 6.5 ms、波形为马鞍形(双峰)的强冲击试验系统,对多种机载事故记录仪进行了高能量冲击环境试验。

7.1.1　系统概述

机载数据记录仪强冲击环境试验时使用的装置如图 4.1.2 所示,试验测试系统框图如图 7.1.1 所示。

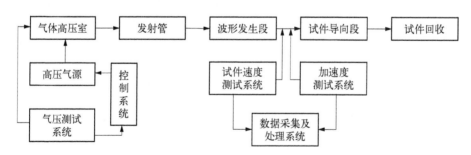

图 7.1.1　试验测试系统框图

该设备的原理是利用压缩空气的能量推动弹丸,使其达到规定的速度,与待试产品进行撞击。为了实现冲击环境试验规定的技术指标,需要在弹体和待试产品之间设置具有一定动态特性的复合缓冲材料。试验过程中,为了调整冲击参数,采用与待试产品质量相同的模拟试件,在模拟试件上安装加速度传感器,测量撞击后的加速度波形,用来确定推动弹丸的气压室压力、缓冲材料的长度与结构。在确定好高压室压力与缓冲材料的结构后,连续进行二次波形稳定性试验,当均能满足给定误差要求时,即可在相同条件下对实际产品进行冲击试验。此时,实际产品所承受的冲击环境与模拟试件相同。为了确保冲击环境的等效性,还要监测实际产品冲击后所获得的速度,该速度应与模拟试件冲击后所获得的速度大体一致,其误差应满足对速度变化的要求,如果不能满足要求,需要重新试验。为了使高速运动的试件减速,在试件运动前方设置了一定厚度的缓冲材料及缓冲气缸,缓冲气缸压力根据试件反弹情况进行调节,以使试件在冲击后速度逐渐减慢且不发生反弹现象。测试系统框图如图 7.1.2 所示。

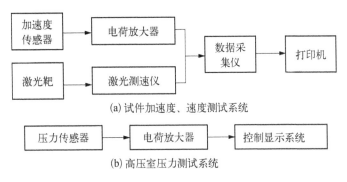

(a) 试件加速度、速度测试系统

(b) 高压室压力测试系统

图 7.1.2　测试系统框图

冲击加速度测试采用美国恩德福克(ENDEVCO)公司生产的 2225 型压电加速度传感器配 2775A 型电荷放大器,量程范围为 $1 \sim 10\,000\,g$。试件速度测试采用自制的激光测速仪,数据采集系统采用成都中科动态研究所提供的工控机,打印机采用 HP 便携式彩色打印机。加速度和速度测试用于判断冲击环境试验是否满足规范要求。

压力传感器采用瑞士奇士乐(KISTLER)公司生产的 6215 压电式压力传感器配 5018 型电荷放大器。压力信号输入给控制显示系统,用于判断气压室压力值是否满足试验要求。

7.1.2　参数估算

航空机载事故记录仪的强冲击试验规程要求为:冲击加速度幅值为 $3\,400\,g$,脉冲持续时间 6.5 ms,波形为半正弦波。参数估算应以这些数据作为基准。

假设碰撞为对心碰撞,试件在碰撞后所获得的速度为

$$v_\tau = \int_0^\tau a_{\max} \sin(\omega t)\,\mathrm{d}t \tag{7.1.1}$$

式中,$a_{\max}$ 为试件获得的最大加速度,取 $3\,400\,g$;τ 为脉冲持续时间,取 6.5 ms。可以得到试件碰撞后的末速度为 138 m/s。

试件在碰撞过程中的位移量为

$$S_\tau = \int 0.636 a_{\max}\tau \left[1 - \cos(\omega t) \right]\mathrm{d}t \tag{7.1.2}$$

当 $t = \tau/2$ 时,冲击加速度达到最大值,计算出此时试件的位移量 $S_{0.5\tau}$,当 $t = \tau$ 时,即碰撞结束,计算出试件的位移量为 S_τ。因此,缓冲材料的压缩量为 $\delta = S_\tau - S_{0.5\tau}$。

采用的是组合式缓冲材料,经试验,其压缩比为 0.25,因此可以进一步计算出缓冲材料的自由厚度。

考虑到缓冲材料在撞击运动过程中的摩擦及热损耗,经多次试验测试,弹丸速度损失为 35%,由此可以估算出弹丸在撞击开始时的速度。根据该速度值可以进一步计算出储能室的初始气压值。由式(4.1.7)进行转换,可得出气压室初始压力 P_0 计算公式为

$$P_0 = \frac{(r-1)\varphi m}{2\left[1 - \left(\dfrac{v_0}{v_0 + sL}\right)^{r-1}\right]v_0} u_0^2 \tag{7.1.3}$$

参数估算是近似的,作为波形调试的基础,具体设置及参数值要由多次试验调试确定。

7.1.3 试验程序

强冲击环境试验要特别注意人身与设备安全,要严格地按照试验程序和操作规程进行。

1. 发射准备程序

(1) 开始试验时,首先要准备好气源,严格按照空压机的操作程序进行;

(2) 在模拟件上安装好加速度传感器;

(3) 将模拟件放置到规定的位置;

(4) 将信号引出固定好并连接好整套测试系统;

(5) 以信号估算为基础设置好缓冲段,缓冲段的组合形式如图 7.1.3 所示,确认缓冲段 1 长度、空气柱长度、缓冲段 2 长度;

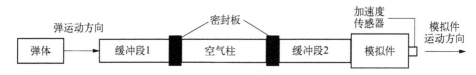

图 7.1.3 缓冲段组合形式示意图

(6) 放置好回收缓冲段缓冲垫;

(7) 给回收缓冲气缸内充入气压,气压值约为 0.2 MPa;

(8) 按装弹操作规程装好弹丸并确认在发射初始位置;

(9) 给空气柱内充入气压,气压值由试验确定。

2. 发射试验

(1) 安全检查,发射准备工作完成后,所有参试人员撤离到测控室,关闭好安全防护门;

(2) 按照数采系统操作程序设置好有关参数;

(3) 给气压室充气,在空置面板上观察高压室压力计需要的数值;

(4) 弹丸发射并同时进行数据采集;

(5) 由数据记录人员按照试验记录表规定内容记录好有关试验条件及相关参数。

3. 发射后检查

(1) 由摄像系统显示屏观察装置试验现场状况、弹丸运动状况、试件状况;

(2) 分析测试曲线,确定下发发射试验条件,调整高压室压力、缓冲段组合参数等;

(3) 打开安全防护门,检查并整理好试验现场。

7.1.4 试验实例

某型机载飞行事故记录器设计定型后,目前已装备使用。但由于飞行坠毁时不可预见的多种复杂恶劣环境的高能量冲击破坏,事故数据记录器时常发生损坏。为了满足使用要求,对现有的记录器进行了局部设计改进,使该产品在满足设计标准的基础上有足够的耐冲击余度。按照该类产品的航标强冲击试验规程要求,需对该产品进行冲击加速度幅值为 3 400 g、脉冲持续时间 6.5 ms、波形为半正弦波的冲击环境试验,半正弦波在工程上是难以实现的,允许以能量相当的双峰波形进行试验。

试验是在 GZ - 5000 型强冲击试验装置上进行的,各参数估算值如下。

试件撞击后的速度:$v_\tau = 138$ m/s。

最大加速度时试件的位移量:$S_{0.5\tau} = 82.4$ mm。

碰撞结束后试件的位移量:$S_\tau = 626.6$ mm。

缓冲材料的压缩来量:$\delta = 544.2$ mm。

缓冲材料的自由厚度:$\delta_0 = 1\,632.6$(压缩比为 3∶1)。

空气柱长度:$l = 900$ mm。

弹丸速度:$v_0 = 212$ m/s。

气室压力:$P_0 = 3.2$ MPa。

事故记录器质量为 4.2 kg,尺寸为 220 mm × 180 mm × 98 mm,试件结构为长方形空腔结构,1 阶固有频率为 1.2 kHz,冲击过程中固有频率被激发,与主脉冲波形相互叠加,冲击规范指标无法监测。因此,采用等效冲击试验方法,采用与试件质量相等且刚度较大的模拟件,其 1 阶固有频率大于 10 kHz,用该模拟件进行冲击波形的调整试验。

为了获得较为理想的冲击波形,经多次试验调试,组合缓冲介质采用工业用毛毡和海绵橡胶按一定比例搭配,中间设定的空气柱气压为 0.2 MPa,有效减小了高速碰撞时介质波动对冲击波形的不良影响。

试验时,先用模拟件代替试件连续三次进行冲击环境规定指标试验,测量弹丸冲击时的速度,该速度决定了弹丸提供的冲击动能,同时测量模拟件的冲击加速度和碰撞后获得的速度,该速度即试件撞击后所获得的动能。连续进行三次冲击试验,各参数测量值误差小于 5% 时,换上待试产品在相同试验条件下进行正式冲击环境试验。同时,测量弹丸速度、产品速度,以便从能量的角度验证待试产品和模拟件承受了同一量值的冲击环境。图 7.1.4 为强冲击试验装置图,图 7.1.5 为试件待冲击状态图,图 7.1.6 为试件冲击后的状态图,图 7.1.7 为测试的加速度、速度曲线图。

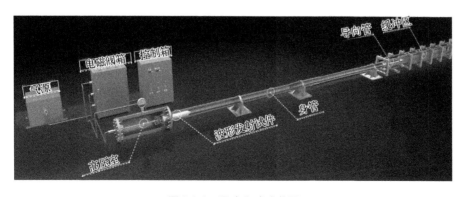

图 7.1.4　强冲击试验装置

图 7.1.5　试件待冲击状态

图 7.1.6　试件冲击后的状态图

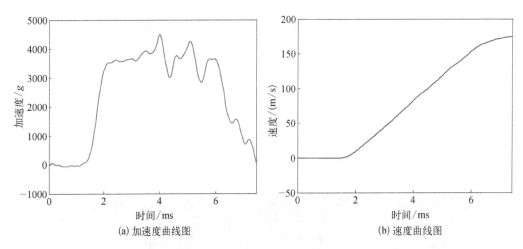

(a) 加速度曲线图

(b) 速度曲线图

图 7.1.7　试件的加速度、速度曲线图

7.2　智能弹药宽脉冲强冲击考核

当前,武器装备无人化、智能化体系化趋势明显,战争形态正由机械化向智能化转变,

智能弹药已成为智能化战争的核心支撑。

7.2.1　系统概述

在智能弹药发射过程中,进行宽脉冲强冲击环境试验时使用的装置如图 7.2.1 所示,试验测试系统如图 7.2.2 所示。

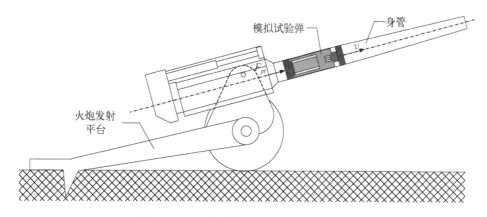

图 7.2.1　宽脉冲强冲击过载装置结构示意图

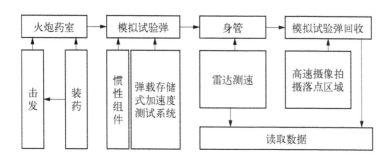

图 7.2.2　试验测试系统框图

该设备的原理是利用火药燃烧产生的高温高压燃气膨胀做功,推动模拟试验弹(装载待考核智能弹药核心器件和弹载存储式加速度测试系统)在身管内加速运动,使其在膛内产生预定的加速度过载。

火炮发射过程可以分为以下几个阶段。

(1)点火阶段:身管轴线赋予模拟试验弹一定的初始射向,先利用电能或撞击动能引燃比较敏感的点火药(底火),再利用点火药产生的火焰及高温高压燃气点燃发射药。

(2)发射药定容燃烧阶段:发射药点燃后,生成高温高压火药燃气。在燃气压力不足以推动模拟试验弹运动前,发射药燃烧是在一定体积的药室内进行的。随着发射药不断燃烧,模拟试验弹后面的燃气压力不断提高。

(3)模拟试验弹加速运动阶段:弹丸后面的燃气压力大到足以推动弹丸运动后,燃气压力推动模拟试验弹向炮口加速运动,同时作用于身管。模拟试验弹后面的体积随着弹丸运动而增大,发射药燃烧是在变化体积的弹后空间里进行的。变化着的体积对发射药燃烧、燃气生成、压力变化、模拟试验弹运动等有直接影响。通过合理设计发射药的形状尺寸、炮膛结构尺寸、弹丸等来控制膛内压力的变化规律（称为膛压曲线，如图7.2.3所示），从而控制模拟试验弹的运动规律。

（4）火药燃气后效期阶段：弹丸运动出管口后，火药燃气从炮口高速喷出。从炮口高速喷出的火药燃气，一方面继续对模拟试验弹产生作用，另一方面继续对身管产生作用，并且可以通过控制从炮口高速喷出的火药燃气的流动方向及流量来控制其作用效果。在火药气体作用完毕之后，模拟试验弹按一定速度射出，在重力及空气阻力的作用下最终落至地面，试验时，模拟试验弹一般采用阻力帽结构，使弹丸尽快减速落地。

（5）回收落地的模拟试验弹，读取弹载存储加速度测试系统的数据，通过数据分析和处理，实现对智能弹药核心器件的考核。

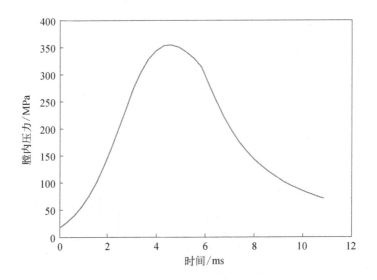

图 7.2.3　膛内压力变化规律

为了实现强冲击环境试验规定的技术指标，需要精确计算弹丸膛内过载的变化过程，利用经典内弹道法对试验产品进行仿真计算，得出了内弹道诸元随时间的变化曲线，再根据膛压与过载的关系，推导出过载随时间变化的曲线图。试验过程中，用测速雷达测试初速度，用弹载存储式加速度计测试模拟试验弹在身管内的加速度。

7.2.2　参数计算

某型智能弹药弹载惯性组件的强冲击试验规程要求为：冲击加速度幅值不低于18 000 g，脉冲持续时间在10 ms以上，波形为半正弦波，参数计算流程如下。

1. 宽脉冲强冲击波形发生平台内弹道模型的建立条件与原则

针对智能弹药弹载惯性组件的过载特点，通过建立内弹道模型和理论计算，进行内弹道与装药结构设计，确定内弹道及装药结构方案，波形发生原理如图7.2.4所示。

1）模型输入条件

根据本项目拟达到的技术指标，以下条件将作为内弹道模型的建立依据：

（1）可发生宽脉冲强冲击波形的最大幅值为18 000 g，脉宽为10 ms；

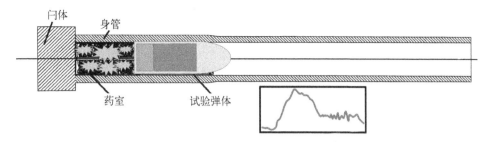

图 7.2.4 波形发生原理图

（2）宽脉冲强冲击波形发生模拟试验弹体的质量不小于 30 kg。

2）设计原则

在进行内弹道与装药结构方案设计时要遵循以下原则：

（1）利用现有成熟的发射药及内弹道技术；

（2）在满足总体技术要求的情况下兼顾考虑发射装药的安全性与稳定性、波形发生装置的寿命等；

（3）考虑发射药生产的批次差，设计膛压和装药空间时应保留一定的余量。

2. 宽脉冲强冲击波形发生平台内弹道模型建立

1）基本假设

在建立内弹道模型时有以下基本假设：

（1）火药燃烧服从几何燃烧定律；

（2）当压力达到启动压力后，弹丸开始在膛内运动；

（3）火药燃烧生成物的成分保持不变；

（4）火药燃烧速度与压力呈指数式变化规律；

（5）弹丸的运动是在平均压力下进行的；

（6）用次要功系数考虑后坐力、弹丸和身管之间摩擦力产生的次要功；

（7）假设发射过程弹丸与身管紧密接触，即没有火药燃气向弹前空间泄漏。

2）物理模型

发射装药采用金属药筒加药包装药方式，点火药包置于金属传火管内，弹丸与炮身密封采用尼龙弹带形式，其物理模型如图 7.2.5 所示。

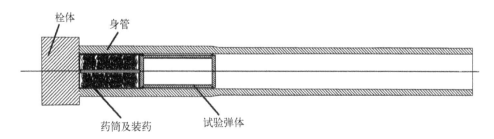

图 7.2.5 物理模型示意图

3）数学模型

以经典内弹学方程组为基础，进行宽脉冲强冲击火炮内弹道过程建模，其基本方程组如下：

$$\psi = \begin{cases} \chi_z(1 + \lambda Z + \mu Z^2), & Z < 1 \\ \chi_s \dfrac{Z}{Z_k}\left(1 + \lambda_s \dfrac{Z}{Z_k}\right), & 1 \leqslant Z < Z_k \\ Z, & Z \geqslant Z_k \end{cases} \tag{7.2.1}$$

$$\frac{\mathrm{d}z}{\mathrm{d}t} = up^n/e_1 \tag{7.2.2}$$

$$\phi m \frac{\mathrm{d}v}{\mathrm{d}t} = Sp \tag{7.2.3}$$

$$\frac{\mathrm{d}l}{\mathrm{d}t} = v \tag{7.2.4}$$

$$Sp(l\psi + l) = f\omega\psi - \frac{\theta}{2}\phi m v^2 \tag{7.2.5}$$

式中，ψ 为发射药燃烧掉的相对质量；z 为发射药粒在厚度上燃烧掉的相对量；χ、λ、μ 为药形系数；t 为弹丸运动时间，s；u、n 为指数燃速公式中的参数；p 为平均压力，MPa；e_1 为药粒弧厚的一半，m；S 为身管横截面积，m^2；φ 为虚拟系数；v 为弹丸速度，m/s；l 为弹丸行程，m；ω 为装药量，kg；θ 为发射药气体的绝热指数值减去 1。

通过合理选择模型输入参数，使宽脉冲强冲击的波形幅值和脉宽满足指标要求，如表 7.2.1 所示，膛内过载如图 7.2.6 所示。

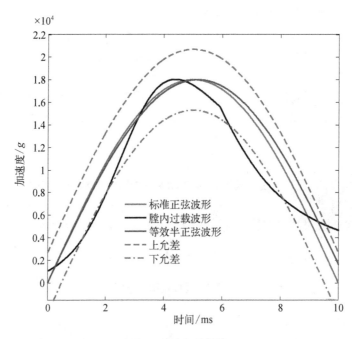

图 7.2.6　膛内过载

表 7.2.1 内弹道参数计算结果

容积/L	装药量/kg	最大膛压/MPa	炮口初速度/（m/s）	最大加速度/g	脉宽/ms
8	3.176	297.6	1 120	18 002	10.5

7.2.3 试验程序

采用 152 mm 火炮开展射击试验,参照 GJB 3197—1998《炮弹试验方法》中的相关方法开展膛内过载、炮口初速度等项目的测试,验证智能弹药弹载惯性组件的抗冲击性能。

试验流程如下:

（1）首先按照设定射角、射向调整火炮;

（2）采用模拟试验弹进行稳炮射击,检验测试设备能否正常工作;

（3）将待考核模块和弹载存储式加速度测试系统装载至模拟试验弹中。一发射击完毕后,立即寻找并回收弹丸,读取试验数据,成功回读数据后进行下一发射击。

7.2.4 试验实例

某型智能弹药通过弹载惯性组件是弹体位姿测量系统的重要组成部分,是实现弹药智能控制的核心部件。智能弹药在发射时经历膛内强冲击过载环境,为了保证弹载惯性组件在高过载环境下稳定、可靠地运行,要使该产品在满足设计标准的基础上有足够的耐冲击裕度。按照该类产品的强冲击试验规程要求,需对该产品进行冲击加速度幅值为18 000 g、脉冲持续时间 10 ms、波形为半正弦波的冲击环境试验。

试验是在 152 mm 火炮强冲击试验装置上进行的,具体试验过程如下。

（1）开始试验时,首先要准备好装有被试品的模拟试验弹,如图 7.2.7 所示,将被试品

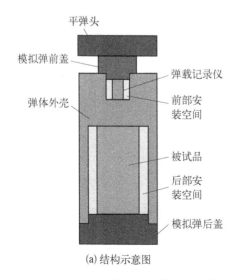

(a) 结构示意图

(b) 实物图

图 7.2.7 模拟试验弹结构示意图及实物图

安装在试验模拟弹后部的安装空间中,并通过后盖上的螺纹结构压紧,保证被试品与试验模拟弹紧固连接,不会产生晃动。被试品安装如图 7.2.8 所示,将强冲击参数测量装置安装在试验模拟弹前部的安装空间中,并通过顶盖上的螺纹结构压紧,保证强冲击参数测量装置与试验模拟弹紧固连接,不会产生晃动。强冲击参数测量装置安装如图 7.2.9 所示,完成模拟弹装配。

图 7.2.8　被试品安装图

图 7.2.9　强冲击参数测量装置安装图

（2）将装配好的试验模拟弹装入强冲击过载装置内,并将发射药筒装在试验模拟弹底部后关栓,完成发射准备工作。之后击发底火,试验模拟弹在火药燃烧气体的推动下在膛内做加速度运动,直至飞出炮口,试验模拟弹在膛内加速过程中产生过载加速度波形,飞出炮口后在空中飞行一段时间落入沙地完成回收。在整个冲击试验过程中,测速雷达放置在强冲击过载装置后方,用来测量试验模拟弹出炮口的初速度;高速摄像放置在强冲击过载装置侧方,用来记录试验模拟弹的落点,便于试验模拟弹的快速回收,现场布设如图 7.2.10 所示,试验模拟弹回收实物如图 7.2.11 所示。

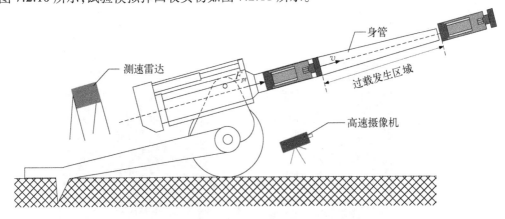

图 7.2.10　强冲击过载试验现场布设示意图

（3）发射击完毕后,立即寻找并回收弹丸,读取试验数据,成功回读数据后进行下一发射击。

（4）数据处理,根据强冲击过载装置产生冲击过载的工作机理(火药燃烧产生的高压气

体推动 125 mm 炮弹产生加速过载),利用高采
样率的强冲击参数测量装置记录 125 mm 炮弹
发射过程过载冲击值,结合测速雷达记录 125 mm
炮弹出炮口的初速度,综合评估试验环境。

图 7.2.11 试验模拟弹回收实物图

图 7.2.12 为获取的第 1 发试验弹冲击过
载试验的原始过载曲线,图 7.2.13 为对第 1 发
试验弹原始过载曲线经过滤波处理后的曲线。
图 7.2.14 为获取的第 2 发试验弹冲击过载试验
的原始过载曲线,图 7.2.15 为对第 2 发试验弹原
始过载曲线经过滤波处理后的曲线。图 7.2.16
为获取的第 3 发试验弹冲击过载试验的原始过载曲线,图 7.2.17 为对第 3 发试验弹原始
过载曲线经过滤波处理后的曲线。表 7.2.2 为 3 发试验弹的炮口初速度及过载参数。

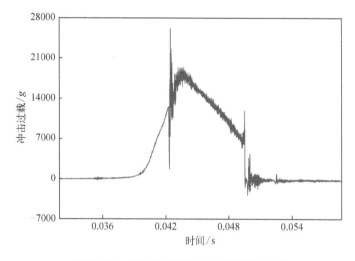

图 7.2.12 第 1 发试验弹冲击过载原始曲线

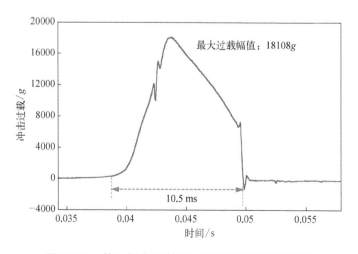

图 7.2.13 第 1 发试验弹冲击过载滤波处理后的曲线

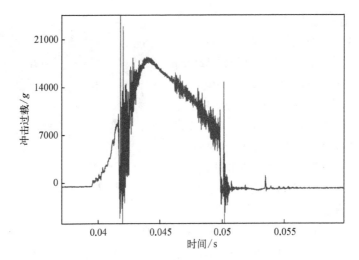

图 7.2.14 第 2 发试验弹冲击过载原始曲线

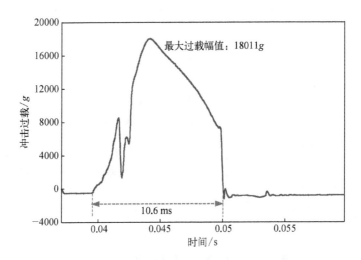

图 7.2.15 第 2 发试验弹冲击过载滤波处理后的曲线

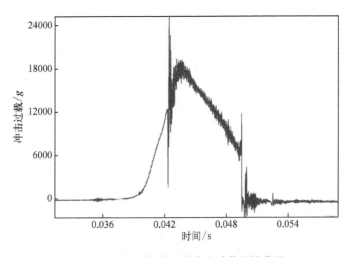

图 7.2.16 第 3 发试验弹冲击过载原始曲线

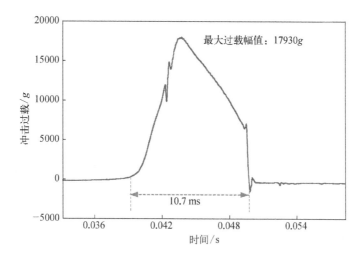

图 7.2.17　第 3 发试验弹冲击过载滤波处理后的曲线

表 7.2.2　试验数据记录表

试 验 序 号	初 速 度	过 载 参 数		测 试 结 果
1	1 136.0 m/s	幅值		18 108 g
		脉宽		10.5 ms
		波形		类半正弦波形
2	1 125.4 m/s	幅值		18 011 g
		脉宽		10.6 ms
		波形		类半正弦波形
3	1 120.5 m/s	幅值		17 930 g
		脉宽		10.7 ms
		波形		类半正弦波形

7.3　航空发动机及其基体材料单次抛雹实验应用

7.3.1　航空发动机吞冰试验

飞机在飞行过程中会不可避免地遭遇到冰雹,由于发动机进气道的迎风面积较大,遭遇冰雹时吸入冰雹的概率较大。当发动机吸入冰雹后,冰雹与发动机流道内的零件发生碰撞,特别是高速旋转风扇转子叶片的相对撞击速度高,极易损伤,引起发动机性能下降,甚至威胁飞行安全。1988 年,TACA 国际航空 110 号航班遭遇雹暴后导致双发熄火,从而造成严重损失;2002 年,印尼鹰航一架波音 737 飞机发动机吸入雨水冰雹导致双发熄火,从而造成重大事故。因而,国际上各主要航空发动机适航审定标准都对发动机的抗雹能力作了明确要求,各国学者针对相关要求开展了发动机抗雹相关研究工作。兰利研究中心利用气炮开展冰雹撞击刚性靶板试验,利用冰雹高压枪开展冰雹在不同角度射击时的冲击特性研究。国内,汪洋等采用发射冰雹冲击测力装置标定了仿真模型,刘建刚等(2014)进行冰雹冲击试验研究了结构损伤规律,上海交通大学的侯亮(2017)进行刚性靶板冰雹撞击试验验证仿真模型。国外某型发动机吞冰试验照片见图 7.3.1。

图 7.3.1　国外某型发动机吞冰试验照片

1. 国内外条款标准分析

通过分析对比国内外涡轮发动机抛雹试验相关条款标准,归纳汇总冰雹直径、密度、冰雹抛射速度、时间等关键参数,形成抛雹装置设计及试验相关准则。

美国军用标准 MIL − E − 008593E(AS)要求涡轮轴及涡轮螺旋桨发动机每 0.258 m² 或在更小的面积上采用 1 颗直径为 50 mm 的冰雹和 2 颗直径为 25 mm 的冰雹,冰雹密度为 0.8~0.9 g/cm³。美国军用标准 MIL − E − 5007D 对于涡喷与涡扇发动机冰雹尺寸的要求与上述保持一致。

英国国防标准 00 − 971 中要求冰雹密度为 0.8~0.9 g/m³,直径为 25 mm 和 50 mm,数量要求如下:进气面积内,每平方米采用 8 颗直径为 25 mm 的冰雹和 4 颗直径为 50 mm 的冰雹。

《美国联邦航空条例》(Federal Acquisition Regulations, FAR)33 部要求冰雹密度为 0.8~0.9 g/cm³,所有发动机进气道面积不足 0.064 m² 时,应采用 1 颗直径为 25 mm 的冰雹;进气道面积超过 0.064 m² 时,采用 1 颗直径为 25 mm 的冰雹、1 颗直径为 50 mm 的冰雹。对于超声速飞机,需吸入 3 颗不同的冰雹,其尺寸根据如下线性关系确定:飞行高度在 10 500 m 时,冰雹直径为 25 mm;飞行高度为 18 000 m 时,冰雹直径为 6 mm,且冰雹直径应与预期的最低超声速巡航高度相对应。在《美联邦航空条例》增补修订版本与《欧洲航空发动机认证规范》(EASACS − E)修正版的附录 A 中,要求每型发动机达到合格审定标准的大气冰雹直径为 0~55 mm,平均值为 16 mm。

《英国民航适航要求》(British Civil Airworthiness Requirements，BCAR) C 章中要求冰雹密度为 0.8~0.9 g/cm³，冰雹最大直径为 50 mm，平均直径为 20 mm；该条例附录 8 中要求每平方米采用 10 颗直径为 25 mm 的冰雹和 10 颗直径为 50 mm 的冰雹。

《欧洲联合航空条例》(Joint Aeronautical Regulation，JAR) 中要求冰雹密度为 0.8~0.9 g/cm³，每平方米采用 10 颗直径为 25 mm 的冰雹和 10 颗直径为 50 mm 的冰雹，与 BCAR 附录 8 保持一致。

《中国民用航空发动机适航规定》(CCAR33-R2)中对于冰雹尺寸和密度的相关要求与 FAR 33 部保持一致，国军标与美军标保持一致。通过分析总结，发动机吸雹试验中要求冰雹密度为 0.8~0.9 g/cm³；目前各项条款中对于大冰雹直径的要求为 25 mm 与 50 mm，对于持续 30 s 吸雹试验提及大气冰雹直径大小分布为 0~55 mm，但并没有明确试验中使用平均直径，还是考虑各类直径。通过咨询国外专家，明确 30 s 冰雹吸入尺寸可以接受仅使用直径 12.7 mm 的冰雹。结合上述标准，本章节提及的吸雹试验中采用密度为 0.8~0.9 g/cm³，直径为 25 mm 和 50 mm 的冰雹。

2. 具体技术要求

美国军用标准 MIL-E-008593E(AS) 在对涡轮轴、涡轮螺旋桨、涡喷与涡扇发动机要求描述中明确冰雹雹体应在典型的起飞、巡航、下降条件射入发动机进气道。

英国国防标准 00-971 要求冰雹的抛射速度及发动机的工作条件应能模拟飞行包线范围内最严苛的条件，并经过合格审定部门同意。

FAR 33 部、BCAR C 章、JAR、EASACS-E 修正版、CCAR33-R2 均要求冰雹抛射速度为 4 500 m 典型飞机的扰动气流飞行速度。其中，FAR 与 EASACS-E 中均提到需验证连续 30 s 的降雹周期内发动机不熄火、不降转、不发生持续或不可恢复的喘振和失速，不失去加速和减速能力。

分析总结上述标准，并咨询国外专家得出，涡轮发动机吸雹试验中单次吸雹为必要试验，且规定冰雹抛射速度为在 4 500 m 高度典型飞机的飞行速度为 220~290 m/s，对应 4 500 m 高度的真实空速，单次抛雹装置的发射速度不小于 300 m/s，并可同时发射不少于 7 颗直径为 50 mm 和 7 颗直径为 25 mm 的模拟冰雹。

3. 主要功能、性能指标

西北机电工程研究所研制的 QTB-003 型单次抛雹装置用于航空发动机吞冰试验，单次抛雹装置采用高压气体为动力，采用单管发射单颗冰雹的模式，每套发射装置配备 7 根发射管，根据需要发射 1 颗冰雹或 7 颗冰雹。高压室与发射管之前采用软管连接，实现各发射管之间的相对位置可调节。25 mm 发射管与 50 mm 发射管与高压室接口一致，25 mm 和 50 mm 发射管根据实验需求进行组合。每套发射装置配备压力传感器，状态监控系统实现单次抛雹装置发射的远程控制、高压室发射气量的准确控制和数据采集的存储及显示。通过精确控制冰雹直径和冰雹质量及高压室压力实现冰雹发射速度的精准控制。

抛雹装置由高压室、25 mm 发射管、50 mm 发射管、控制柜、支撑机构、调整机构组成，如图 7.3.2 所示，图 7.3.3 为发射装置实物图。

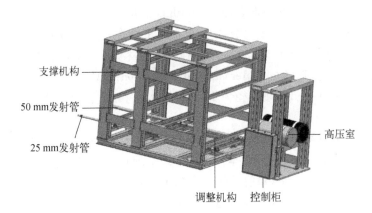

图 7.3.2　单次抛雹结构示意图

图 7.3.3　单次抛雹装置

4. 主要功能及性能

1）主要功能

（1）在短时间内,单次抛雹装置能够进行直径为 50 mm 和 25 mm 冰雹的单颗发射,也能够同时进行 7 颗冰雹的发射,投向发动机进气道正前方的关键区域或随机区域;

（2）能够确保冰雹(比重为 0.8~0.9)在抛射中不碎烂;

（3）发射速度可调,冰雹最高速度不低于 290 m/s;

（4）单次抛雹装置配置远程控制装置,远程控制能够对气量、发射速度等参数进行可视化调节与设置;

（5）配置安装支架,可上、下、左、右移动,满足抛雹装置安装时的微调;

（6）使用环境温度为-18~45℃。

2）性能要求

（1）试验时在30 s内实现冰雹的装填与发射;

（2）炮体与支架间的连接便捷,发射时稳定安全;

（3）能够对供气系统充放气、冰雹发射实现就地/远程控制;

（4）系统可就地/远程操作,测控系统可视化可编辑,系统可实时显示、监控、记录压力温度等参数,并可同步引入信号输出;

（5）在试验时,除冰雹外,单次抛雹装置不能对发动机造成损伤及性能影响。

5. 冰雹的设计

参照 GJB 4187—2001《航空发动机吞冰试验要求》的具体条款,结合前期反复试验摸索出的工艺和方法,开展冰雹的制作工艺的固化及制冰模具的设计,获得满足使用强度的模拟冰雹。

制冰模具由压块（金属材料）、上模（非金属材料）、下模（金属材料）组成,其三维模型如图7.3.4所示。

图 7.3.4　制冰模具三维模型图

冰雹的质量一致性决定着发射速度的一致性,采用经过净化后的水制作冰雹,首先保证了水密度的一致性;模具注水后静置一定时间后冷冻制冰,可减少冰雹内的气泡,冰雹冷冻成型后在-7℃环境下保存8 h以上,以保证冰雹密度和硬度的一致性。

6. 发射试验

冰雹速度测试采用高速摄像,试验前对高速摄像机进行标定。试验中读取画面中每颗冰雹的飞行点,计算冰雹的速度。图7.3.5~图7.3.9为高速摄像拍摄的冰雹的实测照片。

图 7.3.5　单颗 50 mm 模拟冰雹

图 7.3.6　7 颗 25 mm 模拟冰雹

图 7.3.8　7 颗 50 mm 模拟冰雹

图 7.3.9　14 颗模拟冰雹

7.3.2　航空材料冰雹撞击试验

　　航空材料的冰雹撞击强度试验是评估航空器材料在冰雹撞击下的抗损伤能力的一种方法。这种试验可以帮助航空工程师评估材料的性能,以确保其可以在极端天气条件下保持安全和可靠。

　　进行航空材料的冰雹撞击试验,通常使用冰球发射器将标准尺寸和速度的冰球射向待测试的材料样本。在撞击后,对材料样本进行检查,以确定是否有任何损坏或变形,这些结果可以用来评估材料的冰雹抗损伤性能。航空材料的冰雹撞击强度试验是航空工程领域中非常重要的一部分，可以帮助我们设计更安全和可靠的航空器。

纤维增强聚合物基复合材料在航空结构上的应用在不断地增加，波音 747 飞机上复合材料的重量约为结构总重量的 1%，而波音 787 飞机上的复合材料重量为其总重量的 50%。使用复合材料是由于其很多性能优于铝合金，包括比强度、比刚度、可成形性和耐腐蚀性。然而，复合材料易产生大量缺陷和损伤，特别是在受到外物冲击时，会使复合材料强度大幅度降低。

纤维增强聚合物基复合材料在暴露于环境中的承力结构上的应用不断扩大，意味着可能发生大量的冲击损伤，一个主要的冲击源是冰雹，冰雹产生的损伤是航空器设计、维护和使用中必须考虑的一个重要特性。根据 1955~2002 年的暴风雪预测中心数据库，统计多数冰雹的直径为 25 mm 和 44 mm。受到冰雹冲击影响的复合材料结构包括飞行控制面、机翼和机身蒙皮、雷达天线罩、直升机旋翼、管道、整流罩、推进器、涡扇发动机桨叶。从高尔夫球大小到网球大小的冰雹的冲击并非不常见，冰雹冲击会出现在以中等速度落到地面(约 30 m/s)和在平稳飞行的过程中(220~290 m/s)。

另外，由于冰雹具有半软的力学性能，是一种独特的冲击物，当它冲击到复合材料结构上时，会使复合材料内部产生损伤，而外面没有明显征兆，复合材料层压板上的内部损伤称为分层。对于金属结构，冲击一般会因金属的塑性变形而产生可见的凹坑。相反，高强度碳纤维的弹性变形超过 1%，因而内部损伤常在没有明显的凹坑形成的情况下出现。由过大的层间剪切应力引起的这些分层，可能仅是轻微的表面凹坑，称为勉强目视可见冲击损伤(barely visible impact damage，BVID)。BVID 尤其危险，因为除非采用无损检测评估，否则损伤区域难以发现。由于每天有大量的飞行，这个无损评估可能非常耗时，冲击损伤的识别及其对结构性能的影响是航空工业非常关心的一个问题，这是因为这些复合材料结构的耐久性和损伤容限受到内部损伤可检测尺寸的影响很大。

因此，为了在保证航空器结构安全的同时节约成本，需要一个损伤容限计划。确定损伤容限的最广泛的方法是冲击后压缩试验，分层可能使压缩强度降低到结构无损强度的 65%，为了防止这类损伤，对于特定的航空器结构，有时必须规定复合材料的最小蒙皮厚度。由于冰的压碎性能复杂，对于航空器的起飞和着陆，理解特定角度的冲击非常重要。

航空材料的冰雹撞击强度试验通常使用冰球发射器和冰雹撞击试验台进行，以下是一般的试验步骤：首先，准备待测试的航空材料样本；其次，使用冰球发射器发射标准尺寸和速度的冰球，使其撞击在待测试的材料样本上；最后，检查样本是否有任何损坏或变形。这通常需要使用高精度的测量设备来检测任何微小的变化，根据试验结果评估材料的冰雹抗损伤性能。

1. 复合材料的冲击损伤

1) 低速冲击

复合材料冲击已得到了详细研究，但大都集中于低速冲击。认为低速冲击是准静态冲击，常见于复合材料的损伤容限研究中。低速是由准静态响应定义的，不同研究中的定义不同，一些定义中包括了冲击持续时间和速度极限。使用低速仪表化冲击试验来研究包括板厚在内的各种参数的影响，不同厚度的板之间的损伤阈力有一个明显的跳跃，力用作损伤阈值的描述变量。阈值定义了损伤出现的上限力值，阈值以下无损伤，这是冲击损伤研究中一个常用的概念。

目前,大量的研究主要集中于临界阈力,损伤起始关联到该值。通过跌落台冲击系统进行试验,试验中使用直径为 25 mm 的半球形金属冲击头。通过测试冲击过程中的冲击力与复合材料的损伤情况,从而实现复合材料的损伤阈值测定。

2) 高速冲击

高速冲击主要是研究复合材料在高速冲击下的冲击响应,实验中通过改变冲击方向、冲击速度、冲击物质量,分别冲击不同面积、不同厚度、不同支撑方式的复合材料,测试复合材料的应力分布、位移,分析复合材料的面积、厚度、支撑方式响应。

2. 冰雹冲击能量影响因素的试验研究

冰雹冲击能量的主要影响因素有冰雹直径、速度、质量、形状、冲击攻角和风等。研究人员通常采用控制变量法研究冰雹冲击能量与各影响因素之间的关系。

1) 冰雹冲击下的结构破坏机理的试验研究

了解不同材料结构在冰雹冲击作用下的弹性响应、损伤传播及失效模式有利于揭示冰雹的灾害破坏机理,为抗冰雹设计所需的定量计算、设计优化与防治提供理论依据。

2) 冰雹发射器

冰雹发射器是一种用于模拟冰雹撞击的设备,在航空工程领域中,冰雹发射器通常用于进行航空材料的冰雹撞击强度试验,以评估材料在极端天气条件下的抗损伤能力。

冰雹发射器通常由以下几个部分组成。

(1) 冰球发射装置:用于发射标准尺寸和速度的冰球。

(2) 冰球储存器:用于存储冰球,以确保试验过程中冰球尺寸和速度的一致性。

(3) 控制系统:用于控制冰球发射装置和冰球储存器,以确保试验的准确性和安全性。

冰雹发射器的设计和制造需要考虑许多因素,如冰球的尺寸和速度、发射装置的精度和稳定性等,这些因素都可以影响试验结果的准确性和可靠性。总之,冰雹发射器是进行航空材料冰雹撞击强度试验的重要设备,它有助于评估航空材料在极端天气条件下的抗损伤能力,从而提高航空器的安全性和可靠性。

以下是几种常用的冰雹发射器结构形式。

(1) 气压式冰雹发射器:这种发射器使用气压来加速冰球,通常需要使用高压气体和特殊的加速装置。气压式冰雹发射器可以提供高速和高精度的冰球发射,但是需要更多的设备和维护。

(2) 电磁式冰雹发射器:这种发射器使用电磁力来加速冰球,通常需要使用高电压和特殊的线圈。电磁式冰雹发射器可以提供高速和高精度的冰球发射,但是需要更多的电力和维护。

(3) 弹射式冰雹发射器:这种发射器使用弹簧或其他机械装置来加速冰球,通常比较简单和经济。但是,弹射式冰雹发射器通常不能提供高速和高精度的冰球发射。

不同的冰雹发射器结构形式适用于不同的试验需求和预算限制,在选择冰雹发射器时,需要根据试验需求和预算限制进行综合考虑。

3) 碳纤维复合材料板夹具设计

根据国内外冰球撞击复合材料板的实验夹持方案现状研究,在实验件夹持方案中选取四周固支。本小节实验夹具包括压板、底架、弧形支撑等组成部分,通过拧紧螺栓固定压板和底架,进而达到对实验中的碳纤维复合材料板件夹紧稳固的目的。底架通过螺栓固定在实验基台上,为了达到改变冰球撞击角度的目的,设计了可以改变夹角的底架支撑,在弧形支撑上按照夹角为 15°、30°、45°、60°、75°、90° 分别钻出 6 个螺纹孔洞,将螺丝固定在对应角度的螺纹孔中即可达到改变撞击角度的目的。实验设计的夹具及改变撞击角度夹具结构如图 7.3.10 所示,夹具实物如图 7.3.11 所示。

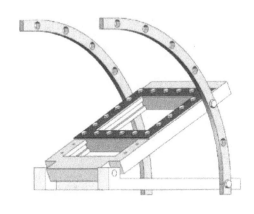

图 7.3.10　改变撞击角度夹具模具

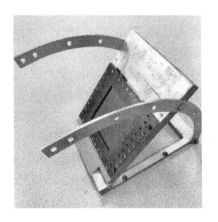

图 7.3.11　改变撞击角度夹具实物图

4) 撞击试验数据测试

a. 撞击压力测试技术

撞击压力测试技术是由聚偏氟乙烯(PVDF)压电薄膜传感器并联连接电阻及示波器构成的。当对 PVDF 压电薄膜施加一个作用面积较大的冲击载荷时,横向上产生的应力会明显减小,非常适合进行撞击压力的测量。

在冰球撞击碳纤维复合材料板实验中,利用粘合剂将 PVDF 压电薄膜传感器粘贴在碳纤维复合材料板冰球撞击点上(厚度小于 10 μm),安装实物图如图 7.3.12 所示。实验中将 PVDF 压电薄膜传感器与匹配电阻 R 并联,再通过数据采集器进行数据采集。利用数据采集器采集得到的 PVDF 压电薄膜传感器上产生的电压信号,得到电压-时程曲线,将电压与撞击压力的关系通过公式换算得到撞击压力的时程曲线。

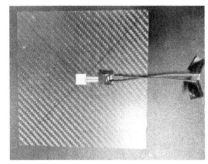

图 7.3.12　PVDF 压电薄膜传感器安装实物图

计算撞击压力的原理如下:当冰球撞击碳纤维复合材料板上的 PVDF 压电薄膜时,在强大的撞击压力作用下,PVDF 压电薄膜的表面产生了电荷量 $Q(t)$,此时使用示波器采集电阻(本节使用的电阻值为 480 Ω)两端产生的电压 $U(t)$。由此可求得 PVDF 压电薄膜在此高应变率下在瞬态过程中释放的总电荷量为

$$Q(t) = \int_0^t \frac{U(t)}{R} dt \tag{7.3.1}$$

此时,PVDF 所测量的瞬时应力为

$$\sigma(t) = \frac{K_0 \int_0^t U(t)\,\mathrm{d}t}{RA} \tag{7.3.2}$$

式中，$\sigma(t)$ 为 PVDF 压电薄膜在不同时刻受到的应力；R 为并联电阻的电阻值；A 为冰球在 PVDF 压电薄膜上的有效作用面积；$U(t)$ 为电阻两端不同时刻的电压；K_0 为 PVDF 压电薄膜的动态压电系数。

为了准确进行实验测量，首先对 PVDF 压电薄膜的动态压电系数重新标定。采用分离式霍普金森压杆/超动态应变仪测试装置对此进行了细致的工作，将 PVDF 压电薄膜传感器作为霍普金森杆的加载试件。经过标定，得到压电薄膜的动态压电系数为 K_0，该系数的确定能够使冰球撞击碳纤维复合材料板时的撞击压力测量结果更加精确。

b. 碳纤维复合材料板中心点位移测试

借助激光测振仪，将激光测振仪发出的激光对准中心冰球撞击点的背面，由于复合材料板表面反光，激光的能量无法满格，激光的能量不足会导致触发的难度提高，进而无法准确得到速度数据，所以在撞击点背面贴上反光贴纸，当激光聚焦在反光贴纸上时，激光的能量值可到达满格。激光测振仪激光发射装置如图 7.3.13 所示。

图 7.3.13　激光测振仪激光发射装置

c. 碳纤维复合材料板内部探伤测试

由于碳纤维复合材料对撞击比较敏感，而复合材料受到撞击后产生的损伤是不明显的，即使目视不可见，在宏观上看不出碳纤维复合材料板出现了损伤，但是在碳纤维复合材料板的内部已经产生了能使复合材料板力学性能明显下降的缺陷。为了观察到这些在宏观上无法探测的损伤，采用超声波相控无损探伤仪对碳纤维复合材料板进行内部扫探。超声波相控无损探伤仪能够快速便捷无损伤地对碳纤维复合材料板内部多种缺陷（裂纹、分层、气孔等）检测定位。超声波相控无损探伤仪设备实物如图 7.3.14 所示。

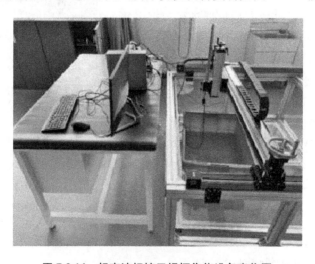

图 7.3.14　超声波相控无损探伤仪设备实物图

本次试验采用空气炮作为冰雹发射器,使用高速摄像机拍摄冰雹撞击过程,对冰雹速度进行测试,并测试复合板重心位移、复合板受力。图 7.3.15 是复合板冰雹模拟试验视频截图,发射冰雹直径为 50 mm,密度为 0.83 g/cm³,填充 2%的脱脂棉,试验 3 次,平均速度为 293 m/s。空气炮作为冰雹发射器,可根据需要定制不同的发射管来发射不同直径的模拟冰雹,图 7.3.15 为单颗发射装置,用于航空复合材料的模拟冲击试验。

图 7.3.15　复合材料冰雹撞击试验现场照片

第8章　高能效宽脉冲强冲击试验与测试技术发展展望

强冲击试验技术研究对武器装备和国防科技的发展,以及国家现代化建设有着十分重要的意义,在近代兵器发展中,火炮武器的威力、射程达到了空前的程度,从常规兵器发展起来的制导兵器用于攻击主战坦克、装甲战车、坚固火力点等地面近距离点目标,由于要攻击的地面目标种类多,其物理特性各异,对反坦克导弹速度、导弹战斗部的侵彻和穿透能力提出了严峻的挑战,导弹、巡航导弹使用的侵彻弹要有效实现对力学特性不同的硬目标的穿过和侵入等。所有这些工况特性,都涉及了所使用的元器件、仪器设备在高速强冲击工况下的可靠性问题,涉及了承受撞击的材料的力学特性变化问题。这些问题的有效解决方法:一是依靠理论计算分析工作,二是宽脉冲强冲击试验技术的发展及两者的结合。强冲击试验包括试验装置和测试设备两部分,试验装置体现在可以实现高速、大动能的系统功能,测试设备体现在可以实现高过载、高应变率的测试功能,近年来,这两方面都有较大的发展。

8.1　高能效宽脉冲强冲击试验发展趋势

由各种类型强冲击试验设备的研制及其特点可以看出,强冲击试验设备目前的发展趋势主要表现在以下几个方面。

1. 高膛压推进技术

近年来,在火药燃烧释放化学能的火炮推进技术基础上,进一步发展了高膛压推进技术,它主要是通过增加火药的装填密度将膛压由原来的 200~300 MPa 增加到 400~700 MPa,能使大质量的弹丸达到 2 km/s 的速度。以化学能为能源的火炮,其弹丸初速度受到燃气声速的限制。根据经典内弹道理论,弹丸初速度取决于极限速度和火炮效率。一般情况下,火炮的有效热效率约为 0.16~0.30。因此,最影响初速度的因素是火炮的极限速度。而极限速度与燃气滞止声速成正比,声速越大,则极限速度也越大,因而弹丸初速度也相应增加。滞止声速与滞止温度平方根成正比,与燃气分子量平方根成反比。燃气温度受到火炮身管烧蚀寿命的限制,不能无限制地提高燃气温度来增加滞止声速,而是通过减小燃气的分子量(分子量越小,则滞止声速越大),来达到提高初速度的目的。未来,加农炮的弹丸初速度将达到 2~2.5 km/s。

2. 以氢气为工质的二级轻气炮强冲击试验装置

弹丸运动方程已清楚地表明,要提高弹丸初速度,必须要提高弹底压力。但在实际射击过程中,气体推动弹丸做功的同时,由于气体存在惯性,弹底压力随着弹丸运动而不断下降。为了克服这种不利的因素,必须寻找声惯性小的工质,这种理想工质能使弹丸运动过程中保持较高的弹底压力,有利于增加弹丸运动速度。这种理想工质称为热轻质气体,如氢和氦,氢和氦具有较高的逃逸速度和较小的声惯性。氢气的分子量为 2.016,而火药的平均分子量在 20~30 之间,所以对于氢气,它的分子量只有火药气体的分子量的 6%~10%。因此,在标准状态下,氢气的比容比火药气体大 13~15 倍,而氢气的余容又比火药气体的余容大 9 倍,因而会促进压力更快地升高。

在一级轻气炮弹丸运动过程中,高压气室的容积不断扩大,弹底压力迅速下降,所以还难以达到很高的弹丸速度。二级轻气炮采用两个气室,一级气室为火药燃烧气室,二级气室为轻质气体气室,其结构如图 8.1.1 所示。

图 8.1.1 二级轻气炮示意图

1—药室;2—膜片 1;3—活塞;4—轻气室;5—高压室;6—膜片 2;7—弹丸;8—身管

二级轻气炮的工作原理是:在药室内,火药燃烧产生高压气体,当压力达到一定值时使膜片 1 破裂,推动活塞运动,轻质气体被压缩进入高压室。当压力达到预定的压力后使膜片 2 破裂,高压轻质气体开始驱动弹丸运动。在弹丸加速运动过程中,活塞继续向前跟进,当进入高压室锥形段时,使得作用在弹丸底部的压力有一短暂的等底压阶段,弹丸会以匀加速获得高速运动。另一种轻气炮是利用高速轻质活塞在轻质气体中产生强冲击波实现气体压缩的二级轻气炮,称为二级冲击波压缩型轻气炮。二级轻气炮不仅提供了加热气体工质的方法,同时还提供了在弹丸底部保持恒压的手段,可以有效提高弹丸初速度。表 8.1.1 是某 30 mm 口径二级轻气炮典型试验结果。

表 8.1.1 某 30 mm 口径二级轻气炮典型试验结果

火药质量/ kg	活塞质量/ kg	弹丸质量/ g	初始压力/ MPa	弹丸速度/ (km/s)
4.5	22.4	30.2	0.8	6.48
4.0	22.4	13.0	0.6	7.95
3.5	16.7	10.3	0.4	8.09

二级轻气炮调试中可变更的装调量很多,实际工作会中总是希望固定大部分装调量,只改变少数装调量就可以得到需要的弹速。只有在特殊需要的弹速点,才不得不改变较多的参量进行调试。对于大多数的试验,活塞质量、活塞启动压力、初始注气压力都可以在试验调试的基础上固定下来,适当控制膜片 2 的破裂强度,仅对装药量进行调整,在试验中就比较方便。

3. 电磁炮推进技术

电磁炮作为一种潜在的超高速武器,超高速碰撞装置和动高压加载装置有着广泛的应用前景。电磁推进技术,是把电能通过某种方式转换为电磁能,以电磁力将弹丸从身管内加速发射出去,使弹丸获得很高的速度。电磁能发射技术的发展较之机械能、化学能发射技术产生了质的飞跃。电磁炮具有一系列独特的优点:它具有广泛的适应性,既可以发射小质量的弹丸,也可以发射大质量的弹丸,并可以利用电磁力将弹丸加速到较高的速度;电磁能量的释放较化学能释放更易于控制并且转换效率高;电磁炮发射时,所产生的炮口焰、噪声和后坐力都比较小,工作环境相对要好,操作使用都相对安全、可靠。

电磁炮从结构形式可大致分为三类,即导轨炮、线圈炮和重接炮。目前,其发展比较迅速,原理及结构比较成熟的主要是电磁导轨炮和同轴线圈炮。导轨炮是电磁发射装置中原理与结构比较简单的一种,然而其种类也比较多。现以简单导轨炮为例说明其工作原理,如图 8.1.2 所示。

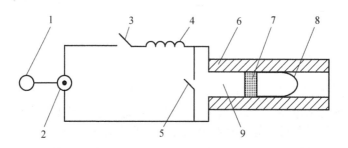

图 8.1.2　电磁导轨炮原理示意图

1—原动机;2—单极电机;3—闭合开关;4—电感器;
5—断路开关;6—导轨;7—电枢;8—弹丸;9—炮膛

导轨炮装置由原动机、单极电机、闭合开关、电感器、断路开关、导轨、电枢及弹丸等部件组成。炮膛由两条平行的金属轨道和两条隔离轨道的绝缘体组成,在轨道之间有一个与轨道接触良好并可以滑动的电枢,原动机电源、导轨与电枢组成了放电回路。当电源开关都接通以后,电流由一条导轨流经电枢,再由另一条导轨反向流回,从而构成了闭合回路。强大的电流(MA 级)流经电枢,产生洛仑兹力,该力推动电枢和置于电枢前面的弹丸沿导轨加速运动,从而使弹丸获得很高的速度。

电磁炮的关键技术包括脉冲功率源技术、频率能量储存、脉冲形成网络和对负载的耦合、电磁发射器系统的设计、关键部件的材料技术和大电流开关技术。目前,电磁炮使用的电源主要有:电容器组、电感储能系统、磁通压缩发生器、蓄电池组、脉冲磁流体发电装置、单极脉冲发电机和补偿型脉冲交流发电机等,这些电源需要进一步提高其储能密度,减小质量和体积。电磁发射器系统涉及面很宽,包括炮身、供输弹系统、能量储存转换方式及其相关的关键零部件结构和相互接口系统设计。对材料(包括导轨、电枢、弹体及绝缘材料)的要求极高,例如,对于导轨材料要具有良好的抗烧蚀性能和导电性能、较小的滑动摩擦系数、很高的屈服强度并在高温下仍有很高的硬度。电枢是关键部件之一,它承受着发射时的强脉冲电流和全部的冲击力。目前采用的电枢有三类:固体金属电枢、等离子体电枢和金属与等离子体混合型电枢,各类电枢都各有其优缺点,因此,根据需要,有时要把其中两类结合起来使用。大电流开关是控制能量释放与隔离的核心部件,分为闭合开关和断路开关。电磁炮需要配置能承受高电压大电流和转换电荷量很大的开关。表8.1.2为世界各国电磁炮典型试验结果。

表 8.1.2 世界各国电磁炮典型试验结果

国　家	研　制　机　构	炮　种	弹丸质量/g	初速度/（km/s）	公布年份
澳大利亚	澳大利亚国立大学	导轨炮	3.3	5.9	1978
美国	劳伦斯·利弗莫尔国家实验室	导轨炮	165	0.35	1982
美国	西屋电气公司	导轨炮	3.7	4.2	1984
日本	国立工业化学实验室（National Chemical Laboratory for Industry, NCLI）	导轨炮	20	1.5	1984
英国	皇家武器研究与发展中心	导轨炮	50	3.9	1986
德国	慕尼黑工业大学	导轨炮	10	3.5	1986
中国	中国工程物理研究所	导轨炮	3.0	3.2	1988
中国	中国科学院等离子体物理实验室	导轨炮	30	3.0	1988
中国	中国科学院等离子体物理实验室	导轨炮	50	3.0	1990
美国	得克萨斯大学	导轨炮	2400	2.6	1990
日本	东京大学	线圈炮	1.1	7.43	1991
俄罗斯	高能物理中心	导轨炮	3.8	6.8	1994
美国	战略防御预研所	导轨炮	2×10^3	10.0	1995

4. 电热炮推进技术

电热炮是利用电能作为部分能源来发射超高速或高动能弹丸的新概念火炮发射技术。电热炮的工作原理是:电源释放的脉冲功率经过脉冲形成网络的调节形成符合内弹道过程要求的脉冲功率,在放电回路的负载,等离子体发生器中产生高温、高压、低平均分子量的电弧等离子体,并以高速射流喷入燃烧室,与化学工质相互作用产生高温高压燃气,从而驱动弹丸运动。理论上,由于电能可以独立储存在发射装置外部介质上,发射所需的电能可不受传统火炮结构的限制,还可以根据发射过程的需要设计相应的脉冲形成网络来控制电能的释放过程,从而可以有效调节弹后空间工作气体的能量密度,改善膛内压力变化规律,提高内弹道性能。图8.1.3为电热炮的结构示意图。

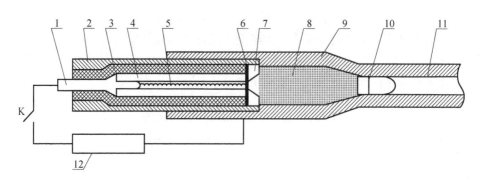

图 8.1.3　电热炮结构示意图

1—电极；2—外套；3—绝缘体；4—放电管；5—金属引爆丝；6—膜片；7—喷嘴（电极）；
8—化学工质；9—药室；10—弹丸；11—身管；12—脉冲电源

图 8.1.3 中，脉冲电源包括电储能器和放电控制回路，其中电储能器有磁流体发电机、单极发电机、补偿脉冲交流发电机和电容器等形式。放电管一般采用电离能较低且电离产物分子量较小的聚乙烯等材料制作，其长径比根据对等离子体特性的需求而不同，当长径比大于 10 时就可以形成毛细管通道，此时可以获得稳定的等离子体射流。放电管两端的电极采用耐高温的钨合金材料。绝缘体不但起到绝缘作用还要承受等离子体的高压，因此要采用强度较高的绝缘材料并与外部金属加固体配合设计。化学工质应选用能量密度高或生成气体分子量低的化学工质，一般为吸热工质、低放热工质和高放热工质。这种类型的电热炮，从放电管内流出的高温等离子体的热能燃烧生成工作气体，同时降低了等离子体的温度，从而减少了火炮膛壁、身管和弹丸的烧蚀。电热炮可同时利用电能与发射药的化学能，发射同等质量的弹丸所需的电能比电磁炮要少得多，并且电热炮只需对传统的火炮稍加改进即可实现。

随着军事科学的发展，未来战争很可能为大规模的空间战，即便是地面战争，杀伤物与被杀伤之间的相对速度也很高，超动能毁伤及防超动能毁伤技术的地位将变得很重要，由此将带动强冲击试验技术的快速发展。除了以上介绍的高速推进装置之外，目前爆炸推进技术、冲压加速推进技术、激光驱动的强冲击波技术、磁驱动等熵压缩和高速飞片技术都有较大的发展。

8.2　高能效宽脉冲强冲击测试技术发展趋势

高能效宽脉冲强冲击测试技术涉及传感器、测控技术、机械结构设计、靶场试验、信号处理等多个学科和工程领域。经过十余年的发展，国内在高能效宽脉冲强冲击测试方面取得了长足的进展，但还存在一些需要深入研究的问题。

1. 弹载存储技术方面

随着电子技术的迅猛发展，弹载存储测试系统的存储介质也由最初的金属箔片、磁带发展到现在的半导体固态存储器。当前弹载存储测试系统中采用的固态存储器主要有静态随机存储器（static random access memory，SRAM）、闪存（flash memory）、铁电存储器

（ferroelectric random access memory, FRAM）等。由于半导体技术的飞速发展,固态存储器的容量已经可达单片十几 GB,因此与采用金属箔片、磁带等存储介质的弹载存储测试系统相比,采用固态存储器的弹载存储测试系统具有更高的数据存储容量、更小的体积和更低的功耗,并且经过实验证明,采用固态存储器可以大大提高弹载存储测试系统的抗过载性能。目前,闪存凭借其掉电后数据不丢失、体积小、容量大、读写速度快的优点,在航空、航天、兵器及商业领域都得到了广泛的应用。

采用固态存储器的弹载测试系统凭借大容量、低功耗、抗高过载的优点得到了普遍应用。目前,弹载存储测试系统的主要研究方向集中在以下几个方面。

1）测试电路的微小型化

可以采用 SOC（system on chip,系统级芯片）技术,提高现有存储测试电路的集成度,减小测试电路的尺寸和质量,以满足小直径弹体侵彻加速度测试的要求。同时,尺寸和质量的减少也为对电路模块的缓冲保护提供了条件。

2）大数据存储容量

伴随工程技术领域的不断发展,在实验中需要测量的数据不断增多,测量通道从开始的单通道发展到目前的数百个通道,测量时间从毫秒到数小时、数天,乃至数周,解决的方案一般是采用大容量多片闪存进行存储。

3）数据高速采样存储

数据的高速采样一般通过采用高转换速率的 A/D 芯片来实现,对于高速存储,若存储数据容量较小,可采用具有高速读写能力的 FRAM,在高存储容量条件下可使用多片闪存,采用乒乓存储模式进行存储。

4）低功耗小体积

根据实验要求,合理安排测试系统的工作模式并使用低功耗芯片可使弹载存储测试系统电池的供电时间大大延长。中北大学动态电子测试技术国家重点实验室研制的某型弹载存储测试系统,在 250 mW·h 电池的供电下,可实现循环采样时间达 7 h,采样结束后待机超过 30 天。大量采用可编程逻辑器件可大大减少不必要的外围电路,结合合理的印制电路板（printed circuit board, PCB）布线方式、多块 PCB 上下布置等方式,可以最大限度地减小弹载存储测试系统的体积,节省有限的弹上空间。

5）电路模块的缓冲保护

可以采用外部缓冲吸能器件保护电路模块,降低它所受到的冲击加速度幅值。采用泡沫铝对电路模块进行保护,但空气炮试验表明,缓冲后的加速度脉冲宽度比较窄,吸收的能量有限,应加强研究如何增强对电路的保护。

2. 高速摄像测试方面

随着高速摄像行业的不断发展,其在材料测试、碰撞测试、冲击动力学测试等领域的应用将更加广泛,未来高速摄像在强冲击试验与测试方面的研究和发展主要集中在以下几个方面。

1）更高帧频

宽脉冲强冲击试验过程是个瞬态过程,一般冲击过程只有几十毫秒甚至几毫秒,要在如此短的时间内获得冲击过程的更加丰富的瞬态信息,就要求高速摄像的帧频越高越好,至少要求高速摄像的帧频要在每秒上万帧。

2）拍摄质量更高

高速摄像机的分辨率、帧频、感光度、像元尺寸等参数对强冲击试验数据的质量均有影响,各个参数同时又会相互制约,如何个性化设计开发能够较好应用于强冲击测试的高速摄像机,实现各个参数的平衡选择变得至关重要。

3）配套图像处理算法和软件

强冲击试验过程中,通过对高速摄像机拍摄的序列图像进行处理分析得到冲击过程位移、速度、加速度等目标运动参数曲线,滤波方法选取、标尺设定、坐标系选择、目标跟踪算法选定等均对最终处理得到的数据有重要影响,开发专用于强冲击试验与测试的高速图像处理软件是未来高速摄像在强冲击试验领域得到更加广泛应用的必然趋势。

3. 实测加速度信号的处理研究

强冲击信号具有突然变化的特性,除了在幅值域、时域、频域进行各种数据处理之外,为了更深入地认识强冲击信号的特性,还要在时频域或者探索新的数据处理方法进行研究。在幅值域,通常要进行峰值、均值、均方值、方差、标准差数据处理,对于多脉冲载荷,有时还要进行概率分布函数、概率密度函数的处理;在时域及时差域,多进行自相关函数、互相关函数、自相关系数、互相关系数分析;在频域,通常进行傅里叶谱分析、自功率谱密度函数分析、互功率谱密度函数分析、相干函数分析、冲击响应谱分析;在时频域,通常进行短时傅里叶分析、时频分析、小波变换、小波包变换分析、戈勃展开、维格纳分布信号分析。小波神经网络是一种新的数据处理方法,它特别适用于典型的瞬态非平稳时变信号。在复杂冲击载荷作用下,复杂结构都具有非平稳瞬态冲击振动信号的特性。加速度信号包含了各种频率分量的信息,需要根据不同需要来进行分离。利用试验模态分析、计算机模拟等多种手段研究加速度信号的滤波截止频率;利用小波分析对实测加速度信号进行时间-频率分析,以获得能与通过其他测试手段所获数据(如着靶速度、出靶速度、靶厚度、侵彻深度等)符合很好的分析结果。

4. 高效能宽脉冲强冲击试验规范及高 g 值加速度传感器研究

高效能宽脉冲强冲击问题的研究在很大程度上依赖于试验规范的研究、实现试验规范相关的高效能宽脉冲强冲击试验装置及高 g 值加速度传感器的研究。由于产品不同,产品的技术指标要求不同,产品的使用工况不同,产品所经历的实际宽脉冲强冲击环境是不同的。宽脉冲强冲击环境试验一般是在实验室进行的,试验装置要尽量准确地再现实际的冲击环境,这样才能有效地保障产品耐冲击环境的可靠性。冲击规范可分为时域特性模拟、频域特性模拟、冲击响应模拟。不管是哪一种试验规范,都要对冲击环境进行实测,以对实测数据予以处理,进行有效修正,剔除异常数据,保留有效数据,统计归纳出冲击试验规范。以时域特性模拟为例,分析强冲击试验规范研制的内容及其难度。某航空飞行数据记录仪,产品质量为 4~16 kg,体积及形状各异,强冲击试验规范采用美国标准,加速度值为不小于 3 400 g、脉冲宽度 6.5 ms、波形为半正弦波、冲击速度不小于 138 m/s;某弹载配件产品,质量 3~4 kg,外形尺寸 ϕ120 mm×1 000 mm,强冲击试验规范指标为,加速度峰值为不小于 3 600 g、脉冲宽度 4 ms、波形为半正弦波;航空某产品,产品质量 3 kg,外形尺寸为 ϕ100 mm×100 mm,冲击试验规范为,加速度峰值 30 000 g、脉冲宽度 2 ms、波形为钟形波;航空某数据记录仪,产品质量 7.5 kg,外形尺寸 280 mm×150 mm×130 mm,冲击试验规范指标为,冲击加速度峰值为 20 000 g、脉冲宽度 7 ms、波形为半正弦波、冲击速度为 800 m/s;兵器系统引信的冲击过载环境高达 100 000~200 000 g。对于如此各异的强冲击环境规范指标,在实现上有非常大的难度。一般来讲,加速度峰值实现起来不难,难的是高 g 值下的宽脉冲宽度,至于半正弦冲击波形,在工程上实现几乎是不可能的。实现高 g 值冲击加速度和增加脉冲宽度是相互矛盾的,工程上一般要通过调节压力和缓冲材料来逐步实现,这里面包含了大量的理论计算工作和试验研究工作。冲击响应谱作为试验规范,已应用于冲击环境试验中,制定一个能真实模拟产品实际冲击环境的冲击响应谱是冲击环境试验的前提。整个工作过程包括:对产品实际冲击环境数据的实测、对实测时域数据的预处理、冲击持续时间的确定、冲击响应谱的计算、冲击响应谱的归纳方法,最后才能归纳出产品冲击实验的冲击响应谱试验规范。

在某些重要型号的冲击环境试验中,用实测的冲击环境数据确定冲击试验条件是非常重要的。例如,在火箭飞行过程中,要经受到各种冲击环境,如发动机点火、关机、级间分离等,为了提高可靠性,箭上设备在安装前需要进行冲击实验,冲击实验是考核箭上设备的结构强度、承受冲击损伤和破坏的一种重要手段。一般情况下,在实验室环境下很难真实地再现冲击的时域特性,而冲击响应谱相对要容易些,可有效地解决环境试验真实性问题,即在冲击响应谱的激励下,如果产品经受住了与真实环境相当的冲击响应谱的考验,则认为产品能够在真实的冲击环境下正常工作。因此,GJB 150.18A—2009 冲击试验部分明确规定:如果有实测的冲击响应谱且能实现,应优先采用冲击响应谱。当然,真实的冲击响应谱立足于对冲击环境数据的正确测试,因此高 g 值加速度传感器的研制和测试是非常重要的。

目前,高 g 值加速度传感器研制在我国刚刚起步,可靠性较国外传感性还存在一定差距。用于硬目标侵彻武器的高 g 值冲击加速度传感器,量程上限一般在 150 000~200 000 g,高 g 值加速度传感器存在的普遍问题是:零点漂移现象严重,抗高过载能力低,特别是抗横向过载能力更差,在连续多次冲击下易损坏。因此,高 g 值加速度传感器的研制包括敏感元件的选材、制作,传感器结构的合理设计、力学计算、性能指标的校准等一系列相关问题。

目前,高 g 值加速度传感器有压电薄膜型加速度传感器、压电石英晶体型加速度传感器、压阻式微机电系统加速度传感器,这几种传感器各有各的优点。

压电薄膜材料的密度和弹性模量相对较小,其波阻抗也相对较小,用于强冲击试验时对应力波的透射能力也相对较小,因此受应力波干扰小。另外,压电薄膜是一种高矫顽材料,受冲击时不易产生退极化现象,零漂移现象不严重。因此,压电薄膜比较适用于制作高冲击加速度传感器。

压电石英晶体型加速度传感器一般采用压缩型和剪切型,压缩型结构牢固、容易做到高频响、工艺性好,剪切型结构能有效保证传感器的性能指标。但制作高 g 值传感器存在着一些强度和工艺上的问题,需要采用有效措施予以解决。

压阻式微机电系统加速度传感器在结构设计和加工过程中应遵循如下原则:① 柔韧性设计原则,即保证结构在高 g 值惯性力作用下只发生相应的韧性变形,而不发生脆性破坏,保证敏感元件的变形与外加载荷之间为线性关系;② 强度设计原则,即保证硅微结构在受到最大冲击载荷作用时不发生强度破坏,以保证结构有足够的安全余量,敏感元件的变形控制在弹性范围内,而不发生塑性变形;③ 同向性原则,即当硅微结构受到各方向的冲击载荷作用时,只有在测量方向的冲击载荷敏感,而在非测量方向的冲击载荷表现为钝感(不敏感或不响应),以保证测量数据的有效性;④ 弹性线性设计原则,即在硅微结构设计过程中保证在传感器测量量程范围内,敏感元件处于弹性变形范围内,变形和载荷是线性关系,以保证测量数据的正确性。至于传感器的误差来源及影响因素,包括传感器的力学结构、压敏元件的压阻换算关系、力敏电桥状态等,都需要进行深入的研究。

国内在加速度传感器研制、测试电路研发、测试装置结构设计、电路模块加固和保护、实测信号处理等方面已经有较大的进展。今后,我国应根据国内现实和潜在的军事需求,借鉴国外高速侵彻加速度测试的先进技术,推动国内高能效宽脉冲强冲击波形测试技术及其相关技术的进一步发展。

8.3 高能效宽脉冲强冲击试验与测试应用前景

8.3.1 兵器领域应用前景

随着精确打击技术的迅猛发展,炮射火箭弹或炮射导弹中弹载记录仪的应用需求不断增长,炮射火箭弹或炮射导弹主要通过弹载飞行记录仪保存发射全过程的关键数据,在试验过程中,将承受幅值在 34 000 m/s^{2}左右、脉冲宽度为 5.8~7.1 ms 的强冲击,在上述武器装备的研制和生产过程中,一方面需要有强冲击试验装置对被考核部件提供高效能比的强冲击试验考核,另一方面要求对宽脉冲强冲击试验装置进行校准,以保证其提供的强冲击环境的准确性。同时,各类弹载/机载存储测量仪广泛应用于高 g 值强冲击波形的测量、机载参数采集等,通过高效能宽脉冲强冲击试验与测试技术研究,建立针对弹载/机载存储测量仪的相关计量标准,并实现该类仪器在发射过程等复杂环境下测量准确性的评判,具有广泛的应用前景。

随着侵彻弹等弹药技术的发展,带来了一个急需解决的新问题,即弹药组件在承受高过载时的安全性问题,特别是火工品,它是弹药的敏感含能元器件,是弹药的传爆起爆源,在发射和侵彻过程中要具有耐高过载能力,保证在侵彻指定深度可靠地发生作用,引爆战斗部,摧毁敌方的地下军事目标。以美国的硬目标侵彻弹为例,早期的联合制导攻击武器(joint direct attack munition, JDMA)航空制导炸弹 GBU-29 的质量只有 250 lb(约 113.4 kg),撞击速度不到 1 个马赫数,弹体的材料基本沿用了原来的常规炸弹 MK-81。但随着需要攻击的目标强度和厚度的升级,美国迅速发展了质量为 500 lb(约 226.8 kg)、1 000 lb(约 453.59 kg)、2 000 lb(约 807.18 kg),甚至 5 000 lb(约 2267.96 kg)的侵彻型制导炸弹。除质量增加外,投放方式也由原来的直接投放改为火箭助推型投放,其碰撞速度从原来的 1 马赫提高到 3.5 马赫,高超声速钻地弹的碰撞速度甚至高达 6 马赫。高坚硬目标、高强度弹体、高速撞击几个要素合为一体就意味着侵彻过程中有极端的高过载(通常将弹体侵彻目标时的轴向减速度称为过载)。一般侵彻弹在以不超过 1 000 m/s 的速度侵彻混凝土目标时的过载就可达几万 g,而超高速(如 6 个马赫数)钻地弹侵彻岩石类目标时的过载会超过 20 万 g。为了最大限度地摧毁目标,一方面要实现精准投放,另一方面要实现最大毁伤。其中精准投放靠的是精确制导;最大毁伤则一方面要靠足够的钻深能力和足够能量的炸药,另一方面要依靠最佳起爆位置的选择。最佳起爆位置是由智能引信的起爆控制系统来实现的,因此无论是由常规航空炸弹改造的 JDAM,还是重磅型高速钻地弹都需要配备智能引信,以实现最佳位置的起爆。智能引信的起爆控制系统主要由传感器模块、信号采集及处理模块、起爆程序控制等模块组成,这些模块又大都由电子芯片或器件组成。在极端过载环境下,弹引系统,尤其是智能引信的起爆控制系统组件能否经受住冲击,正常工作而不失效,是个非常突出和关键的问题。

因此,在火工品研发生产过程中,都要求对火工品的安全性和可靠性进行细致研究,以达到消灭敌人、保护自己的目的,然而静态试验证明是安全的火工品,却可能在发射、飞行和终点撞击目标时发生膛炸、早炸或瞎火,例如,某型穿甲弹的弹底雷管在静态试验中能满足战技指标,却在实弹试验中发生早炸;再如一些贮存时间较长的火工品,动态试验的瞎火率远高于静态试验。但是目前在火工品耐过载能力评估方面缺乏系统完善的动态模拟试验方法,出现了有耐过载指标要求而无有效评估方法的被动局面,阻碍了火工品耐过载技术的发展,也阻碍了动能侵彻弹药的发展,成为侵彻弹药技术发展的瓶颈,而直接获得过载信号的器件通常都是加速度传感器,无论加速度传感器安装在弹引系统的什么位置,获得的过载信号都是既包含了我们需要的弹靶作用产生的刚体过载,又包含了弹引系统各结构的振动响应和各部件间的碰撞响应。因此,如何从侵彻过程中由传感器测量得到的成分复杂的侵彻过载测试数据中获得弹靶作用的刚体过载是硬目标侵彻研究中的一个关键问题。

8.3.2　航空领域应用前景

飞行参数记录系统(flight data recording system,FDRS)是一种机载数据记录设备,一般具有体积小、重量轻、采集和记录精度高、使用维护方便、数据处理时间短、可靠性高等特点,在飞机状态监控、事故调查取证、飞行操纵评估等领域起着不可或缺作用,为保障飞机维护、飞行安全和飞行训练发挥了重要作用。飞行参数记录器(flight date recorder,FDR)又称"黑匣子",在飞行中可以连续记录飞机的飞行参数和飞机的状态参数。依据美国联邦航空管理局发布的 TSO – C124,要求飞行参数记录器具备幅值不低于 3 400 g、脉宽不低于 6.5 ms 的抗强冲击能力,而各种型号战斗机中的事故记录仪(黑匣子)抗坠毁能力的要求更高。

另外,基于我国飞机发动机试验的需求,结合我国适航管理程序规定的符合性验证参考方法和发动机吸电适航审定实际要求,航空发动机需具备抗冰雹能力,要求发射不超过7 颗模拟冰雹,且冰雹速度不低于 290 m/s,速度一致性优于 3%。

随着人类航天事业的不断发展,空间碎片的数量也日益增多,空间碎片撞击航天器的平均速度高达 10 km/s,严重威胁着在轨运行和即将发射的航天器的安全。为了提高航天器对危险空间碎片的抗撞击能力,需要通过地基实验设施对航天器部件/分系统进行实验验证。在地面实验室中,在人工可以控制的条件下(如撞击速度和方向、弹丸的大小和材质),重现空间的高速碰撞过程,既可节省费用,又可多次进行、得到规律性结果,还可以与天基探测结果、数值模拟结果进行比较,甚至可作为校准的样本。进行空间碎片超高速撞击地面模拟实验,同时也是研究撞击过程及毁伤效应的重要途径。为此,首先要建立具有超高速撞击实验能力的地面模拟设备。目前,可用于超高速撞击实验的加载技术主要有炸药爆轰加载技术、气体炮加载技术、电炮加载技术、强激光驱动发射技术及磁压缩驱动发射技术等。二级轻气炮作为气体炮的一种,使用轻质气体作为第二级驱动,一般可以获得 2~7 km/s 的速度,它不仅可以发射各种形状的弹丸,而且对弹丸质量、尺寸和材料有较广的适应范围,更重要的是同一速度的可重复性好,这就为评价空间碎片防护方案提供了极为有利的条件,是目前超高速弹丸驱动中应用较为广泛的技术之一。

通过高效能宽脉冲强冲击试验技术研究,解决炮射弹载仪器试验设备的宽脉冲、强冲击参数的校准需求,进而提高炮射火箭弹或导弹武器系统的可靠性和射击准确度,同时为炮射火箭弹、导弹事故分析提供计量保证,还可以为智能弹药关键部件或器件的可靠性考核提供更贴近真实冲击环境的试验平台,保障宽脉冲、强冲击参数测量的准确性,保障考核标准的统一性,满足炮射弹载仪器试验设备的质量控制要求,满足国防军工领域对弹载仪器试验设备强冲击的计量需求,也可以应用于航空行业"黑匣子"坠毁试验、飞机撞击试验等飞机安全性能考核中,因此具有广泛的应用前景。

参 考 文 献

邓涛,2011.空气炮加速过载试验技术研究[D].南京:南京理工大学.

杜平安,2000.有限元网格划分的基本原则[J].机械设计与制造(1):34-36.

侯亮,2017.航空发动机风扇叶片冰撞击数值仿真与验证[D].上海:上海交通大学.

金志明,袁亚雄,宋明,1992.现代内弹道学[M].北京:北京理工大学出版社.

孔德仁,朱蕴璞,狄长安,2004.工程测试技术[M].北京:科学出版社.

李锋,拜云山,冯晓伟,2016.一级气体炮内弹道方程修正及验证[J].弹道学报,28(1):14-18.

李宏超,2013.空气炮测控系统研究[D].太原:中北大学.

李裕春,时党勇,赵远,2007.ANSYS 11.0/LS-DYNA 基础理论与工程实践[M].北京:中国水利水电出
版社.

刘建刚,李玉龙,索涛,等,2014.复合材料 T 型接头冰雹高速撞击损伤的数值模拟[J].爆炸与冲击,
34(34):451-456.

马群峰,殷群,王哲,等,2010.一种模拟火炮弹道参数的实验设备[J].国防技术基础(1):18-22.

马晓青,1992.冲击动力学[M].北京:北京理工大学出版社.

马晓青,韩峰,1998.高速撞击动力学[M].北京:国防工业出版社.

钱林方,2009.火炮弹道学[M].北京:北京理工大学出版社.

王闯,刘荣强,邓宗全,等,2008.铝蜂窝结构的冲击动力学性能的试验及数值研究[J].振动与冲击,
27(11):56-61.

王金贵,2000.空气炮理论与实验技术[M].北京:国防工业出版社.

王金贵,2001.气体炮原理及技术[M].北京:国防工业出版社.

王金贵,2010.组成式气体炮[J].爆炸波与冲击波(1):13-19.

王浚,黄本城,万方大,1996.环境模拟技术[M].北京:国防工业出版社.

王礼立,2005.应力波基础[M].北京:国防工业出版社.

王勖成,2003.有限单元法[M].北京:清华大学出版社.

王志华,朱峰,赵隆茂,2010.多孔金属夹芯层结构动力学行为及其应用[M].北京:兵器工业出版社.

翁雪涛,黄映云,朱石坚,等,2005.利用气体炮技术测定隔振器冲击特性[J].振动与冲击,24(1):
103-105.

吴三灵,1993.实用振动试验技术[M].北京:兵器工业出版社.

吴三灵,李科杰,张振海,等,2010.强冲击试验与测试技术[M].北京:国防工业出版社.

徐鹏,祖静,范锦彪,2011.高 g 值侵彻加速度测试及相关技术研究进展[J].兵工学报,32(6):739-745.

曾攀,2004.有限元分析及应用[M].北京:清华大学出版社.

曾学军,2009.气动物理靶试验与测量技术[M].北京:国防工业出版社.

张蕊,付东晓,都振华,等,2015.基于空气炮和分离式霍普金森压杆的火工品高加速度力学过载模拟试验
等效方法研究[J].含能材料,23(2):178-183.

张学斌,凤仪,郑海务,等,2002.泡沫铝的动态力学性能研究[J].合肥工业大学学报:自然科学版,
25(2):290-294.

赵俊利,曹锋,2003.气体炮实用内弹道方程及应用[J].火炮发射与控制学报(3)：48-51.

周广宇,胡时胜,2013.高 g 值加速度发生器中的波形整形技术[J].爆炸与冲击(5)：479-486.

Harris C M, Piersol A G,2008.冲击与振动手册[M].刘树林,等译.北京：中国石化出版社.

Marc André Meyers,2006.材料的动力学行为[M].张庆明,等译.北京：国防工业出版社.

Buzek V, Drobny G, Kim M S, et al., 1997. Cavity QED with cold trapped ions[J]. Physical Review A, 56(3)：2352-2360.

Lu Y B, Li Q M, 2010. Appraisal of pulse-shaping technique in split Hopkinson pressure bar tests for brittle materials[J]. International Journal of Protective Structures, 1(3)：363-390.

Ma G W, Ye Z Q, Shao Z S, 2008. Modeling loading rate effect on crushing stress of metallic cellular materials [J]. International Journal of Impact Engineering, 36(6)：775-782.

Seigel A E, 1965. The theory of high speed gun[R]. AD-475660.

Warren T L, Tabbara M R, 2000. Simulation of the penetration of 6061-T6511 aluminum targets by spherical-nosed VAR 4340 steel projectile[J]. International Journal of Solids and Structures, 37：4419-4435.